·高职高专土建类专业系列规划教材·

曲恒绪　主　编

魏雅光　檀秋芬　王文璟　副主编

土木工程概论

合肥工业大学出版社

策划编辑　陈淮民
文字编辑　张择瑞
封面设计　玉　立

图书在版编目(CIP)数据

土木工程概论/曲恒绪主编．—合肥：合肥工业大学出版社，2011．2(2020．8 重印)
ISBN 978-7-5650-0358-5

Ⅰ．①土…　Ⅱ．①曲…　Ⅲ．①土木工程—高等学校：技术学校—教材　Ⅳ．①TU

中国版本图书馆 CIP 数据核字(2011)第 018515 号

土木工程概论

主　编　曲恒绪　　副主编　魏雅光　檀秋芬　王文璟

出　版	合肥工业大学出版社	版　次	2011 年 2 月第 1 版
地　址	合肥市屯溪路 193 号	印　次	2020 年 8 月第 8 次印刷
邮　编	230009	开　本	787 毫米×1092 毫米　1/16
电　话	总　编　室：0551-62903038 市场营销部：0551-62903198	印　张	17．5
		字　数	359 千字
网　址	www．hfutpress．com．cn	印　刷	合肥现代印务有限公司
E-mail	press@hfutpress．com．cn	发　行	全国新华书店

主编信箱　hengxuq@hotmail．com　　责编信箱/热线　Chenhm30@163．com　13905512551

ISBN 978-7-5650-0358-5　　定价：31．60 元

如果有影响阅读的印装质量问题，请与出版社市场营销部联系调换

参编学校名单（以汉语拼音为序）

安 徽

安徽电大城市建设学院
安徽建工技师学院
安徽交通职业技术学院
安徽涉外经济职业学院
安徽水利水电职业技术学院
安徽万博科技职业学院
安徽新华学院
安徽职业技术学院
安庆职业技术学院
亳州职业技术学院
巢湖职业技术学院
滁州职业技术学院
阜阳职业技术学院
合肥滨湖职业技术学院
合肥共达职业技术学院
合肥经济技术职业学院
淮北职业技术学院
淮南职业技术学院
六安职业技术学院
宿州职业技术学院
铜陵职业技术学院
芜湖职业技术学院
宣城职业技术学院

江 西

江西工程职业学院
江西环境工程职业学院
江西建设职业技术学院
江西交通职业技术学院
江西蓝天职业技术学院
江西理工大学南昌校区
江西现代职业技术学院
九江职业技术学院
南昌理工学院

总 序

高等职业教育是我国高等教育的重要组成部分。作为大众化高等教育的一种重要类型，高职教育应注重工程能力培养，加强实践技能训练，提高学生工程意识，培养为地方经济服务的生产、建设、管理、服务一线的应用型技术人才。随着我国国民经济的持续发展和科学技术的不断进步，国家把发展和改革职业教育作为建设面向 21 世纪教育和培训体系的重要组成部分，高等职业教育的地位和作用日益被人们所认识和重视。

建筑业是我国国民经济五大物质生产行业之一，正在逐步成为带动整个经济增长和结构升级的支柱产业。我国国民经济建设已进入健康、高速的发展时期，今后一个时期土木工程设施建设仍是国家投资的主要方向，房屋建筑、道路桥梁、市政工程等土木工程设施正在以前所未有的速度建设。因而，国家对建筑业人才的需求亦是与日俱增。建筑业人才的需求可分为三个层次：第一层次是高级研究人才；第二层次是高级设计、施工管理人才；第三层次是生产一线应用型技术人才。土建类高职教育的根本任务是培养应用型技术人才，满足土木工程职业岗位的需求。

但是，由于土建类高职教育培养目标的特殊性，目前国内适合于土建类高等职业技术教育的教材较为缺乏，大部分高职院校教学所用教材多为直接使用本、专科的同类教材，内容缺乏针对性，无法适应高职教育的需要。教材是体现教学内容的知识载体，是实现教学目标的基本工具，也是深化教学改革、提高教学质量的重要保证。从高等职业技术教育的培养目标和教学需求来看，土建类高职教材建设已是摆在我们面前的一项刻不容缓的任务。

为适应高等职业教育不断发展的需要，推动我省高职高专土建类专业教学改革和持续发展，合肥工业大学出版社在充分调研的基础上，联合安徽省 18 多所和江西省 6 所高职高专及本科院校，共同编写出版一套“高职高专土建类专业系列规划教材”，并努力在课程体系、教材内容、编写结构等方面将这套教材打造成具有高职特色的系列教材。

本套系列教材的编写体现以学生为本，紧密结合高职教育的规律和特点，涵盖建筑工程技术、建筑工程管理、工程造价、工程监理、建筑装饰技术等土建类常见的专业，并突出以下特色：

1. 根据土木工程专业职业岗位群的要求，确定了土建类应用型人才所需共性知识、专业技能和职业能力。教材内容安排坚持“理论知识够用为度、专业技能实用为本、实践训练应用为主”的原则，不强调理论的系统性与科学性，而注重面向土建行业基层、贴近地方经济建设、适应市场发展需求；在理论知识与实践内容的选取上，实践训练与案例分析的设计上，以及编排方式和书籍结构的形式上，教材都尽力去体现职教教材强化技能培训、满足职业岗位需要的特点。

2. 为了让学生更好地掌握书中知识要点，每章开端都有一个“导学”，分成“内容要点”和“知识链接”两部分。“内容要点”是将本章的主要内容以及知识要点逐条列举出来，让学生搞得清楚、弄得明白，更好地把握知识重点。“知识链接”以大土木专业视野，交待各专业方向课程内容之间的横向联系程度，厘清每门课程的先修课与后续课内容之间的纵向衔接关系。

3. 为了注重理论知识的实际应用，提高学生的职业技能和动手本领，使理论基础与实践技能有机地结合起来，每本教材各章节都分成“理论知识”和“实践训练”两大部分。“理论知识”部分列有“想一想、问一问、算一算”内容，帮助学生掌握本专业领域内必需的基础理论；“实践训练”部分列有“试一试、做一做、练一练”内容，着力培养学生的实践能力和分析处理问题的能力，体现土木工程专业高职教育特点，培养具有必需的理论知识和较强的实践能力的应用型人才。

4. 教材编写注意将学历教育规定的基础理论、专业知识与职业岗位群对应的国家职业标准中的职业道德、基础知识和工作技能融为一体，将职业资格标准融入课程教学之中。为了方便学生应对在校时和毕业后的各种职业技能资质考试与考核，获取技术等级证书或职业资格证书，教材编写注重加强试题、考题的实战练习，把考题融入教材中、试题跟着正文走，着力引导学生能够带着问题学，便于学生日后从容应对各类职业技能资质考试，为实现职业技能培训与教学过程相融通、职业技能鉴定与课程考核相融通、职业资格证书与学历证书相融通的“双证融通”职业教育模式奠定基础。

我希望这套系列教材的出版，能对土建类高职高专教育的发展和教学质量的提高及人才的培养产生积极作用，为我国经济建设和社会发展作出应有的贡献。

柳炳康

2010年12月

前　言

本书是高职高专土建类系列规划教材，是根据高职高专《土木工程概论》教学大纲，按照高职学生培养的总体目标，结合高等职业教育的教学特点和专业需要进行设计和编写的。全书共九章，主要介绍了土木工程的材料、建筑工程、水利工程、给排水工程、道路与桥梁工程、土木工程施工及土木工程管理的基本概念、基本知识，介绍了土木工程的新成果及发展趋势。本书除作为土木类专业的教学用书外，尚可作为土木工程专业的工程技术及科研人员的参考用书。

本教材的编写具有以下特色：

本着理论够用为度、注重实践的原则，着重于学生能力的培养。

每章开端都有"导学"，分成"内容要点"和"知识链接"两部分，其目的在于方便学生把握本章的知识点和知识的关联性。

除了每章后面附有一定数量的习题之外，在正文中还有"想一想"、"问一问"、"算一算"、"试一试"、"做一做"、"练一练"等，及时加深学生对文中所述内容的理解。

本书由曲恒绪和窦本洋担任主编。参编人员有曲恒绪、窦本洋、魏雅光、檀秋芬、叶琳、谢颖、朱宝胜、王文璟、叶剑标。参编学校及单位包括安徽水利水电职业技术学院、宣城职业技术学院、安徽水利规划设计院、芜湖职业技术学院、铜陵职业技术学院、亳州职业技术学院等。全书由安徽水利水电职业技术学院满广生教授主审。

由于编者水平有限，不足之处在所难免，敬请读者批评指正，在此表示衷心地感谢。

编　者

2010 年 12 月

目　　录

绪　论

一、本课程的内容及学习目的

本课程的主要包括：土木工程材料、建筑工程、水利工程、给排水工程、道路与桥梁工程、土木工程施工、土木工程管理和土木工程展望八个方面主要内容。

通过学习，使学生更加全面准确地了解和掌握有关土木建筑工程方面的基础知识、认识土木工程的地位和作用，了解土木工程的广阔领域，获得大量的信息及研究动向，从而开拓土木工程视野，培养土木工程意识，激发持久学习动力，产生强烈的求知欲，养成自学、查找资料及思考问题的习惯，为以后学习专业知识打下坚实而必要的基础。

二、本课程的性质与任务

《土木工程概论》课程是土木工程类专业的学科认知课。旨在拓宽学生的专业知识面，培养学生的专业意识与专业通识能力。

学习本门课程，我们要搞清几下几个问题：什么是土木工程？土木工程包括哪些内容？掌握土木工程要学习哪些知识、掌握哪些基本技能、具备哪些能力？怎样才能学好土木工程等。回答这些问题便是本书的主要任务。

什么是土木工程？中国国务院学位委员会在学科简介中定义："土木工程是建造各类工程设施的科学技术的总称，它既指工程建设的对象，即建在地上、地下、水中的各种工程设施，也指所应用的材料、设备和所进行的勘测设计、施工、保养、维修等技术"。

土木工程，英语为"Civil Engineering"，直译是"民用工程"，它的原意是与军事工程"Military Engineering"相对应的，即除了服务于战争的工程设施以外，所有服务于生活和生产需要的民用设施均属于土木工程，后来这个界限也不明确了。现在已经把军用的战壕、掩体、碉堡、浮桥、防空洞等防护工程也归入了土木工程的范畴。

土木工程的范围非常广泛，它包括房屋建筑工程、公路与城市道路工程、铁道工程、桥梁工程、隧道工程、机场工程、地下工程、给水排水工程、港口码头工程等。国际上，运河、水库、大坝、水渠等水利工程也包括于土木工程之中。人民生活离不开衣、食、住、行，其中"住"与"行"是与土木工程直接相关的；而"食"需要打井取水，修渠灌溉，筑坝蓄水，建仓存粮等；而"衣"的纺纱、织布、制衣，也必须在工厂内进行，也同样离不开土木工程。土木工程影响着人们生活的方方面面。

三、本课程的主要内容

以上所介绍各种类型土木工程的勘测、规划、设计、施工、管理便构成了土木工程类专业所要学习的核心内容，当然具体专业不同，学习的侧重点也会有所不同。作为入门教材，本书在后面各章将对以上各种类型的土木工程进行简要的介绍。

本课程的具体内容包括如下九个方面：

1. 综述

主要介绍土木工程的概念、土木工程的发展概况等。

2. 土木工程材料

主要介绍土木工程使用的各类材料及其应用概况。

3. 建筑工程

主要介绍民用建筑的分类、构造组成、常用结构体系与结构基本构件；工业厂房的主要类型、单厂的主要结构组成与结构类型；建筑物设计基准期、建筑结构的安全等级和抗震设防等基本概念等。

4. 水利工程

主要介绍了常见的一些水工建筑物，并对这些水工建筑物的作用、特点和基本构造作出了阐述；同时对我国已建部分重要水利工程进行了介绍。

5. 给排水工程

主要介绍了室内外给水、排水系统的形式、组成及特点。

6. 道路与桥梁工程

主要介绍了道路的分类及组成、桥梁工程的分类及组成以及道路桥梁工程的发展情况。

7. 土木工程施工

介绍了土木工程中基础施工、土石方工程施工、混凝土工程施工的方法、要点。

8. 土木工程管理

主要介绍施工组织设计的目的和原理；建设项目管理的机构组成和管理、控制内容；建设工程的招标与投标的基本知识；建设工程监理的基本知识。

9. 土木工程展望

主要介绍绿色建筑、智能建筑的概念及计算机在土木工程中的应用。

四、本课程的学习要求

土木工程概论是土木类专业的一门认知课，所涉及的内容广泛，基本包括了土木工程的方方面面。因此，同学们在学习本课程时会有一定的难度。为此提出以下几点学习方法和思路供大家参考：

1. 本课程主要是让大家树立起土木工程的基本概念，了解土木工程的各主要分支的基本知识，掌握其中的关联，具体内容会根据专业在后续的课程里专门介绍。

2. 做好课前的预习。本课程教学内容多、进度快，老师往往是跳跃式点到为止。预习有助于独立思考能力的培养，提高听课质量。预习的要点是对新的概念、方法及可能的重点、难点加以标记。

3. 课后复习与练习。课后复习可巩固课堂所学知识，将基本概念、原理引向深入、理解透彻。课后练习可检验知识掌握的深度与广度，运用所学知识完成练习可锻炼解决问题的技能、技巧。

4. 理论联系实际。学习时要把书本上的知识与周围的实物相联系、相对照，课堂学习和认知实习、工地实习相结合。

5. 要利用多种渠道拓宽知识面和视野。课堂教学侧重的是书本知识，但学习时不能仅局限于教材，要多渠道猎取知识和信息，拓宽知识面和专业视野。

(1)要充分利用图书馆资源。多看一些老师推荐的参考书和期刊杂志，了解本专业国内外的专业发展水平和发展动态。

(2)充分利用网络资源。经常登录土木类网站、论坛，了解本专业的行业动态和政策法规，关注譬如“绿色建筑”、“智能建筑”等流行话题，了解土木工程施工中采用的一些先进的施工方法、施工技术，搜索一些专业名词或专业知识点，掌握专业文献的检索、查阅、利用的技巧等。

本章思考与实训

1. 什么是土木工程？

2. 本课程的主要内容有哪些？

3. 如何才能学好本课程？

第一章　概　述

【内容要点】

1. 土木工程的概念；

2. 土木工程发展的三个阶段：古代、近代及现代。

【知识链接】

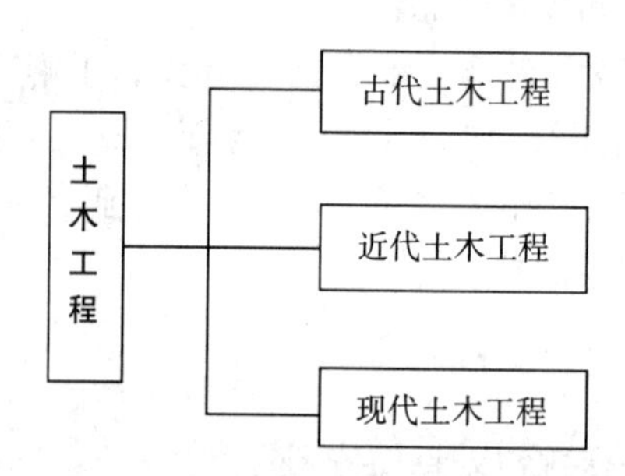

第一节　土木工程的概念

土木工程(Civil Engineering)，原指与军事工程(Military Engineering)相对应的各种民用工程设施。随着时代的不断进步和发展，当“和平与发展”成为时代的主旋律时，民用工程和军用工程的界限逐渐变得模糊，因此，现代土木工程的概念中也包含了各种军用工程设施，如战壕、掩体、碉堡、浮桥、防空洞和人防工程等。

［想一想］

军事工程是否也属于土木工程概念范畴？

工程是建造各类工程设施的科学技术的总称，它既指工程建设的对象，即建在地上、地下、水中的各种工程设施，也指所应用的材料、设备和所进行的勘测设计、施工、保养、维护等技术。

土木工程涉及的对象十分广泛，常见的包括房屋建筑、工业厂房、公路、桥梁、隧道、铁路、港口、码头，水库以及地下结构等建筑物和构筑物。它们与人们的日常生产和生活息息相关。例如，居住需要修建住宅，办公需要修建办公室，生产活动需要修建工厂，出行和运输需要修建道路、隧道、桥梁、铁路和码头，发电需要修建大坝和电厂，供应自来水需要修建水库、水渠和水厂等等。除此之外，人类改造自然和探索太空的种种活动也离不开土木工程。例如，我国的南水北调工程需要开挖大量的沟渠和修建众多的泵站，人类的航空航天事业需要修建发射塔架以及各种附属设施等。随着时代的发展，土木工程的内容和形式也在不断地演化和扩充。由此，一些国家也将土木工程建设称为国家的“基本建设”。

从广义角度讲，土木工程、建筑、土木建筑可以认为是同义词。

第二节　土木工程的发展

人类出现以来，为了满足住和行以及生产活动的需要，从构木为巢、掘土为穴的原始操作开始，到今天能建造摩天大厦、万米长桥，以至移山填海的宏伟工程，经历了漫长的发展过程。

土木工程的发展贯通古今，它同社会、经济，特别是与科学、技术的发展有密切联系。土木工程内涵丰富，而就其本身而言，则主要是围绕着材料、施工、理论三个方面的演变而不断发展的。为便于叙述，权且将土木工程发展史划为古代土木工程、近代土木工程和现代土木工程三个时代。以 17 世纪工程结构开始有定量分析，作为近代土木工程时代的开端；把第二次世界大战后科学技术的突飞猛进，作为现代土木工程时代的起点。

[想一想]

土木工程的发展经历了哪几个阶段？

人类最初居无定所，利用天然掩蔽物作为居处，农业出现以后需要定居，出现了原始村落，土木工程开始了它的萌芽时期。随着古代文明的发展和社会进步，古代土木工程经历了它的形成时期和发达时期，不过因受到社会经济条件的制约，发展颇不平衡。古代的无数伟大工程建设，是灿烂古代文明的重要组成部分。古代土木工程最初完全采用天然材料，后来出现人工烧制的材料，这是土木工程发展史上的一件大事。古代的土木工程实践应用简单的工具，依靠手工劳动，并没有系统的理论，但通过经验的积累，逐步形成了指导工程实践的规则。

15 世纪以后，近代自然科学的诞生和发展，是近代土木工程出现的先声，是它开始在理论上的奠基时期。17 世纪中叶，伽利略开始对结构进行定量分析，被认为是土木工程进入近代的标志。从此土木工程成为有理论基础的独立的学科。18 世纪下半叶开始的产业革命，使以蒸汽和电力为动力的机械先后进入了土木工程领域，施工工艺和工具都发生了变革。近代工业生产出新的工程材料——钢铁和水泥，使得土木工程发生了深刻的变化。第一次世界大战后，近代土木工程在理论和实践上都臻于成熟，可称为成熟时期。近代土木工程几百年的发展，在规模和速度上都大大超过了古代。

第二次世界大战后，现代科学技术飞速发展，土木工程也进入了一个新时代。现代土木工程所经历的时间尽管只有几十年，但以计算机技术广泛应用为代表的现代科学技术的发展，使土木工程领域出现了崭新的面貌。现代土木工程的新特征是工程功能化、城市立体化和交通高速化等。土木工程在材料、施工、理论三个方面也出现了新趋势，即材料轻质高强化、施工过程工业化和理论研究精密化。

土木工程具有综合性、实践性、社会性等属性，牵涉面十分广阔，下面就土木工程发展史的某些侧面作概略的描述。土木工程的历史源远流长，其发展经历了古代、近代和现代三个阶段。

一、古代土木工程

古代土木工程的历史跨度很长，大约从新石器时代（约公元前5000～6000年）到17世纪中期。早期的古代工程所使用的材料主要取自天然，如泥土、石块和树干等，所使用的施工工具也很简单，如石斧、石刀和石夯等。从公元前1000年开始，砖、瓦、木材、青铜和铁等材料逐渐被运用于土木工程中，施工工具除了青铜和铁制的斧、凿、钻、锯和铲等工具外，还出现了一些简易器械，如打桩器械和起重器械等。

古代土木工程在设计上主要依靠经验，还没有形成完整的理论体系，仅有的少数土木工程著作多为经验总结和外形设计描述，如我国公元前5世纪的《考工记》、北宋李诫编写的《营造法式》、明代的《鲁班经》以及意大利的阿尔伯蒂在文艺复兴时期编写的《论建筑》等。古代土木工程虽然在理论和技术还十分简朴，但是仍有许多工程令人叹为观止，有些工程即使从现代的眼光去审视也是非常伟大，如古埃及的胡夫金字塔、古罗马斗兽场、古希腊的帕台农神庙、中国的万里长城、赵州桥和都江堰等。

［做一做］

上网了解一下文中提及的这些古代工程建筑。

古代土木工程的发展大体上可分为萌芽时期、形成时期和发达时期。

（一）萌芽时期

这时期的土木工程还只是使用石斧、石刀、石锛、石凿等简单的工具，所用的材料都是取自当地的天然材料，如茅草、竹、芦苇、树枝、树皮和树叶、砾石、泥土等。掌握了伐木技术以后，就使用较大的树干做骨架；有了煅烧加工技术，就使用红烧土、白灰粉、土坯等，并逐渐懂得使用草筋泥、混合土等复合材料。人们开始使用简单的工具和天然材料建房、筑路、挖渠、造桥，土木工程完成了从无到有的萌芽阶段。

（二）形成时期

随着生产力的发展，农业、手工业开始分工。大约自公元前3千年，在材料方面，开始出现经过烧制加工的瓦和砖；在构造方面，形成木构架、石梁柱、拱等结构体系；在工程内容方面，有宫室、陵墓、庙堂，还有许多较大型的道路、桥梁、水利等工程；在工具方面，美索不达米亚（两河流域）和埃及在公元前3千年，中国在商代（公元前16～前11世纪），开始使用青铜制的斧、凿、钻、锯、刀、铲等工具。后来铁制工具逐步推广，并有简单的施工机械也有了经验总结及形象描述的土木工程著作。公元前5世纪成书的《考工记》记述了木工、金工等工艺，以及城市、宫殿、房屋建筑规范，对后世的宫殿、城池及祭祀建筑的布局有很大影响。

公元前3世纪中叶，在今四川灌县，李冰父子主持修建都江堰，解决围堰、防洪、灌溉以及水陆交通问题，是世界上最早的综合性大型水利工程。

春秋战国时期，战争频繁，广泛用夯土筑城防敌。秦代在魏、燕、赵三国夯土长城基础上筑成万里长城，后经历代多次修筑，留存至今，成为举世闻名的建筑。

埃及人在公元前3千年进行了大规模的水利工程以及神庙和金字塔的修

建，这些工程建筑上计算准确，施工精细，规模宏大，积累和运用了几何学、测量学方面的知识，使用了起重运输工具，组织了大规模协作劳动。

(三)发达时期

由于铁制工具的普遍使用，提高了工效；工程材料中逐渐增添复合材料；工程内容则根据社会的发展，道路、桥梁、水利、排水等工程日益增加；专业分工日益细致，技术日益精湛，从设计到施工已有一套成熟的经验，具体表现为：(1)运用标准化的配件方法加速了设计进度，多数构件都可以按"材"或"斗口"、"柱径"的模数进行加工；(2)用预制构件，现场安装，以缩短工期；(3)统一筹划，提高效益，如中国北宋的汴京宫殿，施工时先挖河引水，为施工运料和供水提供方便，竣工时用渣土填河；(4)改进当时的吊装方法，用木材制成"戥"和绞磨等起重工具，可以吊起三百多吨重的巨材，如三台的雕龙御路石以及罗马圣彼得大教堂前的方尖碑等。

二、近代土木工程

从17世纪中叶到20世纪中叶的300年间，是土木工程发展史中迅猛前进的阶段。这个时期土木工程的主要特征是：在材料方面，由木材、石料、砖瓦为主，到开始并日益广泛地使用铸铁、钢材、混凝土、钢筋混凝土，直至早期的预应力混凝土；在理论方面，工程力学、结构力学等学科逐步形成，设计理论的发展保证了工程结构的安全和人力物力的节约；在施工方面，由于不断出现新的工艺和新的机械，施工技术进步，建造规模扩大，建造速度加快了。在这种情况下，土木工程逐渐发展到包括房屋、道路、桥梁、铁路、隧道、港口、市政、卫生等工程建筑和工程设施，不仅能够在地面，而且有些工程还能在地下或水域内修建。

[想一想]

近代土木工程时期有哪些主要成就？

土木工程在这一时期的发展可分为奠基时期、进步时期和成熟时期三个阶段。

(一)奠基时期

17世纪到18世纪下半叶是近代科学的奠基时期，也是近代土木工程的奠基时期。伽利略、牛顿等所阐述的力学原理是近代土木工程发展的起点。意大利学者伽利略在1638年出版的著作《关于两门新科学的谈话和数学证明》中，论述了建筑材料的力学性质和梁的强度，首次用公式表达了梁的设计理论。这本书是材料力学领域中的第一本著作，也是弹性体力学史的开端。1687年牛顿总结的运动三大定律是自然科学发展史的一个里程碑，直到现在还是土木工程设计理论的基础。瑞士数学家欧拉在1744年出版的《曲线的变分法》建立了柱的压屈公式，算出了柱的临界压曲荷载，这个公式在分析工程构筑物的弹性稳定方面得到了广泛的应用。法国工程师库仑1773年写的著名论文《建筑静力学各种问题极大极小法则的应用》，说明了材料的强度理论、梁的弯曲理论、挡土墙上的土压力理论及拱的计算理论。这些近代科学奠基人突破了以现象描述、经验总结为主的古代科学的框框，创造出比较严密的逻辑理论体系，加之对工程实践有指导意义的复形理论、振动理论、弹性稳定理论等在18世纪相继产生，这就促使土木工程向深度和广度发展。

尽管与土木工程有关的基础理论已经出现,但就建筑物的材料和工艺看,仍属于古代的范畴,如中国的雍和宫、法国的罗浮宫、印度的泰姬陵、俄国的冬宫等。土木工程实践的近代化,还有待于产业革命的推动。

由于理论的发展,土木工程作为一门学科逐步建立起来,法国在这方面是先驱。1716 年法国成立道桥部队,1720 年法国政府成立交通工程队,1747 年创立巴黎桥路学校,培养建造道路、河渠和桥梁的工程师。所有这些,表明土木工程学科已经形成。

(二)进步时期

18 世纪下半叶,瓦特对蒸汽机作了根本性的改进。蒸汽机的使用推进了产业革命。规模宏大的产业革命,为土木工程提供了多种性能优良的建筑材料及施工机具,也对土木工程提出新的需求,从而促使土木工程以空前的速度向前迈进。

工程实践经验的积累促进了理论的发展。19 世纪,土木工程逐渐有定量设计的需要,房屋和桥梁设计要求实现规范化。另一方面由于材料力学、静力学、运动学、动力学逐步形成,各种静定和超静定桁架内力分析方法和图解法得到很快的发展。1825 年,纳维建立了结构设计的容许应力分析法;19 世纪末,里特尔等人提出钢筋混凝土理论,应用了极限平衡的概念。1900 年前后钢筋混凝土弹性方法被普遍采用,一些国家还制定了各种类型的设计规范。1818 年英国不列颠土木工程师会成立,其他各国和国际性的学术团体也相继成立。理论上的突破,反过来极大地促进了工程实践的发展,这样就使近代土木工程这个工程学科日臻成熟。

(三)成熟时期

第一次世界大战以后,近代土木工程发展到成熟阶段。这个时期的一个标志是道路、桥梁、房屋大规模建设的出现。在交通运输方面,由于汽车在陆路交通中具有快速和机动灵活的特点,其地位日益重要。沥青和混凝土开始用于铺筑高级路面。1931～1942 年德国首先修筑了长达 3860 公里的高速公路网,美国和欧洲其他一些国家相继效法。20 世纪初出现了飞机,机场配套工程迅速发展起来。钢铁质量的提高和产量的上升,使建造大跨桥梁成为现实。1918 年加拿大建成魁北克悬臂桥,跨度 548.6 米;1937 年美国旧金山建成金门悬索桥,跨度 1280 米,全长 2825 米,是公路桥的代表性工程;1932 年,澳大利亚建成双铰钢拱结构,跨度 503 米的澳大利亚悉尼港桥。

三、现代土木工程

现代土木工程以社会生产力的现代发展为动力,以现代科学技术为背景,以现代工程材料为基础,以现代工艺与设备为手段高速度地向前发展。

第二次世界大战结束后,社会生产力出现了新的飞跃。现代科学技术突飞猛进,土木工程进入一个新时代。在近 40 年中,前 20 年土木工程的特点是进一步大规模工业化，而后20年的特点则是现代科学技术对土木工程的进一步渗透。

1949年以后，我国经历了国民经济恢复时期和规模空前的经济建设时期。例如，到1965年全国公路通车里程80余万公里，是解放初期的10倍；铁路通车里程5万余公里，是50年代初的两倍多；火力发电容量超过2000万千瓦，居世界前五位。1979年后中国致力于现代化建设，发展加快。列入第六个五年计划(1981～1985年)的大中型建设项目达890个。1979～1982年间全国完成了3.1亿米住宅建筑；城市给水普及率已达80%以上；北京等地高速度地进行城市现代化建设；京津塘(北京—天津—塘沽)高速公路和广深珠(广州—深圳、广州—珠海)高速公路开始兴建；全国各地建成大量10余层到50余层的高层建筑。这些都说明中国土木工程已开始了现代化的进程。

(一)现代土木工程的特征

[想一想]

现代土木工程有哪些主要特征?

1. 工程功能化

现代土木工程的特征之一，是工程设施同它的使用功能或生产工艺更紧密地结合。复杂的现代生产过程和日益上升的生活水平，对土木工程提出了各种专门的要求。

现代土木工程为了适应不同工业的发展，有的工程规模极为宏大，如大型水坝混凝土用量达数千万立方米，大型高炉的基础也达数千立方米；有的则要求十分精密，如电子工业和精密仪器工业要求能防微振。现代公用建筑和住宅建筑不再仅仅是传统意义上徒具四壁的房屋，而要求同采暖、通风、给水、排水、供电、供燃气等种种现代技术设备结成一体。

对土木工程有特殊功能要求的各类工业也发展起来。例如，核工业的发展带来了新的工程类型。80年代初世界上已有23个国家拥有核电站277座，在建的还有613座，分布在40个国家。核电站的安全壳工程要求很高。又如为研究微观世界，许多国家都建造了加速器。中国从50年代以来建成了60余座加速器工程，目前正在兴建3座大规模的加速器工程，这些工程的要求也非常严格。海洋工程发展很快，80年代初海底石油的产量已占世界石油总产量的23%，海上钻井已达3000多口，固定式钻井平台已有300多座。中国在渤海、南海等处已开采海底石油。海洋工程已成为土木工程的新分支。

现代土木工程的功能化问题日益突出，为了满足极专门和更多样的功能需要，土木工程更多地需要与各种现代科学技术相互渗透。

2. 城市立体化

随着经济的发展，人口的增长，城市用地更加紧张，交通更加拥挤，这就迫使房屋建筑和道路交通向高空和地下发展。

高层建筑成了现代化城市的象征。1974年芝加哥建成高达443米的西尔斯大厦超过了1931年建造的纽约帝国大厦的高度。现代高层建筑由于设计理论的进步和材料的改进，出现了新的结构体系，如筒中筒结构等。美国在1968～1974年间建造的三幢超过百层的高层建筑，自重比帝国大厦减轻20%，用钢量

[查一查]

目前高度排名前十的超高层建筑是哪些?

减少30%。高层建筑的设计和施工是对现代土木工程成就的一个总检阅。

城市道路和铁路很多已采用高架,同时又向地层深处发展。在近几十年得到进一步发展,地铁早已电气化,并与建筑物地下室连接,形成地下商业街。在1969年通车后,1984年又建成新的环形线地下铁道。地下停车库、地下油库日益增多。城市道路下面密布着电缆、给水、排水、供热、供燃气的管道,构成城市的脉络。现代城市建设已经成为一个立体的、有机的系统,对土木工程各个分支以及它们之间的协作提出了更高的要求。

3. **交通高速化**

现代世界是开放的世界,人、物和信息的交流都要求更高的速度。虽然1934年就在德国出现,但在世界各地较大规模的修建,是第二次世界大战后的事。1983年,世界高速公路已达11万公里,很大程度上取代了铁路的职能。高速公路的里程数,已成为衡量一个国家现代化程度的标志之一。铁路也出现了电气化和高速化的趋势。日本的"新干线"铁路行车时速达210公里以上,法国巴黎到里昂的高速铁路运行时速达260公里。从工程角度来看,高速公路、铁路在坡度、曲线半径、路基质量和精度方面都有严格的限制。交通高速化直接促进着桥梁、隧道技术的发展。不仅穿山越江的隧道日益增多,而且出现长距离的海底隧道。日本从青森至函馆越过津轻海峡的隧道即将竣工,长达53.85公里。

航空事业在现代得到飞速发展,航空港遍布世界各地。航海业也有很大发展,世界上的国际贸易港口超过2000个,并出现了大型集装箱码头。中国的塘沽、上海、北仑、广州、湛江等港口也已逐步实现现代化,其中一些还建成了集装箱码头泊位。

(二)材料、施工和理论的发展趋势

1. **材料轻质高强化**

现代土木工程的材料进一步轻质化和高强化。工程用钢的发展趋势是采用低合金钢。中国从60年代起普遍推广了锰硅系列和其他系列的低合金钢,大大节约了钢材用量并改善了结构性能。高强钢丝、钢绞线和粗钢筋的大量生产,使预应力混凝土结构在桥梁、房屋等工程中得以推广。

标号为500～600号的水泥已在工程中普遍应用,近年来已用于高层建筑。例如美国休斯敦的贝壳广场大楼,用普通混凝土只能建35层,改用了陶粒混凝土,自重大大减轻,用同样的造价建造了52层。而大跨、高层、结构复杂的工程又反过来要求混凝土进一步轻质、高强化。

高强钢材与高强混凝土的结合使预应力结构得到较大的发展。重庆长江桥的预应力T沟桥,跨度达174m;24～32m的预应力混凝土梁在铁路桥梁工程中用了6万多孔;先张法和后张法的预应力混凝土屋架、吊车梁和空心板在工业建筑和民用建筑中广泛使用。

铝合金、镀膜玻璃、石膏板、玻璃钢等工程材料发展迅速。新材料的出现与传统材料的改进是以现代科学技术的进步为背景的。

2. **施工过程工业化**

大规模现代化建设使建筑标准化达到了很高的程度。人们力求推行工业化

生产方式，在工厂中成批地生产房屋、桥梁的种种构配件、组合体等。预制装配化的潮流在50年代后席卷了以建筑工程为代表的许多土木工程领域。这种标准化在中国社会主义建设中，起了积极作用。中国建设规模在绝对数字上是巨大的，30年来城市工业与民用建筑面积达23亿多平方米，其中住宅10亿平方米，若不广泛推行标准化，是难以完成的。装配化不仅对房屋重要，也在中国桥梁建设中引出装配式轻型拱桥，从60年代开始采用与推广，对解决农村交通起了一定作用。

在标准化向纵深发展的同时，种种现场机械化施工方法在70年代以后发展得特别快。采用了同步液压的千斤顶广泛用于工程中。1975年建成的加拿大高达553米加拿大多伦多电视塔，施工时就用了滑模，在安装天线时还使用了直升飞机。现场机械化的另一个典型实例是用一群小提升机同步提升大面积平板的升板结构施工方法。近10年来中国用这种方法建造了约300万平方米房屋。此外，钢制大型、大型吊装设备与混凝土自动化搅拌机、输送泵等相结合，形成了一套现场机械化施工工艺，使传统的现场灌筑混凝土方法获得了新生命，在高层、多层房屋和桥梁中部分地取代了装配化，成为一种发展很快的方法。

现代技术使许多复杂的工程成为可能，例如中国有80%的线路穿越山岭地带，桥隧相连，桥隧总长占40%；日本山阳线新大阪至博多段的隧道占50%；前苏联在靠近北极圈的寒冷地带建造第二条西伯利亚大铁路；中国的青藏公路直通世界屋脊。由于采用了现代化的施工方法，施工加快，精度也提高。土石方工程中广泛采用定向爆破，解决大量土石方的施工。

3. 理论研究精密化

现代科学信息传递速度大大加快，一些新理论与方法，如计算力学、结构动力学、动态规划法、网络理论、随机过程论、滤波理论等的成果，随着计算机的普及而渗进了土木工程领域。结构动力学已发展完备。荷载不再是静止的和确定性的，而将被作为随时间变化的随机过程来处理。美国和日本使用由计算机控制的强震仪台网系统，提供了大量原始地震记录。日趋完备的反应谱方法和直接动力法在工程抗震中发挥很大作用。中国在抗震理论、测震、震动台模拟试验以及结构抗震技术等方面有了很大发展。

静态的、确定的、线性的、单个的分析，逐步被动态的、随机的、非线性的、系统与空间的分析所代替。电子计算机使高次超静定的分析成为可能，例如高层建筑中框架一剪刀墙体系和筒中筒体系的空间工作，只有用电算技术才能计算。电算技术也促进了大跨桥梁的实现，1980年英国建成亨伯悬索桥，单跨达1410m，1983年西班牙建成卢纳预应力混凝土斜拉桥，跨度达440m；中国于1975年在云阳建成第一座斜拉桥，2008年建成苏通长江大桥，主跨1088m，位居世界十大斜拉桥之首。

大跨度建筑的形式层出不穷，薄壳、悬索、网架和充气结构覆盖大片面积，满足种种大型社会公共活动的需要。1959年巴黎建成多波双曲薄壳的跨度达210m；1976年美国新奥尔良建成的网壳穹顶直径为207.3m；1975年美国密歇根庞蒂亚克体育馆充气塑料薄膜覆盖面积达 35000 多平方米，可容纳观众 8 万人。中国也建成了许多大空间结构，如圆形网架直径 110m 上海体育馆，北京工人体育馆悬索屋面净跨为 94m。大跨建筑的设计也是理论水平的一个标志。

从材料特性、结构分析、结构抗力计算到极限状态理论，在土木工程各个分支中都得到充分发展。50 年代美国、苏联开始将可靠性理论引入土木工程领域。土木工程的可靠性理论建立在作用效应和结构抗力的概率分析基础上。工程地质发展为研究和开拓地下、水下工程创造了条件。计算机不仅用以辅助设计，更作为优化手段；不但运用于结构分析，而且扩展到建筑、规划领域。

理论研究的日益深入，使现代土木工程取得许多质的进展，并使工程实践更离不开理论指导。

[查一查]

三峡工程的概况。

此外，现代土木工程与环境关系更加密切，在从使用功能上考虑使它造福人类的同时，还要注意它与环境的协调问题。现代生产和生活时刻排放大量废水、废气、废渣和噪声，污染着环境。环境工程，如废水处理工程等又为土木工程增添了新内容。核电站和海洋工程的快速发展，又产生新的引起人们极为关心的环境问题。现代土木工程规模日益扩大，例如：世界水利工程中，库容 300 亿 m^3 以上的水库为 28 座，高于 200m 的大坝有 25 座。乌干达欧文瀑布水库库容达 2040 亿 m^3，苏联罗贡土石坝高 325m；中国三峡高坝截断了世界最大河流之一的长江；巴基斯坦引印度河水的西水东调工程规模很大。这些大水坝的建设和水系调整还会引起对自然环境的另一影响，即干扰自然和生态平衡，而且现代土木工程规模愈大，它对自然环境的影响也愈大。因此，伴随着大规模现代土木工程的建设，带来一个保持自然界生态平衡的课题，有待综合研究解决。

本章思考与实训

1. 土木工程的发展经历了哪几个阶段？
2. 请你列举几个中外著名的古代建筑，并说出其特点。
3. 设想一下土木工程未来的发展趋势。

第二章　土木工程材料

【内容要点】

1. 土木工程中常用建筑材料的品种、分类、规格尺寸；
2. 砖、石、砂浆、混凝土、钢材的技术性能、质量标准、检测方法、保管验收；
3. 防水材料、塑料的工程品种及应用；
4. 建筑装饰用面砖、玻璃、板材、涂料的装饰效果、特性。

【知识链接】

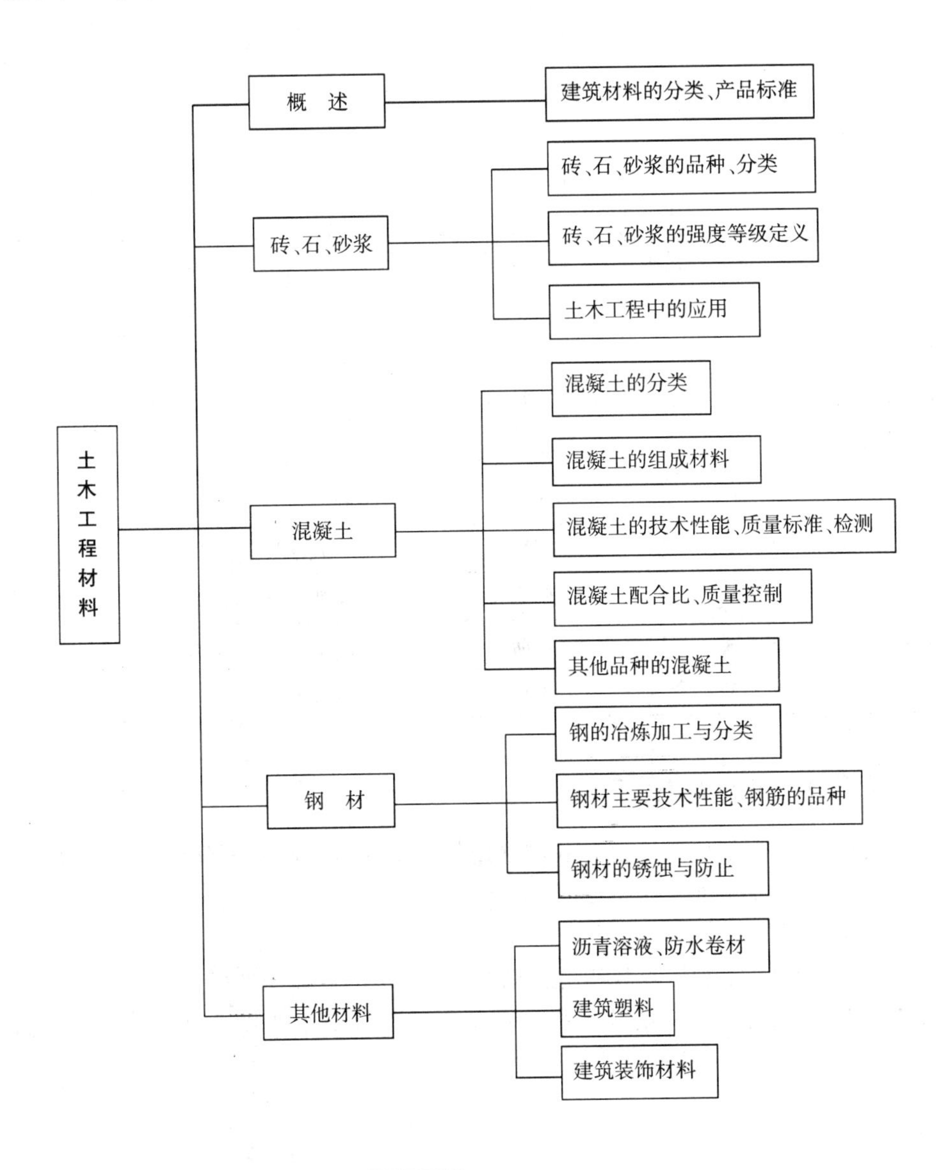

第一节　概　述

建筑材料是指用于建筑工程的各种材料及其制品的总称，是一切建筑工程的物质基础。

一、建筑材料的分类

建筑材料的种类繁多，体系复杂，从单一材料到复合材料。最常见的建筑材料的分类，是按材料的化学成分，分为无机材料、有机材料、复合材料三大类，见表 2-1。

表 2-1　建筑材料按化学成分分类

分　类			实　例
无机材料	金属材料	黑色金属	铁及其合金，钢，合金钢，不锈钢等
		有色金属	铜，铝及其合金等
	非金属材料	天然石材	砂，石及石材制品等
		烧结黏土制品	黏土砖，瓦，陶瓷制品等
		胶凝材料及制品	水泥，石灰，石膏，水玻璃，砂浆，混凝土及制品，硅酸盐制品等
		玻璃	平板玻璃，特制玻璃等
		无机纤维材料	玻璃纤维，石棉，矿物棉等
有机材料	植物材料		木材，竹材，苇材，植物纤维及制品等
	沥青材料		石油沥青，煤沥青及制品等
	合成高分子材料		塑料，涂料，黏合剂，合成橡胶等
复合材料	有机与无机非金属材料复合		聚合物混凝土，玻璃纤维增强塑料等
	金属与无机非金属材料复合		钢筋混凝土，钢纤维混凝土，劲性混凝土等
	金属与有机材料复合		铝塑管，彩色涂层压型板等

二、建筑材料的产品标准

按适用的领域和有效范围，我国常用的建筑材料产品标准分为国家标准、行业标准、地方标准和企业标准四类。

1. 国家标准

[想一想]

GB17671-1999 是什么含义?

有强制性标准(代号 GB)和推荐性标准(GB/T)。强制性标准是全国必须执行的技术指导文件，产品的技术指标都不得低于标准中的规定要求。推荐性标准在执行时也可采用其他相关的规定。

2. 行业(或部门)标准

各行业(或主管部门)为了规范本行业的产品质量而制定的技术标准,也是全国性的指导文件。如建筑材料行业标准(JC)、建筑工程行业标准(JGJ)、交通行业标准(JT)、水利工程标准(SL)等等。

3. 地方标准

地方标准为地方主管部门发布的地方性技术文件(DB),适宜在该地区使用。

4. 企业标准

由企业制定发布的指导本企业生产的技术文件(QB),仅适用于本企业。凡没有制定国家标准、部级标准的产品,均应制定企业标准。而企业标准所定的技术要求应高于类似(或相关)产品的国家标准。

标准的一般表示方法由标准名称、标准编号和颁布年份等组成。

国际标准大致可分为以下三类:

1. 团体标准和公司标准

是指国际上有影响的团体标准和公司标准,如美国材料与试验协会(ASTM)等。

2. 区域性标准

是指世界某一地理区域内有关国家、团体共同参与、制定、开展活动的标准,也可以说是工业先进国家的标准。如德国标准(DIN)、日本工业标准(JIS)等。

3. 国际性标准化组织的标准

是指在国际范围内由众多国家、团体共同参与开展的标准化活动。国际标准化组织(ISO)是目前世界上最大、最有权威性的国际标准化专门机构,总部设在瑞士日内瓦。1978 年 9 月 1 日,我国以中国标准化协会(CAS)的名义进入 ISO。1988 年改为以国家技术监督局的名义参加 ISO 的工作,现在以中国国家标准化管理局的名义参加 ISO 的工作。标准 ISO9001 由 ISO/TC176/SC2 质量管理和质量保证技术委员会质量体系分委员会制定。

[想一想]

ISO9001 有哪些发展历程?

第二节　砖、石材和砂浆

一、砖

(一)砖的分类

砖是由黏土、工业材料或其他地方资料为主要原料,以不同工艺制成的,在土木工程中用于砌筑承重或非承重的块状材料。

根据生产工艺有烧结砖和非烧结砖之分。经焙烧制成的烧结砖,如黏土砖(N)、页岩砖(Y)、煤矸石砖(M)、粉煤灰砖(F)等;非烧结砖有碳化砖、常压蒸汽养护或高压蒸汽养护硬件化而成的蒸压蒸养砖,如粉煤灰砖、炉渣砖、灰砂砖等。

按孔洞率(砖表面上孔洞总面积占砖表面积的百分率)分为烧结普通砖(孔洞率＜15%)、烧结多孔砖(15%≤孔洞率＜35%)和烧结空心砖(孔洞率

≥35%）。

(二)烧结普通砖

1. **规格**

烧结普通砖的标准尺寸为 240mm×115mm×53mm。4 块砖长、8 块砖宽、16 块砖厚，加上 10mm 的砌筑灰缝，其长度均为 1m。砌筑 $1m^3$ 砖体需 512 块砖，一般再加上 2.5%的损耗即为计算工程所需用的砖数。

2. **质量等级**

砖的抗压强度砖可分为 MU30、MU25、MU20、MU15、MU10 等五个强度等级。强度和抗风化性能合格的砖，根据尺寸偏差、外观质量、泛霜和石灰爆裂分为优等品(A)、一等品(B)和合格品(C)三个质量等级。优等品可用于清水墙和墙体装饰，一等品和合格品可用于混水墙。

(三)烧结多孔砖

烧结多孔砖是以黏土、页岩、煤矸石为主要原料，经焙烧而成的砖内孔径不大于 22mm，孔洞率大于或等于 15%，孔洞尺寸小而数量多，用于砌筑承重结构用砖。

1. **规格**

多孔砖有 190mm×190mm×90mm(代号为 M)和 240mm×115mm×90mm(代号为 P)两种规格。

2. **质量等级**

烧结多孔砖根据抗压强度、抗折荷重分为 MU30、MU25、MU20、MU15、MU10、MU7.5 六个强度等级。各产品等级的强度值均应不低于 GB13544—92 的规定。

根据尺寸的偏差、外观质量、强度等级和物理性能分为优等品(A)、一等品(B)和合格品(C)三个等级。

(四)烧结空心砖

烧结空心砖是以粘土、页岩、煤矸石为主要原料，经焙烧而成的孔洞率大于或等于 35%，孔洞尺寸大而数量少的作填充非承重用砖。空心砖孔洞采用矩形条孔或其他孔形，且平行于大面和条面。

1. **规格**

烧结空心砖的长度、宽度、高度均应符合下列要求：

(1)290mm、190mm、90mm

(2)240mm、180(175)mm、115mm

2. **质量等级**

空心砖的强度等级分为 MU5.0、MU3.0、MU2.0 三个等级。

每个密度级别根据孔洞及其排数，尺寸偏差，外观质量、强度等级和物理性能分为优等品(A)、一等品(B)和合格品(C)三个等级。各等级的各项技术指标均应符合(GB13545—92)的相应规定。

根据空心砖(含空洞)的表观密度划分为800、900、1100 kg/m³三个等级的空心砖。其各级密度等级对应的五块砖密度平均值分别为≤800;801~900;901~1100(kg/m³),否则为不合格品。

生产和使用黏土多孔砖和空心砖可节约黏土25%左右,节约燃料10%~20%,比实心砖减轻墙体自重1/4~1/3,提高工效40%,降低造价约20%,并改善了墙体的热工性能。

[想一想]
烧结多孔砖、烧结空心砖与烧结普通砖相比,在使用上有什么技术经济意义?

(五)蒸养(压)砖

蒸养(压)砖是以石灰及硅质材料为主要原料,必要时加入集料和适量石膏,加水拌和后压制成型,在水热合成条件下产生强度的建筑用砖。我国目前生产的这类砖主要有灰砂砖、粉煤灰砖、炉渣砖等。

灰砂砖是将石灰与砂按一定比例配合,加水搅拌,再经陈伏,使石灰充分消解后压制成型,放入高压釜内压蒸处理而成的砖。灰砂砖由于未经焙烧,因此组织均匀密实,尺寸偏差小,外形光洁,大气稳定性好,干缩率小,硬度高。灰砂砖和尺寸规格与烧结普通砖相同,有彩色(Co)和本色(N)两类。

粉煤灰砖是利用电厂废料粉煤灰为主要原料,掺加石灰、石膏和骨料,经坯料制备、压制成型、常压或高压蒸汽养护而成的块状材料。若置于高压蒸汽中,反应将更快、更完备。其外形尺寸同普通砖,呈深灰色。不得用于长期受热(200℃以上),受急冷、急热和有酸性介质侵蚀的建筑部位。

炉渣砖是以煤燃烧后的炉渣为主要原料,加入适量的石灰或电石渣、石膏等材料混合、搅拌、成型、蒸汽养护等而制成的砖。其规格尺寸同普通砖,呈黑灰色。不得用于长期受热(200℃以上),受急冷、急热和有酸性介质侵蚀的建筑部位。

二、石材

建筑用石材有天然形成的和人工制造的两大类。

由天然岩石开采的,经过或不经过加工而制得的材料称为天然石材。我国有丰富的天然石材资源,可用于建筑工程的天然石材几乎遍布全国。重质致密的块状材料,用于砌筑基础、挡土墙、护坡、沟渠、桥涵、隧道衬砌等;散粒石料则广泛用作混凝土骨料、道渣和铺路材料等;色泽美观、坚固耐久的石材可用作建筑物,有饰面或保护材料。

人造石材是用无机或有机胶结材料、矿物质原料及各种外加剂配制而成的,如建筑中常用的水磨石材、人造大理石、人造花岗石,人造琥珀石、幻彩石、微晶玻璃装饰板等。

(一)土木工程中常用的天然岩石

岩石是由各种不同地质作用所形成的天然矿物形成的集合体。各种造岩矿物在不同的地质条件下,形成不同的岩石,通常可分为岩浆岩、沉积岩、变质岩三大类。

1. **花岗岩**

花岗岩是岩浆岩中分布最广的一种岩石，致密的结晶结构和块状构造，其颜色一般为灰白、微黄、淡红、深青等。常用于重要的大型建筑物的基础、勒脚、柱子、栏杆、踏步等部位以及桥梁、堤坝等工程中，是建造永久性工程、纪念性建筑的良好材料。经磨切等加工而成的各类花岗岩建筑板材，质感坚实，华丽庄重，是室内外高级装饰装修板材。目前，我国花岗岩的产地主要有：山东泰山和崂山、北京西山、江苏金山、安徽黄山、陕西华山及四川峨眉山等。

花岗岩结构致密，其孔隙率(0.04%～2.8%)和吸水率(0.11%～0.7%)很小，表观密度大(2700kg/m^3)，抗压强度高达120～250MPa，抗冻性好，可达100～200次冻融循环；材质坚硬，莫氏硬度6以上；耐风化，使用年限达75～200年；具有优异的耐磨性，对酸具有高度的抗腐性，对碱类侵蚀也有较强的抵抗力。但耐火性较差，当温度达800℃以上，花岗岩中的二氧化硅晶体产生晶形转化，使体积膨胀，故发生火灾时，花岗岩会发生严重开裂而破坏。某些花岗岩含有微量放射性元素，应进行放射性元素含量的检验，若超过标准，则不能用于室内。

2. **石灰岩**

石灰岩俗称灰石或青石。主要化学成分为$CaCO_3$，有密实、多孔和散粒构造，常呈灰白色、浅灰色，但因含有杂质而呈现深灰、灰黑、浅黄、浅红等颜色。

石灰岩的化学成分、矿物组成、致密程度以及物理性质等差别甚大。石灰岩来源广，硬度低，易劈裂，便于开采，具有一定的强度和耐久性，因而广泛用于建筑工程中，其块石可作为建筑物的基础、墙身、阶石及路面等，其碎石是常用的混凝土骨料。此外，它也是生产水泥和石灰的主要原料。由石灰岩加工而成的“青石板”造价不高，表面能保持劈裂后的自然形状，加之多种色彩的搭配，作为墙面装饰板材，具有独特的自然风格。

3. **大理岩**

大理岩又称大理石，因最早产于云南大理而得名，它是由石灰岩或白云岩变质而成，主要化学成分为碳酸盐类。

[谈一谈]

花岗岩一般不用于室内，大理石一般不用于室外，请讲述其原因。

大理石具有等粒或不等粒的变晶结构，结构较致密，表观密度为2600～2700kg/m^3，抗压强度为100～300MPa，但硬度不大(莫氏硬度约3～5)，较易进行锯解，雕琢和磨光等加工。大理石有着极佳的装饰效果，纯净的大理石为白色，俗称汉白玉。多数因含其他深色矿物质而呈红、黄、棕、绿等多种色彩，磨光后光洁细腻，纹理自然，美丽典雅，常用作地面、墙面、柱面、栏杆、踏步等室内高级饰面材料。

大理岩一般不宜做城市建筑的外部饰面材料，因抗风化性能差。大多数大理石的主要化学成分是碳酸钙等碱性物质，会受到酸雨及空气中酸性氧化物(如SO_2等)遇水形成的酸类侵蚀而失去光泽，变得粗糙多孔，从而降低装饰性能。国内大理石生产厂家较多，主要分布在云南大理、北京房山、湖北大冶和黄石、河北曲阳、山东平度、广西桂林、浙江杭州等地。

(二)土木工程中石材的品种及应用

建筑工程中所使用的石材，按加工后的外形分为块状石材、板状石材、散粒石材和各种石制品等。

1. 块状石材

块状石材多为砌筑石材，分为毛石和料石两类。

(1)毛石

毛石又称片石或块石，是在采石场爆破后直接得到的形状不规则的石块，依其外形的平整程度分为乱毛石和平毛石两种。常用于砌筑基础，勒脚、墙身、堤坝、挡土墙等，也可配制毛石混凝土等，平毛石还可以用于铺筑小径石路。

(2)料石

料石又称条石，是经人工或机械开采加工出的较为规则，具有一定规格的六面体石材，按料石表面加工的平整程度可分为以下四种：

①毛料石：表面不经加工或稍加修饰的料石。

②粗料石：正表面的凹凸相差不大于 20mm 的料石。

③半细料石：正表面的凹凸相差不大于 10mm 的料石。

④细料石：经过细加工，外形规则，正表面的凹凸相差不大于 2mm 的料石。

料石常用致密砂岩、石灰岩、花岗岩等开采凿制，应无风化剥落和裂纹，至少应有一面边角整齐，以便相互合缝。料石主要用于砌筑基础、墙身、踏步、地坪、拱和纪念碑；形状复杂的料石制品用于柱头、柱脚、楼梯、窗台板、栏杆和其他装饰品等。

2. 板材

板材是用结构致密的岩石荒料经凿平、锯断、磨光等加工方法制作而成的厚度一般为 20mm 的板状石材。用于建筑物的天然石材品种繁多，主要可以分为大理石和花岗石两大类。

(1)大理石板材

大理石板材并非单指由大理岩荒料加工后的板材，是指具有装饰功能，经锯切、研磨、抛光等可加工的各种碳酸盐类岩石及某些含有少量碳酸盐的硅酸盐类岩石。

目前，世界天然石材装饰板材的标准厚度还是以 20mm 为标准，但欧美国家已经开始向薄型板材的方向发展，厚度为 12～15mm 的板材产量日趋增多，最薄的厚度达到 7mm。美国、加拿大、澳大利亚、法国、德国、香港也有 8mm、10mm、11mm 薄型板在工程中应用。

我国生产的天然大理石装饰板材，著名品种有汉白玉、丹东绿、雪浪、秋景、雪花、艾叶青、东北红等。除汉白玉，能与世界名品相媲美和珍贵名品还不多。一般对大理石的要求纯白、纯黑或纯黑带白纹的，国际市场上受欢迎的颜色有纯白、纯黑、粉红色、浅绿色等，如名品中有印度红、巴西蓝、挪威蓝、卡拉奇白、金花米黄、大花绿等。

(2)花岗石板材

花岗石也并非单指花岗岩，是指具有装饰功能，并可磨平、抛光的各种岩浆岩类岩石。花岗石装饰板材加工与大理石装饰板相同。由于其硬度大于大理石，故在加工过程中难度大，锯片、锯料、磨料等都有严格的要求。

(3)人理石板材、花岗石板材的命名、编号、标记

①命名

国家规范《天然大理石荒料》(JC/T202—1992)、《天然花岗石荒料》(JC/T204—92)标准中规范了大理石、花岗石的命名。命名构成是由荒料原产地名称和色调花纹特征名称及大理石(Marble)、花岗石(Grante)英文名称的第一个字母。

②编号

天然石材的统一编号是由一个英文字母(M、G)和四位阿拉伯数字构成，四位阿拉伯数字中的前两位是各省、市行政区划码(GB/T2260)，后两位是各省市所编的石材品种序号。

③标记

天然石材的标记是由命名、分类、规格尺寸、质量等级、编号(标准号)构成。

[做一做]

列表比较天然饰面板材的命名、标记。

【例】大理石板材

表示的是产地是北京房山，长方形板，尺寸为 600mm×400mm×20mm，质量等级为 A 级的，编号为 15，花纹特征是玉白色，微有杂点和脉的大理石板材。

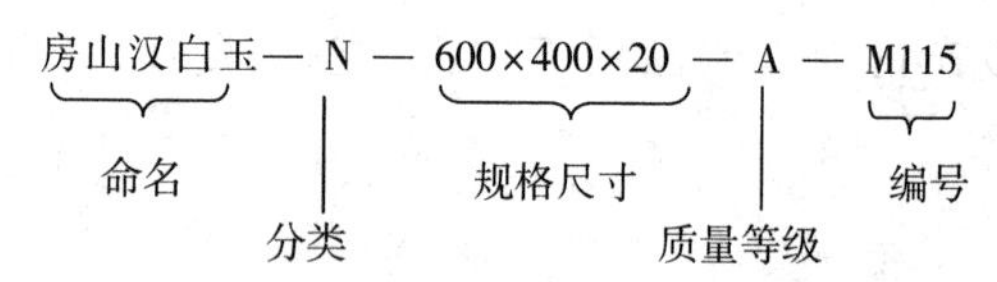

【例】花岗石板材

表示的是产地是北京房山，正方形板，尺寸为 600mm×600mm×20mm，质量等级为 B 级的，编号为 18，花纹特征是黑色有小白点子的花岗石板材。

房山济南青 — N — PL — 600×600×20 — B —G1118

表面加工程度为镜面

行政区码

石材序号

3. 散粒石料

(1)碎石

天然岩石经人工或机械破碎而成的粒径大于 5mm 的颗粒状石料。其性质决定于母岩的品质，主要用做混凝土的粗骨料或做道路、基础等的垫层。

(2)卵石

卵石是母岩经自然条件的长期作用(如风化、磨蚀、冲刷等)而形成表面较光滑的颗粒状石料。用途同碎石，还可以作为装饰混凝土(如粗露骨混凝土等)的骨料和园林庭院地面的铺砌材料等。

(3)石渣

石渣是用天然大理石或花岗石等残碎料加工而成，具有多种颜色和装饰效果，可作为人造大理石、水磨石、水刷石、斩假石、干粘石及其他饰面的骨料之用。

(二)人造石材

人造石材也是一种应用比较广泛的室内装饰材料。常见的有水磨石板、人造大理石板、人造花岗石板、微晶玻璃板材。

1. 水磨石板

水磨石板是以水泥和大理石末为主要原料,经过成型、养护、研磨、抛光等工序制成的一种建筑装饰用的人造石材。一般预制水磨石板是以普通水泥混凝土为底层,以添加颜料的白水泥和彩色水泥与各种大理石粉末拌制的混凝土为面层所组成。

水磨石板具有美观、适用、强度高、施工方便等特点,颜色根据需要可任意配制,花色品种多,并可在使用施工时拼铺成各种不同的图案。适用于建筑物的地面、墙面、柱面、窗台、踢脚、台面、楼梯踏步等处,还可以制成桌面、水池、假山盘、花盘、茶几等。

[想一想]

人造石材有哪些优点?

2. 合成板材

合成板材的胶结材料不仅是以无机的胶粘剂,有机的、复合的也有应用。聚酯型人造大理石就是以不饱和聚酯为胶结材料,配以天然的大理石或方解石、白云石、硅砂、玻璃粉等无机矿物粉料,以适量的阻燃剂、稳定剂、颜料等,经配料混合、浇注、振动压缩、挤压等方法固化制成的一种人造石材。由于其颜色、花纹和光泽均可以仿制成天然大理石、花岗岩、玛瑙的装饰效果,故称之为人造大理石、人造花岗石、人造玛瑙。人造石具有重量轻、强度高、耐腐蚀、耐污染,施工方便等优点。

三、砂浆

砂浆是由胶凝材料、细骨料、掺和料和水按一定的比例配制成的混合物。在结构工程中,把单块的砖、石、砌块等胶结起来构成砌体;装配式结构中,砖墙的勾缝、大型墙板和各种构件的接缝;装饰工程中,墙面、地面及梁柱结构等表面的抹面;天然石材、人造石材、瓷砖等的镶贴材料。

砂浆按用途分为砌筑砂浆、抹面砂浆(普通抹面砂浆、防水砂浆、装饰砂浆等)、特种砂浆(如隔热砂浆、耐腐蚀砂浆、吸声砂浆等)。按胶凝材料分为水泥砂浆、石灰砂浆、混合砂浆和聚合物水泥砂浆四大类。

[问一问]

水泥砂浆与混合砂浆各有什么特点?应用场合有什么不同?

(一)砌筑砂浆的组成材料

1. 水泥

水泥是砂浆的主要胶凝材料,硅酸盐系的普通水泥、矿渣水泥、火山灰水泥、粉煤灰水泥及砌筑水泥等都可用来配制砌筑砂浆。具体可根据砌筑部位、环境条件等选择适宜的水泥品种。水泥砂浆,采用的水泥强度等级一般取砂浆强度的 4～5 倍。

2. 细骨料

砌筑砂浆常用的细骨料是天然砂,由于砂浆层较薄,对砂子的最大粒径有所限制。毛石砌体的砂浆宜选用粗砂,其最大粒径不超过灰缝厚度的 1/5～1/4,砖砌体砂浆宜选用中砂，其最大粒径不应大于2.5mm。为保证砂浆质量，要限制砂中的黏土杂质含量。砂的含泥量不应超过5%；强度等级为M2.5的水泥混合砂浆，含泥量不应超过10%。

3. 水

凡可饮用之水，皆可用于拌制和养护混凝土。而未经处理的工业及生活废水、污水、沼泽水以及pH值小于4的酸性水等均不能使用。

由于海水中所含的硫酸盐、镁盐和氯化物等会侵蚀水泥石和钢筋，故钢筋混凝土及预应力钢筋混凝土不得使用海水。在淡水缺乏地区，素混凝土允许用海水拌制，但应加强对混凝土的强度检验，以符合其强度设计要求。

4. 掺和料

掺和料在施工现场为改善砂浆和易性而加入的无机材料，如石灰膏、黏土膏、电石膏、磨细生石灰、粉煤灰等。

5. 外加剂

为使砂浆具有良好的和易性和其他施工性能，还可在砂浆中掺入外加剂（如引气剂、早强剂、缓凝剂、防冻剂等），但外加剂的品种和掺量及物理力学性能等都应通过砂浆性能试验合格后确定。

（二）砌筑砂浆的技术性能、配合比表示

1. 技术性能

（1）满足和易性要求

新拌砂浆的和易性是指砂浆拌和物在施工中既方便操作、又能保证工程质量的性质。和易性好的砂浆，在运输和施工过程中不易产生分层、泌水现象，能在粗糙的砌筑底面上铺成均匀的薄层，使灰缝饱满密实，且与底面（基面）紧密黏结成整体。新拌砂浆的和易性可由流动性和保水性两个方面作综合评定。

① 流动性

流动性也叫稠度，以稠度或沉入度（mm）表示，即标准圆锥体在砂浆内自由沉入10s的深度。沉入度越大，表明流动性越好。

砂浆的流动性与水泥的品种和用量、集料粒径和级配以及用水量有关，主要取决于用水量。砂浆稠度应根据砌体种类、施工条件及气候条件等选择，天气炎热干燥时选大值，寒冷潮湿时选小值。

② 保水性

新拌砂浆保持其内部水分不泌水流失的能力，称为保水性。保水性不良的砂浆在存放、运输和施工过程中容易产生离析泌水现象。

砂浆的保水性用砂浆分层度测定仪测定，以分层度（mm）表示，分层度大的砂浆保水性差，不利于施工，为使砂浆具有良好的保水性，可掺加石灰膏浆或胶凝材料。

砂浆的分层度一般以10～20mm为宜。分层度过大，保水性太差，不宜采用，一般水泥砂浆的分层度不宜超过30mm，水泥混合砂浆不宜超过20mm。若

分层度过小，如分层度为零的砂浆，虽然保水性好，但易发生干缩裂缝。

(2)满足强度等级要求

砂浆在砌体中主要起胶结砌块和传递荷载的作用，所以应具有一定的抗压强度。其抗压强度是确定强度等级的主要依据。建筑砂浆的强度是指边长70.7mm的立方体标准试块，一组六块在标准条件下养护28d后，用标准试验方法测得的抗压强度(MPa)平均值，用$f_{m,k}$表示。砌筑砂浆的强度等级分为：M20，M15，M10，M7.5，M5，M2.5六个等级。

(3)具有足够黏结强度

砂浆与所砌筑材料的黏结强度称为黏结力。一般情况下砂浆的抗压强度越高，其黏结强度也越高。另外，砂浆的黏结强度与所砌筑材料的表面状态、清洁程度、湿润状态、施工水平及养护条件等也密切相关。

2. 砂浆的质量配合比

$$\text{水泥}:\text{石灰膏}:\text{砂}:\text{水}=Q_C:Q_D:Q_S:Q_W=1:\frac{Q_D}{Q_C}:\frac{Q_S}{Q_C}:\frac{Q_W}{Q_C}$$

(三)抹面砂浆

凡涂抹在建筑物或建筑构件表面的砂浆，称为抹面(或抹灰)砂浆。

工程分为内抹灰和外抹灰。内抹灰主要起保护墙体，改善室内卫生条件，增强光线反射，美化环境的作用。外抹灰主要起保护墙身不受风、雨、雪的侵蚀，提高墙面防潮，防风化，隔热以及提高耐久性等作用。并且是对建筑表面进行艺术处理的措施之一。

抹面砂浆的组成材料和砌筑砂浆基本相同，但为了防止砂浆开裂，常加入一些纤维材料(如纸筋、麻刀、玻璃纤维等)，有时为了具有某些功能而需加入特殊的骨料和掺和料。

外墙抹灰一般为20～25mm，内墙抹灰为15～20mm，顶棚为12～15mm。在构造上和施工时须分层操作，一般分为底层、中层和面层，各层的作用和要求不同。底层抹灰主要起到与基层墙体黏结和初步找平的作用；中层抹灰在于进一步找平以减少打底砂浆层干缩后可能出现的裂纹；面层抹灰主要起装饰作用，要求面层表面平整、无裂痕、颜色均匀。

[想一想]

砂浆中加入一些纤维材料的目的是什么？

(四)装饰砂浆

装饰砂浆是指涂抹在建筑物内外墙表面，具有美观装饰效果的抹面砂浆。装饰砂浆的底层和中层与普通抹面砂浆基本相同。主要是装饰的面层，要选用具有一定颜色的胶凝材料和骨料以及采用某些特殊的操作工艺，使表面呈现出不同的色彩、线条与花纹等装饰效果。

装饰砂浆的胶凝材料采用石膏、石灰、白水泥、彩色水泥，或在水泥中掺加白色大理石粉，使砂浆表面色彩明亮。骨料多为白色、浅色或彩色的天然砂、彩釉砂和着色砂，也可用彩色大理岩或花岗岩碎屑、陶瓷碎粒或特制的塑料色粒。有时也可加入少量云母碎片、玻璃碎粒、长石、贝壳等使表面获得发光效果。常用的施工操作方法有拉毛、甩毛、喷涂、弹涂、拉条、水刷、干粘、水磨、剁斧等等，水磨石、水刷石、剁斧石、干粘石等属石渣类饰面砂浆。

第三节 混凝土

一、混凝土的定义、分类

[想一想]

混凝土有何优缺点?

混凝土指的是由胶凝材料、水、骨料，按适当比例拌和，经凝结硬化而形成的较坚硬的固体材料。

混凝土的品种和分类方法很多，常见的分类方法有：

(1)按混凝土中所用胶凝材料的不同可分为石膏混凝土、水泥混凝土、沥青混凝土及树脂混凝土等。

(2)按混凝土中所用骨料的不同可分为矿渣混凝土、碎石混凝土及卵石混凝土等。

(3)按混凝土表观密度的大小可分为重混凝土(干表观密度大于 2800kg/m^3)、普通混凝土(干表观密度在 2000～2800kg/m^3之间)，及轻混凝土(干表观密度小于 2000kg/m^3)。重混凝土是用特别密实的骨料(如钢屑、重晶石、铁矿石等)配制而成的，可用作防辐射材料。普通混凝土是用天然(或人工)砂、石为骨料配制而成的，广泛应用于各种建筑工程中。轻混凝土分为轻骨料混凝土、多孔混凝土及大孔混凝土，常用作保温隔热材料。

(4)按混凝土施工方法的不同可分为普通浇筑混凝土、离心成型混凝土、喷射混凝土及泵送混凝土、碾压混凝土等。

(5)按配筋情况的不同可分为素混凝土、钢筋混凝土、纤维混凝土、钢丝混凝土、劲性混凝土及预应力混凝土等。

(6)按混凝土结构的最小尺寸的不同分为大体积混凝土(最小尺寸大于等于3m)、普通混凝土。

[问一问]

混凝土各组成材料都有哪些作用?

二、普通混凝土的组成材料

普通混凝土的组成材料有水泥、水、砂子、石子、外加剂、外掺料，其中水泥、水、砂子、石子为基本组成材料。水泥和水形成水泥浆，其作用是胶结砂、石颗粒及填充其间空隙；而砂子细骨料和石子粗骨料统称为骨料，其作用是构成混凝土整体轮廓及承受外部荷载。

1. 水泥

(1)品种的选择

据工程特点、混凝土所处的环境条件和部位以及水泥的供应情况等综合考虑，力求做到在满足工程质量的前提下造价成本最低。

(2)强度等级的确定

应根据混凝土的强度等级要求来确定，使水泥的强度等级与混凝土的强度等级相适应。即高强度等级的混凝土应选用高强度等级的水泥，反之亦然。一般水泥的强度等级应为混凝土强度等级的1.5～2.0倍。

2. 水

混凝土拌和用水与砂浆拌和水的技术要求相同。

3. 砂子

砂子分为天然砂和人工砂两种，粒径范围一般为0.15～4.75mm，粒径小于0.15mm的称为石粉，粒径大于4.75mm的称为石子。工程中选用砂子总体质量要求表面清洁，质地坚硬，细度适当，级配良好。

(1)有害杂质含量的检验

砂中凡含有能降低混凝土强度和耐久性等质量的物质统称为砂子中的有害杂质。对混凝土的影响具体表现在以下方面：使混凝土表面形成薄弱层；妨碍砂、石与水泥浆的黏结；引起钢筋锈蚀，降低混凝土强度的耐久性；延缓混凝土硬化。对砂中有害杂质含量的规定见表2-2。

表2-2　砂中有害杂质含量的规定

项　目	≥C30的混凝土	<C30的混凝土	备　注
含泥量（指粒径小于0.080mm的尘屑、淤泥和黏土总含量）按质量计不大于(%)	3	5	有抗冻、抗渗或其他特殊要求的混凝土用砂，不宜>3%；对≤C10的混凝土用砂可酌情放宽。
泥块含量按质量计，小于(%)	1	2	有抗冻、抗渗或其他特殊要求的混凝土用砂，不宜>1%；对≤C10的混凝土用砂，可予以放宽。
云母含量按质量计，小于(%)	2		对有抗冻、抗渗要求的混凝土用砂不宜>1%
轻物质含量按质量计，小于(%)	1		
硫化物及硫酸盐含量（折算为SO_3）按质量计，小于(%)	1		含有颗粒状杂质时，要经专门检验，确认能满足混凝土耐久性要求时，方能采用。
有机物含量（用比色法试验）	颜色不应深于标准色		若深于标准色，则应按水泥胶砂强度试验法，测抗压强度比不应低于0.95。

(2)坚固性检验

坚固性是指骨料(包括粗骨料)在气候、外力或其他物理因素作用下抵抗破碎的能力。是先将骨料试样浸泡于硫酸钠饱和溶液中,使溶液渗入骨料的孔隙中,然后取出试样烘烤,如此循环进行5次,其最终的质量损失应符合表2-3的规定。

表2-3 砂、碎石及卵石的坚固性指标

混凝土所处的环境条件	循环后的质量损失(%)	
	砂	碎石或卵石
在严寒及寒冷地区室外使用,并经常处于潮湿或干湿交替状态下的混凝土	≤8	≤8
在其他条件下使用的混凝土	≤10	≤12

(3)细度的测算及级配的评定

砂子的颗粒细度是指不同粒径的砂子颗粒混合在一起的平均粗细程度。其大小可用细度模数来表示。细度模数的测算,采用筛分析法。即用一套孔径(净尺寸)为4.75mm、2.36mm、1.18mm、0.60mm、0.30mm、0.15mm的标准筛,将预先通过孔径为9.50mm筛子的干砂试样(500g)由粗到细依次过筛,然后称量各筛上筛余砂样的质量,则可计算出各筛上的"分计筛余百分率"、"累计筛余百分率"及细度模数值。

[想一想]

颗粒的级配是什么意思?

考虑一种砂子是否适合配制混凝土,除了应测算其颗粒细度外,还应评定一下它的颗粒级配是否良好或合格。砂子的颗粒级配是指粒径大小不同的砂子颗粒相互组合搭配的比例情况。级配良好的砂应该是粗大颗粒间形成的空隙被中等粒径的砂粒所填充,而中等粒径的砂粒间形成的空隙又被比较细小的砂粒所填充,使砂子的空隙率达到尽可能的小。用级配良好的砂子配制混凝土,不仅可以减少水泥浆用量,而且因水泥石含量小而使得混凝土的密度得到提高,强度和耐久性也得以加强。

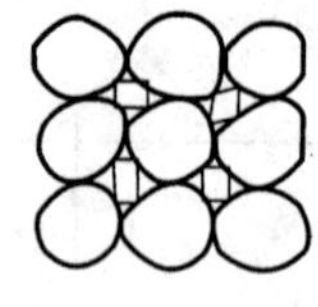
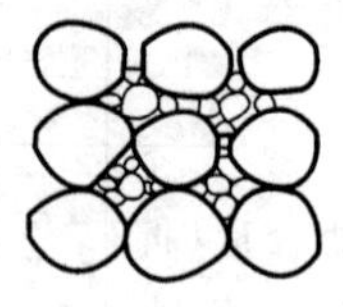

图2-1 骨料颗粒级配示意图

砂的颗粒级配常用级配区来表示。对细度模数为1.6~3.7的砂,按600μm孔径筛上的累计筛余百分率,可将砂的颗粒级配划分成I区、II区、III区三个级配区,各区的级配范围见表2-4。

表 2-4　砂的颗粒级配区范围

累计筛余 L　级配区 筛孔尺寸	Ⅰ区(粗砂)	Ⅱ区(中砂)	Ⅲ区(细砂)
9.50mm	0	0	0
4.75mm	10～0	10～0	10～0
2.36mm	35～5	25～0	15～0
1.18mm	65～35	50～10	25～0
600μm	85～71	70～41	40～16
300μm	95～80	92～70	85～55
150μm	100～90	100～90	100～90

[练一练]

利用表 2-4 画级配曲线图。

(4)含水状态的检验

因存放条件及外界环境的不同，砂子颗粒的含水率是经常变化的，其含水状态如图 2-2。饱和面干砂既不从混凝土拌和物中吸收水分，也不往拌和物中带入水分。混凝土工程中多按饱和面干状态的砂、石来设计混凝土配合比，工业与民用建筑工程中习惯用干燥状态的砂、石来设计混凝土配合比。

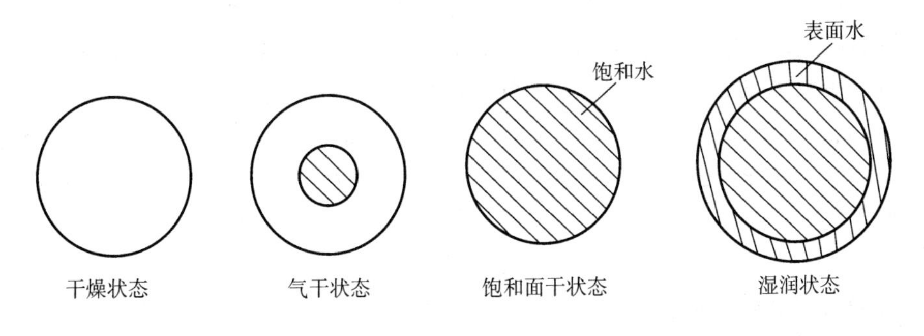

图 2-2　砂的含水状态

4. 石子

混凝土中的粗骨料是指粒径大于 4.75mm 的岩石颗粒，常用的有碎石和卵石两种。卵石又称砾石，按其产源的不同可分为河卵石、海卵石及山卵石等几种。卵石中有机杂质含量较多，但其表面光滑，棱角少，空隙率及表面积小，拌制的混凝土水泥浆用量少，和易性较好，但与水泥石的胶结力较差。碎石是由天然岩石或卵石经破碎、筛分而成，表面粗糙，棱角多，空隙率及表面积较大，较洁净，拌制的混凝土水泥浆用量较多，和易性较差，但与水泥石的胶结力较强。在相同条件下，碎石混凝土较卵石混凝土的强度高。

混凝土中对粗骨料的技术要求，主要包括以下几个方面。

(1)最大粒径及颗粒级配

粗骨料公称粒级的上限称为该粒级的最大粒径。最大粒径的大小表示粗骨料的粗细程度，最大粒径增大时，单位体积骨料的总表面积减小，因而可使水泥浆用量减少，这不仅能够节约水泥，而且有助于提高混凝土的密实度，减少发热量及混凝土的体积收缩，因此在条件允许的情况下，当配制中等强度等级以下的混凝土时，应尽量采用最大粒径大的粗骨料。但最大粒径的确定，还要受到结构截面尺寸、钢筋净距及施工条件等方面的限制。根据《混凝土质量控制标准》(GB50164—92)规定，粗骨料最大粒径不得超过结构截面最小尺寸的1/4，并不得大于钢筋最小净距的3/4；对混凝土实心板其最大粒径不得超过板厚的1/2，并不得大于50mm。

粗骨料的级配原理与细骨料基本相同，即将大小石子适当掺配，使粗骨料的空隙率及表面积都比较小，这样拌制的混凝土水泥用量少，质量也较好。粗骨料颗粒级配应符合《普通混凝土用碎石或卵石质量标准及检验方法》的规定。粗骨料级配有连续级配和间断级配两种。连续级配是从最大粒径开始，由大到小各粒级相连，每一粒级都占有适当的比例，这种级配可以最大限度地发挥骨料的骨架作用与稳定作用，减少水泥用量，在实际工程中被广泛采用。

(2)强度

为了保证混凝土的强度，要求粗骨料质地致密、具有足够的强度。粗骨料的强度可用岩石立方体抗压强度或压碎指标来表示。测定岩石立方体抗压强度时，应用母岩制成50mm×50mm×50mm的立方体(或直径与高度均为50mm的圆柱体)试件，在浸水饱和状态下(48h)测其极限抗压强度值。一般要求其立方体抗压强度与混凝土抗压强度之比不小于1.5，且要求岩浆岩的强度不宜低于80MPa，变质岩的强度不宜低于60MPa，沉积岩的强度不宜低于30MPa。

压碎指标是测定粗骨料抵抗压碎能力的强弱指标。它是取一定量的粒径为9.5～19.0mm的粗骨料试样装入规定的圆模内，在压力试验机上加荷至200kN，其压碎的细粒(粒径小于2.36mm)质量占试样质量的百分数，即为压碎指标。

(3)有害杂质含量

为保证混凝土的强度及耐久性，对粗骨料中的泥、泥块、硫化物及硫酸盐、有机质等有害杂质的含量必须认真检查。

5. 外加剂

[想一想]

混凝土中常用外加剂有哪些主要作用?

在拌制混凝土过程中掺入的不超过水泥质量的5%(特殊情况除外)，且能使混凝土按需要改变性质的物质，称为混凝土外加剂。

(1)减水剂

指在混凝土坍落度基本相同的条件下，能减少拌合用水量的外加剂。按减水能力及其兼有的功能有：普通减水剂、高效减水剂、早强减水剂及引气减水剂等。减水剂多为亲水性表面活性剂。

(2)引气剂

指是在混凝土搅拌过程中能引入大量独立的、均匀分布、稳定而封闭小气泡的外加剂。按其化学成分分为松香树脂类、烷基苯磺酸类及脂肪醇磺酸类等三大类，其中以松香树脂类应用最广，主要有松香热聚物和松香皂两种。

(3)早强剂

指能提高混凝土的早期强度并对后期强度无明显影响的外加剂。氯盐类早强剂、硫酸盐类早强剂、三乙醇胺早强剂。

(4)缓凝剂

能延缓混凝土凝结时间，并对混凝土后期强度发展无不利影响的外加剂，称为缓凝剂。我国使用最多的缓凝剂是糖钙、木钙，它具有缓凝及减水作用。其次有羟基羟酸及其盐类，有柠檬酸、酒石酸钾钠等。无机盐类有锌盐、硼酸盐。此外，还有胺盐及其衍生物、纤维素醚等。

(5)其他品种外加剂

如速凝剂、防冻剂、膨胀剂、阻锈剂、养护剂、泵送剂、自流平免振混凝土外加剂等等。

三、混凝土的主要技术性能

1. 混凝土拌和物的性质——和易性

[想一想]

和易性包括哪些含义?

将粗细骨料、水泥和水等组分按适当比例配合，并经均匀搅拌而成的混合材料称为混凝土拌和物。

和易性是指混凝土拌和物在一定施工条件下，便于操作并能获得质量均匀而密实的混凝土的性能。和易性良好的混凝土在施工操作过程中应具有流动性好、不易产生分层离析或泌水现象等性能，以使其容易获得质量均匀、成型密实的混凝土结构。和易性是一项综合性指标，包括流动性、粘聚性及保水性三个方面的含义。

流动性是指新拌混凝土在自重或机械振捣力的作用下，能产生流动并均匀密实地充满模板的性能。黏聚性是混凝土拌和物中各种组成材料之间有较好的粘聚力，在运输和浇筑过程中，不致产生分层离析，使混凝土保持整体均匀的性能。保水性是指混凝土拌和物保持水分，不易产生泌水的性能。

(1)和易性的指标及测定方法

到目前为止，还没有确切的指标能全面地反映混凝土拌合物的和易性。一般常用坍落度定量地表示拌合物流动性的大小。根据经验，通过对试验或现场的观察，定性地判断或评定混凝土拌和物粘聚性及保水性。坍落度的测定是将混凝土拌和物按规定的方法装入标准截头圆锥筒内，将筒垂直提起后，拌合物在自身质量作用下会产生坍落现象，如图 2－3 所示，坍落的高度(以 mm 计)称为坍落度。坍落度越大，表明流动性越大。按坍落度大小，将混凝土拌合物分为：低塑性混凝土(坍落度为 10～40mm)、塑性混凝土(坍落度为 50～90mm)、流动性混凝土(坍落度为 100～150mm)、大流动性混凝土(坍落度≥160mm)。

对于干硬性混凝土拌合物(坍落度小于 10mm)，采用维勃稠度(VB)作为其和易性指标，用维勃稠度仪测定(见图 2－4)。将混凝土拌和物按标准方法装入 VB 仪容量桶的坍落度筒内；缓慢垂直提起坍落度筒，将透明圆盘置于拌和物锥体顶面；启动振动台，用秒表测出拌和物受振摊平、振实、透明圆盘的底面完全为水泥浆所布满所经历的时间（以 s 计），即为维勃稠度，也称工作度。维勃稠度代表拌和物振实所需的能量，时间越短，表明拌和物越易被振实。它能较好地反映混凝土拌和物在振动作用下便于施工的性能。

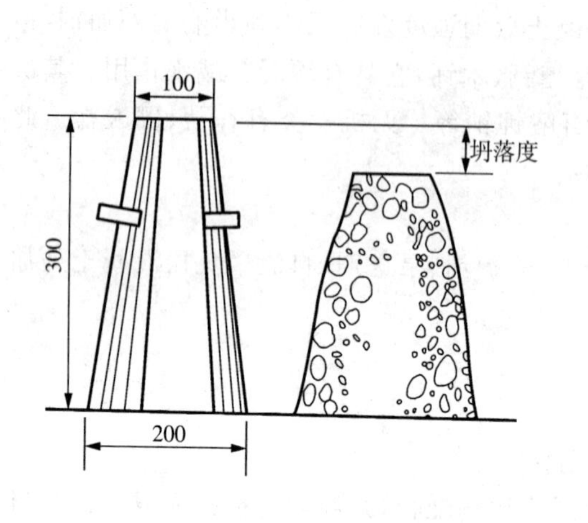

图 2－3　坍落度示意图

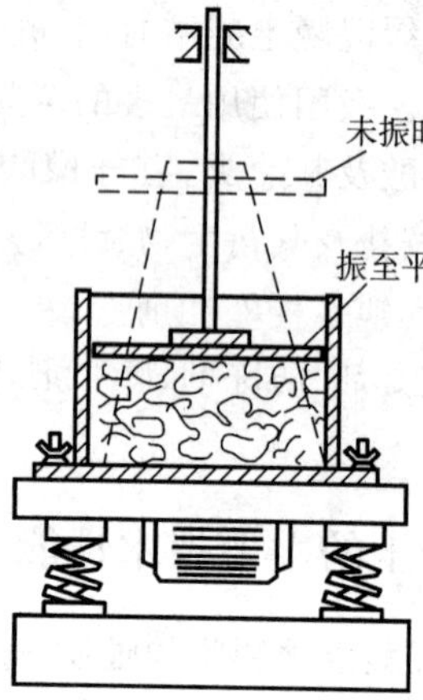

图 2－4　维勃稠度仪

［问一问］

坍落度试验的目的是什么？

在测定坍落度的同时，应检查混凝土的黏聚性及保水性。黏聚性的检查方法是用捣棒在已坍落的拌和物锥体一侧轻打，若轻打时锥体渐渐下沉，表示黏聚性良好；如果锥体突然倒塌、部分崩裂或发生石子离析，则表示黏聚性不好。保水性以混凝土拌和物中稀浆析出的程度评定，提起坍落度筒后，如有较多稀浆从底部析出，拌和物锥体因失浆而骨料外露，表示拌和物的保水性不好。如提起坍落筒后，无稀浆折出或仅有少量稀浆的底部折出，混凝土锥体含浆饱满，则表示混凝土拌和物保水性良好。

(2)影响混凝土拌和物和易性的因素

影响拌和物和易性的因素很多，主要有水泥浆含量、水泥浆的稀稠、含砂率的大小、原材料的种类以及外加剂等。

① 水泥浆含量的影响

在水泥浆稀稠不变，也即混凝土的水用量与水泥用量之比（水灰比）保持不变的情况下，单位体积混凝土内水泥浆含量越多，拌和物的流动性越大。拌和物中除必须有足够的水泥浆包裹骨料颗粒之外，还需要有足够的水泥浆以填充砂、石骨料的空隙并使骨料颗粒之间有足够厚度的润滑层，以减少骨料颗粒之间的摩阻力，使拌和物有一定流动性。

② 含砂率的影响

混凝土含砂率（简称砂率）是指砂的用量占砂、石总用量（按质量计）的百分数。混凝土中的砂浆应包裹石子颗粒并填满石子空隙。砂率过小，砂浆量不足，不能在石子周围形成足够的砂浆润滑层，将降低拌和物的流动性。更主要的是严重影响混凝土拌和物的黏聚性及保水性，使石子分离、水泥浆流失，甚至出现溃散现象。砂率过大，石子含量相对过少，骨料的空隙及总表面积都较大，在水灰比及水泥用量一定的条件下，混凝土拌和物显得干稠，流动性显著降低，因此，混凝土含砂率不能过小，也不能过大，应取合理砂率。合理砂率是在水灰比及水泥用量一定的条件下，使混凝土拌和物保持良好的粘聚性和保水性并获得最大流动性的含砂率。也即在水灰比一定的条件下，当混凝土拌和物达到要求的流动性、而且具有良好的粘聚性及保水性时，水泥用量最省的含砂率，即最佳砂率。

③ 水泥浆稀稠的影响

在水泥品种一定的条件下，水泥浆的稀稠取决于水灰比的大小。当水灰比较小时，水泥浆较稠，拌和物的粘聚性较好，泌水较少，但流动性较小，相反，水灰比较大时，拌和物流动性较大但粘聚性较差，泌水较多。普通混凝土常用水灰比一般在 0.40～0.75 范围内，当混凝土单位用水量一定时，水泥用量在 50～100kg/m^{3}之间变动时，混凝土的流动性将基本不变。

[想一想]

不改变水灰比，采用增加水泥浆调整流动性有什么意义？

④ 其他因素的影响

除上述影响因素外，拌和物和易性还受水泥品种、掺合料品种及掺量、骨料种类、粒形及级配、混凝土外加剂以及混凝土搅拌工艺和环境温度等条件的影响。

(3)混凝土拌和物和易性的选择

正确选择新拌混凝土的坍落度，对于保证混凝土的施工质量及节约水泥具有重要意义。在选择坍落度时，原则上应在不妨碍施工操作并能保证振捣密实的条件下，尽可能采用较小的坍落度，以节约水泥并获得质量较好的混凝土。

工程中选择新拌混凝土和易性时，应根据施工方法、结构构件截面尺寸、配筋疏密等条件，并参考有关资料及经验等来确定。对截面尺寸较小、配筋复杂的构件，或采用人工插捣时，应选择较大的坍落度。反之，对无筋厚大结构、钢筋配置稀疏易于施工的结构，尽可能选用较小的坍落度，以减少水泥浆用量。混凝土浇筑时的坍落度应根据《混凝土结构工程施工及验收规范》GB50204。

2. 混凝土硬化后的性质——强度

混凝土的强度包括抗压强度、抗拉强度、抗弯强度和抗剪强度等，其中抗压强度最大，故混凝土主要用来承受压力。

(1)混凝土的抗压强度

按照国家标准《普通混凝土力学性能试验方法标准》(GB/T50081—2002)，制作边长为 150mm 的立方体试件，在标准养护(温度 20℃±2℃、相对湿度 95%以上)条件下，养护至 28d 龄期，用标准试验方法测得的只有 95%保证率的极限抗压强度，称为混凝土标准立方体抗压强度，以 $f_{cu,k}$表示。

[问一问]

提高混凝土强度有哪些具体措施？

混凝土强度等级按混凝土立方体抗压强度划分为 C15、C20、C25、C30、C35、C40、C45、C50、C55、C60、C65、C70、C75、C80 等 14 个等级。

(2)混凝土棱柱体抗压强度

按棱柱体抗压强度的标准试验方法，制成边长为 150mm×150mm×300mm 的标准试件，在标准条件下养护 28d，测其抗压强度，即为棱柱体的抗压强度 f_{ck}。

通过实验分析，$f_{ck} \approx 0.67 f_{cu,k}$。

(3)影响混凝土抗压强度的因素

影响混凝土抗压强度的因素很多，包括原材料的质量、材料用量之间的比例关系、施工方法(拌和、运输、浇筑、养护)以及试验条件(龄期、试件形状与尺寸、试验方法、温度及湿度)等。

[想一想]

现行规范中，将混凝土划分为多少个等级？C30是什么意思？

① 水泥强度等级和水灰比

水泥强度等级越高，配制的混凝土强度也越高。混凝土的强度主要取决于水灰比，水灰比大，则水泥浆稀，硬化后的水泥石与骨料粘结力差，混凝土的强度也愈低。但是，如果水灰比过小，拌和物过于干硬，在一定的捣实成型条件下，无法保证浇筑质量，混凝土中将出现较多的蜂窝、孔洞，强度也将下降。

② 骨料的种类与级配

骨料中有害杂质过多且品质低劣时，将降低混凝土的强度。骨料表面粗糙，则与水泥石黏结力较大，混凝土强度高。骨料级配好、砂率适当，能组成密实的骨架，混凝土强度也较高。

③ 混凝土外加剂与掺和料

在混凝土中掺入早强剂可提高混凝土早期强度；掺入减水剂可提高混凝土强度；掺入一些掺和料可配制高强度混凝土。

④ 养护温度和湿度

混凝土的硬化，在于水泥的水化作用，周围温度升高，水泥水化速度加快，混凝土强度发展也就加快。当温度降至冰点以下时，混凝土的强度停止发展，并且由于孔隙内水分结冰而引起膨胀，使混凝土的内部结构遭受破坏。混凝土早期强度低，更容易冻坏。湿度适当时，水泥水化能顺利进行，混凝土强度得到充分发展。如果湿度不够，会影响水泥水化作用的正常进行，甚至停止水化。

⑤ 硬化龄期

混凝土在正常养护条件下，其强度将随着龄期的增长而增长。最初7～14d内，强度增长较快，28d达到设计强度。以后增长缓慢，但若保持足够的温度和湿度，强度的增长将延续几十年。

⑥ 施工工艺

混凝土的施工工艺包括配料、拌和、运输、浇筑、振捣、养护等工序，每一道工序对其质量都有影响。若配料不准确、搅拌不均匀、拌和物运输过程中产生离析、振捣不密实、养护不充分等均会降低混凝土强度。

(4)混凝土的抗拉强度

混凝土在直接受拉时，很小的变形就会开裂，它在断裂前没有残余变形，是一种脆性破坏。混凝土的抗拉强度一般为抗压强度的1/20～1/10。我国采用立方体(国际上多用圆柱体)的劈裂抗拉试验来测定混凝土的抗拉强度 f_{tk}。

$$f_{tk} = \frac{2P}{\pi A} = 0.637 \frac{P}{A}$$

式中　P——试件破坏荷载，N；

A——试件劈裂面面积，mm^2。

抗拉强度对于开裂现象有重要意义，在结构设计中抗拉强度是确定混凝土抗裂度的重要指标。对于某些工程（如混凝土路面、水槽、拱坝），在对混凝土提出抗压强度要求的同时，还应提出抗拉强度要求。

3. 混凝土的变形

混凝土在硬化后和使用过程中，受各种因素影响而产生变形，主要有化学收缩、干湿变形、温度变形及荷载作用下的变形等。这些变形是使混凝土产生裂缝的重要原因之一。

混凝土在持续荷载作用下，随时间增长的变形称为徐变。徐变可消除钢筋混凝土内的应力集中，使应力较均匀地重新分布，对大体积混凝土能消除一部分由于温度变形所产生的破坏应力。但在预应力混凝土结构中，徐变将使钢筋的预加应力受到损失。

[想一想]

徐变会不会一直发生下去？

4. 混凝土的耐久性

混凝土的耐久性是指混凝土抵抗环境条件的长期作用，并保持其稳定良好的使用性能和外观完整性，从而维持混凝土结构安全、正常使用的能力。耐久性是一个综合性概念，包括抗渗、抗冻、抗侵蚀、抗碳化、抗磨性、抗碱—骨料反应等性能。

[问一问]

提高混凝土耐久性有什么意义？应采取哪些措施？

(1)混凝土的抗渗性

抗渗性是指混凝土抵抗压力水、油等液体渗透的性能。混凝土的抗渗性主要与其密实性及内部孔隙的大小和构造有关。

混凝土的抗渗性用抗渗等级（P）表示，即以 28d 龄期的标准试件，按标准试验方法进行试验所能承受的最大水压力（MPa）来确定。混凝土的抗渗等级可划分为 P2、P4、P6、P8、P10、P12 等六个等级，相应表示混凝土抗渗试验时一组 6 个试件中 4 个试件未出现渗水时的最大水压力分别为 0.2MPa、0.4MPa、0.6MPa、0.8MPa、1.0MPa、1.2MPa。

提高混凝土抗渗性能的措施有：提高混凝土的密实度，改善孔隙构造，减少渗水通道；减小水灰比；掺加引气剂；选用适当品种的水泥；注意振捣密实、养护充分等。

(2)混凝土的抗冻性

混凝土的抗冻性是指混凝土在含水饱和状态下能经受多次冻融循环而不破坏，同时强度也不严重降低的性能。

混凝土的抗冻性以抗冻等级（F）表示。抗冻等级按 28d 龄期的试件用快冻试验方法测定，分为 F50、F100、F150、F200、F300、F400 等六个等级，相应表示混凝土抗冻性试验能经受 50、100、150、200、300、400 次的冻融循环。

影响混凝土抗冻性能的因素主要有水泥品种、强度等级、水灰比、骨料的品质等。提高混凝土抗冻性的最主要的措施是：提高混凝土密实度；减小水灰比；掺和外加剂；严格控制施工质量，注意捣实，加强养护等。

(3)混凝土的抗侵蚀性

混凝土在外界侵蚀性介质（软水，含酸、盐水等）作用下，结构受到破坏、强度降低的现象称为混凝土的侵蚀。混凝土侵蚀的原因主要是外界侵蚀性介质对水泥石中的某些成分(氢氧化钙、水化铝酸钙等)产生破坏作用所致。

(4)混凝土的抗磨性及抗气蚀性

磨损冲击与气侵破坏，是水工建筑物常见的病害之一。当高速水流中挟带砂、石等磨损介质时，这种现象更为严重。

提高混凝土抗磨性及抗气蚀性的主要途径是：选用坚硬耐磨的骨料，选硅酸三钙含量较多的高强度硅酸盐水泥，掺入适量的硅粉和高效减水剂以及适量的钢纤维；采用强度等级 C50 以上的混凝土；骨料最大粒径不大于 20mm；改善建筑物的体型；控制和处理建筑物表面的不平整度等。

(5)混凝土的碳化

[问一问]

如何检测混凝土的碳化?

混凝土的碳化作用是空气中二氧化碳与水泥石中的氢氧化钙作用，生成碳酸钙和水。碳化引起水泥石化学组成发生变化，使混凝土碱度降低，减弱了对钢筋的保护作用导致钢筋锈蚀；碳化还将显著增加混凝土的收缩，降低混凝土抗拉、抗弯强度。但碳化可使混凝土的抗压强度增大。其原因是碳化放出的水分有助于水泥的水化作用，而且碳酸钙减少了水泥石内部的孔隙。

提高混凝土抗碳化能力的措施有：减小水灰比、掺入减水剂或引气剂、保证混凝土保护层的厚度及质量、充分湿养护等。

(6)混凝土的碱-骨料反应

混凝土的碱-骨料反应，是指水泥中的碱(Na_2O 和 K_2O)与骨料中的活性 SiO_2 发生反应，使混凝土发生不均匀膨胀，造成裂缝、强度下降等不良现象，从而威胁建筑物安全。常见的有碱-氧化硅反应、碱-硅酸盐反应、碱-碳酸盐反应三种类型。

防止碱-骨料反应的措施有：采用低碱水泥(Na_2O 含量小于 0.6%)并限制混凝土总碱量不超过 2.0～3.0kg/m^3；掺入活性混合料；掺用引气剂和不用含活性二氧化硅的骨料；保证混凝土密实性和重视建筑物排水，避免混凝土表面积水和接缝存水。

(7)提高混凝土耐久性的主要措施

① 严格控制水灰比

水灰比的大小是影响混凝土密实性的主要因素，为保证混凝土耐久性，必须严格控制水灰比。有关规定根据工程条件，规定了水灰比最大允许值和最小水泥用量。

② 材料的质量

混凝土所用材料的品质，应符合规范的要求。

③ 合理选择骨料级配

混凝土在保证和易性要求的条件下，减少水泥用量，并有较好的密实性。这样不仅有利于混凝土耐久性而且也较经济。

④ 掺用减水剂及引气剂

可减少混凝土用水量及水泥用量，改善混凝土孔隙构造。这是提高混凝土抗冻性及抗渗性的有力措施。

⑤ 保证混凝土施工质量

在混凝土施工中，应做到搅拌透彻、浇筑均匀、振捣密实、加强养护，以保证混凝土耐久性。

四、混凝土的配合比设计

[想一想]
为何要进行配合比的设计？

混凝土配合比是指混凝土中各组成材料（水泥、水、砂、石）用量之间的比例关系。常用表示方法有两种：①以每 m^3 混凝土中各项材料的质量来表示，如 $1m^3$ 混凝土中水泥 300kg、水 180kg、砂子 720kg、石子 1200kg；②以各项材料相互间的质量比来表示。如将上例换算成质量比，则水泥：砂子：石子＝1：2.4：4，水灰比＝0.60。

1. 混凝土配合比设计的三个参数

(1)水灰比(W/C)

水灰比是混凝土中水与水泥质量的比值，是影响混凝土强度和耐久性的主要因素。其确定原则是在满足强度和耐久性的前提下，尽量选择较大值，以节约水泥。

(2)砂率(β_s)

砂率是指砂子质量占砂石总质量的百分率。砂率是影响混凝土拌和物和易性的重要指标。砂率的确定原则是在保证混凝土拌和物黏聚性和保水性要求的前提下，尽量取小值。

(3)单位用水量(m_{wo})

单位用水量是指 $1m^3$ 混凝土的用水量，反映混凝土中水泥浆与骨料之间的比例关系。在混凝土拌和物中，水泥浆的多少显著影响混凝土的和易性，同时也影响其强度和耐久性。其确定原则是在达到流动性要求的前提下取较小值。

2. 混凝土配合比设计的四个配合比

(1)混凝土初步配合比

经理论计算、经验、查表所得。

(2)基准配合比

试配、测混凝土拌和物的和易性，调整确定。

(3)试验室(设计)配合比

复核强度及耐久性，确定实验室配合比。

(4)施工配合比

混凝土的实验室配合比所用砂、石是以饱和面干状态（工民建为干燥状态）为标准计量的，且不含有超、逊径。但施工时，实际工地上存放的砂、石都含有一定的水分，并常存在一定数量的超、逊径。在施工现场，应根据骨料的实际情况进行调整，将实验室配合比换算为施工配合比。

① 骨料含水率的调整

依据现场实测砂、石表面含水率（砂、石以饱和面干状态为基准）或含水率（砂、

[算一算]

某种混凝土，其试验室配合比为水泥 300kg、水 180kg、砂子 720kg、石子 1200kg，如施工现场砂的含水率为 3.5%，石子含水率为 1.5%，求施工配合比。

石以干燥状态为基准)，在配料时，从加水量中扣除骨料表面含水量或含水量，并相应增加砂、石用量。假定工地测出砂的表面含水率为 $a\%(4\%)$，石子的表面含水率为 $b\%(1\%)$，设施工配合比 $1m^3$ 混凝土各材料用量为 m_c'、m_s'、m_g'、m_w'(kg)，则：

水泥：$m_c' = m_{cj} = 307(kg)$

砂子：$m_s' = m_{sj}(1+a\%) = 557\times(1+4\%) = 579(kg)$

石子：$m_g' = m_{gj}(1+b\%) = 1363\times(1+1\%) = 1377(kg)$

水：$m_w' = m_{wj} - m_{sj}a\% - m_{gj}b\% = 153 - 557\times4\% - 1363\times1\% = 117(kg)$

② 骨料超、逊径调整

根据施工现场实测某级骨料超、逊径颗粒含量，将该级骨料中超径含量计入上一级骨料、逊径含量计入下一级骨料中，则该级骨料调整量为：

调整量=(该级超径量+该级逊径量)—(下级超径量+上级逊径量)

五、其他品种混凝土

[查一查]

如何才能制作出高性能混凝土？

1. 高性能混凝土(HPC)

高性能混凝土是指具有好的工作性、早期强度高而后期强度不倒缩、韧性好、体积稳定性好、在恶劣的使用环境条件下寿命长和匀质性好的混凝土。

高性能混凝土一般既是高强混凝土(C60～C100)，也是流态混凝土(坍落度大于 200mm)。要求混凝土高强，就必须胶凝材料本身高强；胶凝材料结石与骨料结合力强；骨料本身强度高、级配好、最大粒径适当。为达到混凝土拌和物流动性要求，必须在混凝土拌和物中掺入高效减水剂(或称超塑化剂、流化剂)。高性能混凝土中也可以掺入某些纤维材料以提高其韧性。

高性能混凝土是水泥混凝土的发展方向之一。它将广泛地被用于桥梁工程、高层建筑、工业厂房结构、港口及海洋工程、水工结构等工程中。

2. 防水混凝土

防水混凝土具有高抗渗性能，常用的配制方法有：骨料级配法(改善骨料级配)；富水泥浆法(采用较小的水灰比，较高的水泥用量和砂率，改善砂浆质量，减少孔隙率，改变孔隙形态特征)；掺外加剂法(如引气剂、防水剂、减水剂等)；采用特殊水泥(如膨胀水泥等)。

防水混凝土主要用于有防水抗渗要求的水工构筑物，给排水工程构筑物(如水池、水塔等)和地下构筑物，以及有防水抗渗要求的屋面等。

3. 轻混凝土

轻混凝土是指干密度小于 $2000kg/m^3$ 的混凝土，有轻骨料混凝土、多孔混凝土和大孔混凝土。轻骨料混凝土采用浮石、陶粒、煤渣、膨胀珍珠岩等轻骨料制成。多孔混凝土是一种内部均匀分布细小气孔而无骨料的混凝土，是以水泥、混合材料、水及适量的发泡剂(铝粉等)或泡沫剂为原料配制而成的。大孔混凝土是以粒径相近的粗骨料、水泥、水，有时加入外加剂配制而成的。

轻混凝土的特点是表观密度小、自重轻、强度较高，具有保温、耐火、抗震、耐化学侵蚀等多种性能。主要用于非承重的墙体及保温、隔音材料。轻骨料混凝土还可用于承重结构，以达到减轻自重的目的。如房屋建筑，各种要求质量较轻的混凝土预制构件等。

4. 纤维混凝土

纤维混凝土是以混凝土为基材，外掺各种纤维材料而成的水泥基复合材料。纤维一般可分为两类：一类为高弹性模量的纤维，包括玻璃纤维、钢纤维和碳纤维等；另一类为低弹性模量的纤维，如尼龙、聚丙烯、人造丝以及植物纤维等。目前，实际工程中使用的纤维混凝土有：钢纤维混凝土、玻璃纤维混凝土、聚丙烯纤维混凝土及石棉水泥制品等。

5. 泵送混凝土

混凝土拌和物的坍落度不低于100mm并在泵压作用下，经管道实行垂直及水平输送的混凝土。

[想一想]

泵送混凝土与一般混凝土相比，它有哪些特别要求？

泵送混凝土适用于需要采用泵送工艺混凝土的高层建筑，超缓凝泵送剂用于大体积混凝土，含防冻组分的泵送剂适用于冬季施工混凝土。

6. 喷射混凝土

喷射混凝土是用压缩空气喷射施工的混凝土。喷射方法有：干式喷射法、湿式喷射法、半湿喷射法及水泥裹砂喷射法等。

喷射混凝土施工时，将水泥、砂、石子及速凝剂按比例加入喷射机中，经喷射机拌匀、以一定压力送至喷嘴处加水后喷至受喷射部位形成混凝土。

喷射混凝土强度及密实性均较高。一般28d抗压强度均在20MPa以上，抗拉强度在1.5MPa以上，抗渗等级在P8以上。

喷射混凝土广泛应用于薄壁结构、地下工程、边坡及基坑的加固、结构物维修、耐热工程、防护工程等。在高空或施工场所狭小的工程中，喷射混凝土更有明显的优越性。

第四节　钢　材

一、钢材的分类

建筑钢材是指建筑工程中所用的各类钢材，包括钢结构中所使用的钢板、钢管、各种型钢（角钢、工字钢、槽钢、H型钢等）和钢筋混凝土结构中的钢筋、钢丝、钢绞线。钢材是重要的建筑材料，是土木工程中水泥、钢材、木材三大基础材料之一。

1. 按化学成分分类

(1)碳素钢

按含碳量又分为：

低碳钢:含碳量小于0.25%
中碳钢:含碳量在0.25%~0.60%之间
高碳钢:含碳量大于0.60%
(2)合金钢
按合金的含量又分为:
低合金钢:合金元素总量小于5%
中合金钢:合金元素总量在5%~10%之间
高合金钢:合金元素总量大于10%

2. 按品质分类

普通碳素钢:含硫量≤0.045%~0.050%;含磷量≤0.045%
优质碳素钢:含硫量≤0.035%;含磷量≤0.035%
高级优质钢:含硫量≤0.025%;含磷量≤0.025%
特级优质钢:含硫量≤0.015%;含磷量≤0.025%

3. 按用途分类

结构钢:工程结构用钢
工具钢:量具钢、刃具钢、模具钢
特殊钢:不锈钢、耐热钢、耐磨钢、磁钢、电工用钢

4. 按脱氧程度分类

(1)沸腾钢(F)

[问一问]
你知道Q235—B·F代表什么意思吗?

脱氧不完全或不充分的钢,钢液在浇铸过程中残留的氧化铁和碳生成一氧化碳气体从钢液中逸出,引起钢液剧烈沸腾,形象地称为沸腾钢。沸腾钢中碳、有害杂质磷、硫等的偏析较严重,钢的致密程度差,气泡含量多,成分不均匀,冲击韧性和焊接性能均较差,质量差,但成本低,被广泛应用于一般建筑结构中。

(2)镇静钢(Z)

脱氧较完全或较充分的钢,浇铸时钢液平静地冷却凝固,在浇铸过程中没有气体逸出,称镇静钢。镇静钢含有较少的有害杂质,其组织致密,气泡少,偏析程度小,各种力学性能比沸腾钢优越。常用于承受冲击荷载或重要建筑结构中。

(3)半镇静钢(b)

脱氧程度和质量介于上述两种之间的钢,其质量较好。常用于较重要建筑结构中。

(4)特殊镇静钢(TZ)

脱氧充分彻底的钢,其质量最好。适用于特别重要的结构工程。

二、建筑钢材的主要性能

建筑钢材的主要性能包括钢材的力学性能和工艺性能,这些性能是选用钢材和检验钢材质量的主要依据。

1. 力学性能

建筑钢材的力学性能主要有抗拉性能、抗冲击性能、抗疲劳性能和硬度等。

(1)抗拉性能

抗拉性能是建筑钢材最重要的技术性能，通过拉伸试验可测得的屈服点、抗拉强度和伸长率，这些均是钢材的重要技术指标。

[想一想]

σ_s、σ_b、δ_s 的物理意义是什么？什么是屈强比？

建筑钢材的抗拉性能，可通过低碳钢受拉时的应力—应变图来描述（见图 2-5）。低碳钢拉伸的全过程可分为四个阶段：弹性阶段（第Ⅰ阶段，即 O→A）、屈服阶段（第Ⅱ阶段即，A→B）、强化阶段（第Ⅲ阶段，即 B→C）和颈缩阶段（第Ⅳ阶段，即 C→D）（见图 2-6）。

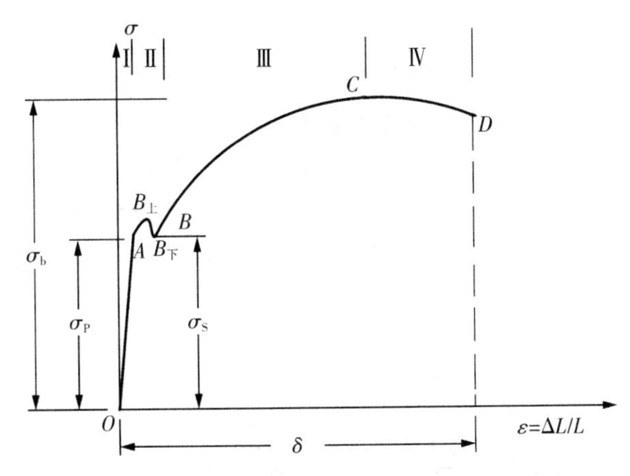

图 2-5　低碳钢受拉时应力—应变曲线图

把拉断的两段钢材拼合起来，便可测得标距范围内的长度 l_1，l_1 减去标距长 l_0，就是塑性变形值，此值与原长 l_0 的比率称为伸长率 δ，钢材的拉伸试件见图 2-7，按下式进行计算伸长率 δ：

[问一问]

材料的塑性好，对结构抗震是否有利？

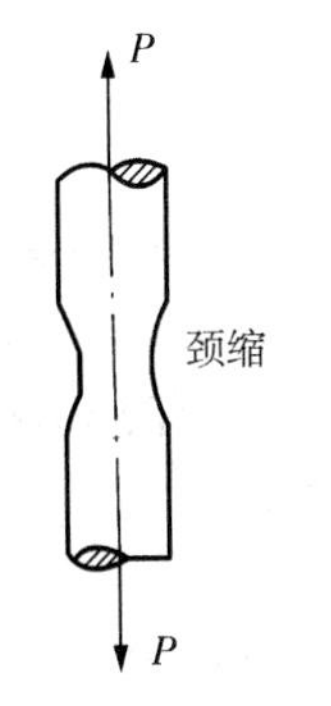

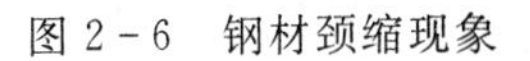

图 2-6　钢材颈缩现象

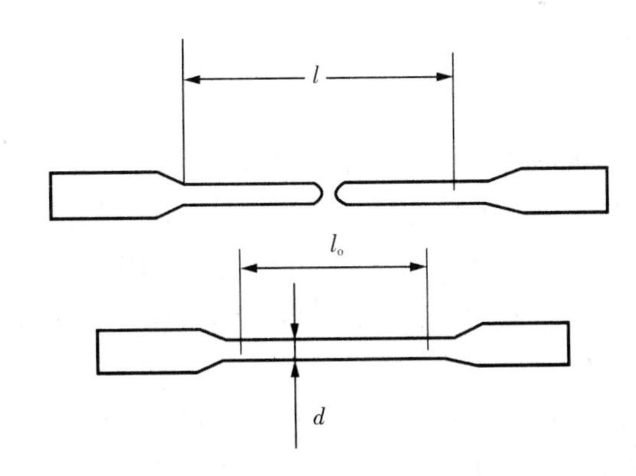

图 2-7　钢材的拉伸试件

$$\delta=\frac{l_1-l_0}{l_0}\times 100\%$$

式中　l_0——试件原始标距长度(mm)；

l_1——试件断裂后标距范围内的长度(mm)。

伸长率 δ 是衡量钢材塑性的一个指标，在工程中具有重要的意义。伸长率 δ 数值愈大，表示钢材塑性愈好。

(2)冲击韧性

冲击韧性是指钢材抵抗冲击荷载而不破坏的能力。用试样缺口处单位横截面所吸收的功来表示，冲击韧性用冲击韧性值 a_K(J/cm²)表示。

$$a_K = \frac{A_K}{A}$$

式中 A——试样缺口处的截面积(cm²)；

A_K——冲击吸收功，具有一定形状和尺寸的金属试样在冲击负荷作用下折断时所吸收的功(J)。

a_K 值越大，表示冲断时所吸收的功愈多，钢材的冲击韧性愈好。其抵抗冲击荷载作用的能力愈强，脆性破坏的危险性愈小。

[想一想]

为什么要研究材料的冲击韧性?

测定钢材的冲击韧性是采用标准试件(带有 V 形或 U 形缺口的金属试样)，以简支梁状态放于摆锤冲击试验机上，以摆锤冲击试件刻槽的背面，试件缺口受到冲击破坏后弯曲而断裂。冲击韧性试验的试件尺寸、试验装置和试验机见图 2-8。

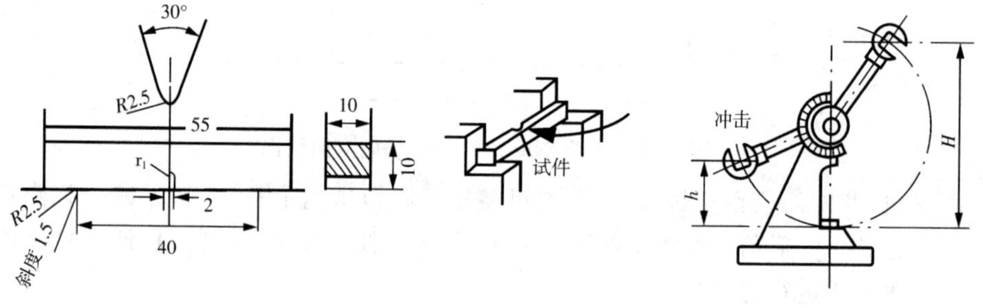

(a)试验尺寸　(b)试验装置　(c)试验机

图 2-8　冲击韧性试验示意图

钢中磷、硫含量较高，存在偏析，非金属夹杂物和焊接中形成的微裂纹等都会使冲击韧性显著降低。此外，环境温度对钢材的冲击功影响也很大，冲击韧性会随温度的降低而下降，开始缓慢下降，当达到温度降低到某一负温时，钢材的冲击韧性值 a_K 则突然下降很多，呈脆性破坏，称为钢材的冷脆性。

(3)耐疲劳性

钢材在反复交变荷载作用下，往往在远低于抗拉强度，甚至还低于屈服点的情况下突然发生破坏。这种破坏称为疲劳破坏。耐疲劳性用疲劳强度或疲劳极限表示，指钢材在荷载交变 10^7 次时不破坏所能承受的最大应力。

2. 工艺性能

钢材的工艺性能包括冷弯性能和焊接性能。

(1)冷弯性能

建筑钢材的冷弯，一般用弯曲角度 α 和弯心直径 d 和钢材厚度 a 的比值来表示。弯曲角度 α 愈大，弯心直径对试件厚度(或直径)的比值 d/a 愈小，则冷弯性能就愈好，见图 2-9。

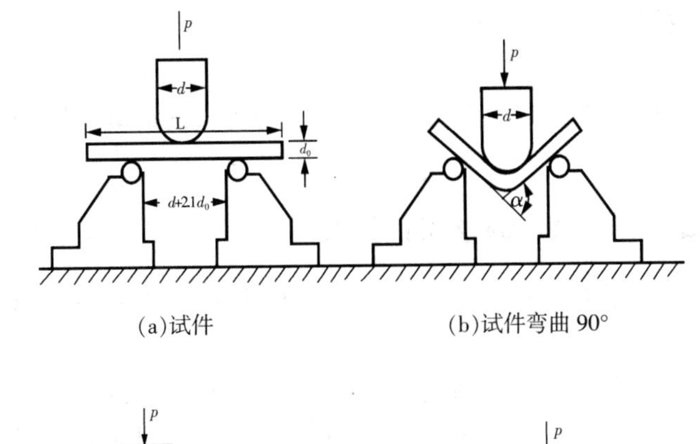

(a)试件　　(b)试件弯曲 90°

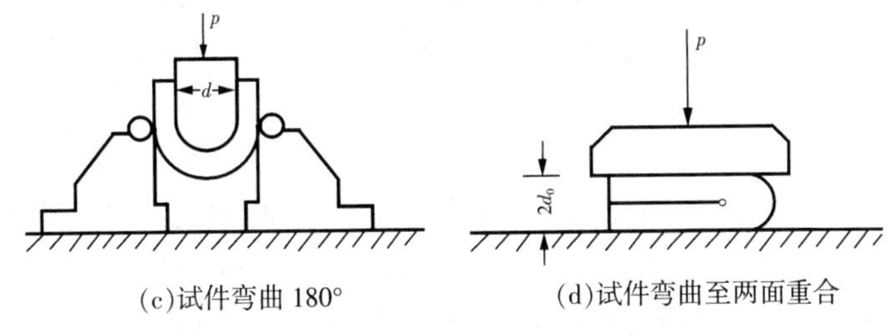

(c)试件弯曲 180°　　(d)试件弯曲至两面重合

图 2-9　钢材的冷弯试验示意图

(2)焊接性能

钢材应具有良好的可焊性能,焊缝金属及近缝区附金属均不得不产生裂缝及变脆倾向,且焊接后在使用过程中,钢材的力学性能,特别是强度不低于母材(原钢材)的性能。

[问一问]

你知道铸铁的可焊性怎样?

钢材的可焊性与钢材所含化学成分及含量有关,含碳量高,或含较多的硫,钢材的可焊性都变差。含碳量小于 0.25%的碳素钢具有良好的可焊性能;含碳量超过 0.3%,可焊性变差;硫、磷以及气体杂质会降低可焊性。

3. 钢材的热处理

按一定的方法,将钢材加热到一定的温度,在该温度下保持一段的时间,再以一定的速度和方式冷却,以使钢材内部晶体组织和显微结构按要求进行改变,或者消除钢中的内应力,从而获得所需求的力学性能,这一过程称为钢材的热处理。热处理方法通常有淬火、回火、退火、正火等几种基本方法。

(1)淬火

将钢材加热至基本组织转变温度 723℃(相变温度)以上某一温度,保持一定时间,然后迅速放在水或机油中冷却,这个过程称钢材的淬火处理。

(2)回火

将淬火处理后的钢材重新加热到 723℃以下某一温度,并且保持一定时间,再冷却至常温,这一过程称回火处理。将钢材淬火后随即进行高温回火处理,可使钢材的强度、塑性、韧性等性能均得以改善,这种方法称调质处理。

(3)退火

指将钢材加热至 723℃以上某一温度(30℃～50℃),保持较长的时间,然后在退火炉中慢慢地冷却称为退火。退火可消除钢材中的内应力，使钢材塑性和韧性提高，硬度降低。

(4)正火

将钢材加热到723℃以上某一温度，并保持较长的时间，然后在空气中缓慢冷却，称为正火。

三、钢筋混凝土用钢筋、钢丝和钢绞线

钢筋混凝土结构中，一般把直径在6mm以下的称之为钢丝；6mm及以上的称之为钢筋。

钢筋混凝土用钢材主要品种有热轧钢筋、冷拉钢筋、冷拔钢丝、热处理钢筋、碳素钢丝、剖痕钢丝及钢绞线等。按直条或盘条(盘圆)供货，直条钢筋长度一般为6或9米长。

1. 热轧钢筋

热轧钢筋按轧制的外形分为热轧光圆钢筋和带肋钢筋两种。带肋钢筋又分为月牙肋和等高肋两种，根据《钢筋混凝土用热轨光圆钢筋》(GBl30l3—91)和《钢筋混凝土用热轧带肋钢筋》(GB1499—98)，热轧钢筋按屈服点及抗拉强度分为Ⅰ、Ⅱ、Ⅲ、Ⅳ四个等级，其中Ⅰ级钢筋用碳素结构钢轧制，Ⅱ、Ⅲ、Ⅳ级钢筋用低合金结构钢轧制。

[想一想]

热轧带肋钢筋根据什么分出等级？共分几级？牌号如何表示？

强度等级代号由HRB和屈服点构成，按屈服点将其分为HPB235、HRB335、HRB400、HRB500四个强度等级代号，分别与Ⅰ、Ⅱ、Ⅲ、Ⅳ四个钢筋级别相对应。强度等级代号中H、R、B分别为热轧(Hot rolling)、带肋(Ribbed)、钢筋(Bars)三个词的英文首位字母；数值分别表示钢筋的屈服点为235MPa、335MPa、400MPa、500MPa。Ⅰ级为光圆钢筋，Ⅱ、Ⅲ级为月牙肋钢筋，Ⅳ级为等高肋钢筋。带肋钢筋的外形及截面见图2-10。

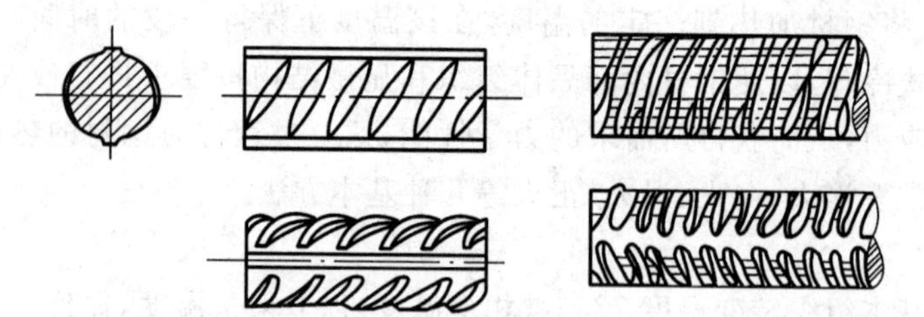
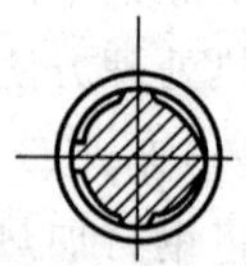

(a)月牙肋　　(b)等高肋

图2-10　带肋钢筋的外形及截面

在检查钢筋质量时要注意钢筋表面不得有肉眼可见的裂纹、结疤、折叠；钢筋表面允许有凸块，但不得超过横肋的高度；钢筋表面允许有不影响使用的缺陷；钢筋表面不得沾有油污。

2. 冷拔钢丝和冷轧带肋钢筋

(1)冷拔钢丝

冷拔低碳钢丝是由直径为6～8mm的Q195、Q215或Q235热轧圆盘条经冷拔而成。低碳钢经冷拔后，屈服点可提高40%～60%，但塑性大为降低。

(2)冷轧带肋钢筋

根据国家标准GB13788－2000规定：冷轧带肋钢筋按抗拉强度分为五个牌号，其牌号分别为CRB550、CRB650、CRB800、CRB970和CRB1170。C、R、B分别为冷轧、带肋、钢筋三个词的英文首位字母，后面的数字表示钢筋抗拉强度等级数值。

3. 预应力钢筋混凝土用热处理钢筋

热处理钢筋是用热轧的螺纹钢筋经淬火和回火调质热处理而成。按外形分为有纵肋和无纵肋两种，都有横肋。热处理钢筋的直径有6mm、8.2mm、10mm三种规格，主要应用于预应力混凝土中。

4. 预应力混凝土用钢丝和钢绞线

预应力高强度钢丝是用优质碳素结构钢盘条，经冷加工和热处理等工艺制成。根据国家标准《预应力混凝土用钢丝》(GB/T5223－1995)，按外形把预应力高强度钢丝分为光面钢丝、刻痕钢丝、螺旋肋钢丝三种，刻痕钢丝和螺旋肋钢丝外形见图2-11；按代号又分为冷拉钢丝(RCD)、消除应力钢丝(S)、消除应力刻痕钢丝(SI)、消除应力螺旋肋钢丝(SH)四种。预应力高强度钢丝的强度高，它们的抗拉强度σ_b达1250～1770MPa。

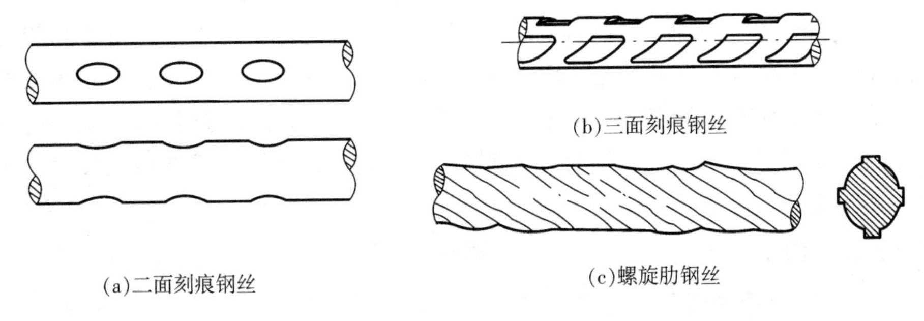

图2-11　刻痕钢丝和螺旋肋钢丝外形图

钢绞线是由多根高强度钢丝，绞捻后经热处理消除内应力而制成。根据国家标准《预应力混凝土用钢绞线》(GB/T5224－1995)，钢绞线按所用钢丝的根数分为三种结构类型：1×2、1×3、1×7。钢铰线特别适用于需要曲线配筋的预应力钢筋混凝土结构，如大跨度、重负荷的后张法预应力屋架、桥梁、薄腹梁等结构。

四、钢材的腐蚀

钢材表面与周围介质发生作用而引起破坏的现象称为腐蚀或锈蚀。钢材腐蚀的现象十分普遍，钢材腐蚀的影响因素主要与所处的环境中的湿度、侵蚀性介

[想一想]

钢材防腐有哪些措施?

质的性质及数量、含尘量、钢材的材质和表面状况有关。钢材的腐蚀可分为化学腐蚀和电化学腐蚀两类。

1. 化学腐蚀

指钢材与周围介质直接发生化学反应,使金属形成体积疏松的氧化物而引起锈蚀,通常是由于氧化作用引起。

2. 电化学腐蚀

电化学锈蚀是指钢材与电解质溶液相接触而产生电流,形成原电池而产生的锈蚀,是最主要的钢材锈蚀形式。

钢材含碳等杂质越多,锈蚀越快,如果钢材表面不平,或与酸、碱和盐接触都会使锈蚀加快。钢材在大气中的腐蚀,实际上是以电化学腐蚀为主的化学腐蚀和电化学腐蚀共同作用的结果。

3. 防腐的方法

防止或减少腐蚀破坏,可以从改变钢材本身容易腐蚀性,隔离环境中的侵蚀性介质或改变钢材表面的电化学过程等方面入手。如覆盖保护层、制成合金钢等方法。

第五节　其他材料

一、沥青及沥青防水卷材

沥青是一种有机胶凝材料,它是由多种碳氢化合物及其非金属衍生物组成的混合物,在常温下为黑褐色或黑色固体、半固体或粘性液体状态。沥青不溶于水,可溶于多种有机溶剂,具有良好的黏性、塑性、防水性和防腐性,是土木建筑工程中一种重要的防水、防潮和防腐材料。工程中常用的沥青材料主要为石油沥青和煤沥青。

(一)石油沥青

1. 石油沥青的组分

[问一问]

石油沥青的技术性质有哪些?各有何实用意义?

石油沥青是由石油原油蒸馏后的残留物经加工而得,石油沥青是由多种化合物组成,其化学组成甚为复杂。为了便于研究,常将其化学组成和物理力学性质比较接近的成分归类分析,从而划分为若干组,称为"组分"。石油沥青的主要组分有油分、树脂和地沥青质,还有少量的沥青碳和似碳物。此外,石油沥青中还含有石蜡,它会降低沥青的黏性和塑性,同时增加沥青的温度敏感性,所以石蜡是石油沥青的有害成分。

2. 石油沥青的主要技术性质

(1)黏滞性

黏滞性又称黏性,是反映材料内部阻碍其相对流动的一种特性。黏滞性表示沥青的软硬、稀稠的程度,是划分沥青牌号的主要性能指标。沥青在常温下的状态不同，黏滞性的指标也不同。对于在常温下呈固体或半固体的石油沥青，以针入度表示黏滞性的大小；对于在常温下呈液体的石油沥青，以黏滞度表示其黏滞性的大小。

针入度是指在规定温度（25℃）时，以规定质量（100g）的标准针，经规定时间（5s）贯入沥青试样的深度，以 1/10mm 为单位。见图 2-12 所示。针入度的数值越小，表明黏滞性越大。黏滞度是指在规定温度（25℃或 60℃）条件下，通过规定直径（35mm 或 10mm）的孔，流出 50ml 所需的时间（s）。黏滞度越大，表示沥青的稠度越大。

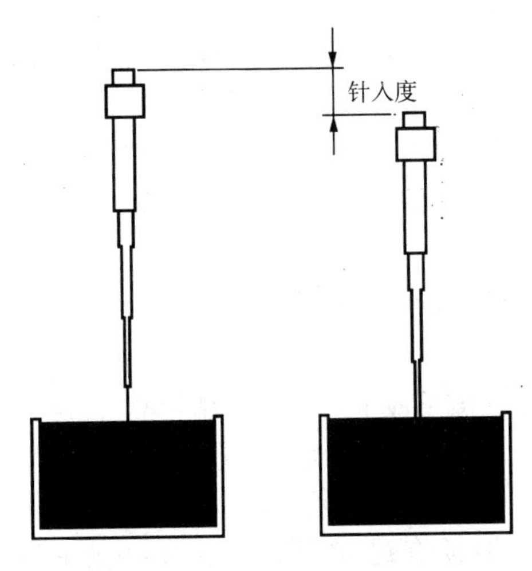

图 2-12　针入度测定示意图

(2)塑性

塑性是指石油沥青在受外力作用下产生变形而不破坏，除去外力后仍能保持变形后的形状的性质。塑性用延度表示。延度是将沥青制成“∞”字形标准试件，在 25℃水中以每分钟 5cm 的速度拉伸至试件断裂时的伸长值，以“cm”为单位。延度越大，塑性越好，柔性和抗裂性越好。见图 2-13。

(3)温度敏感性

温度敏感性是指石油沥青的黏滞性和塑性随温度升降而变化的性能。工程中常通过加入滑石粉、石灰石粉等矿物掺料，来减小沥青的温度敏感性。

温度敏感性用软化点来表示，软化点通过“环球法”试验测定，如图 2-14 所示。将沥青试样装入规定尺寸的钢环中，上置规定尺寸和质量的钢球，再将置球的钢环放在有水或甘油的烧杯中，以 5℃/min 的速度加热至沥青软化下垂达 25.4mm 时的温度，即为沥青的软化点。软化点越高，沥青的耐热性越好，即温度敏感性越小，温度稳定性越好。

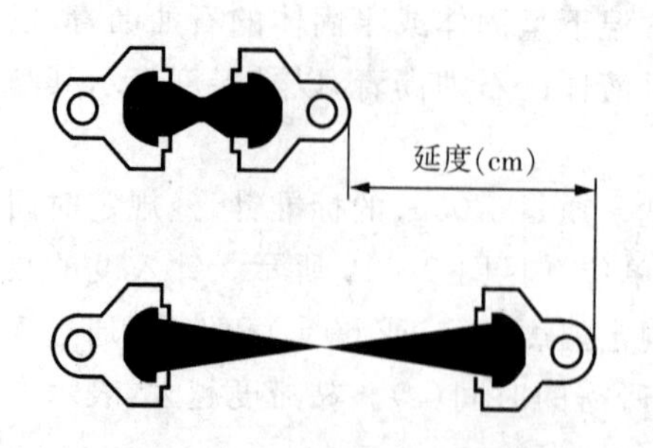

图 2-13 延度测定示意图

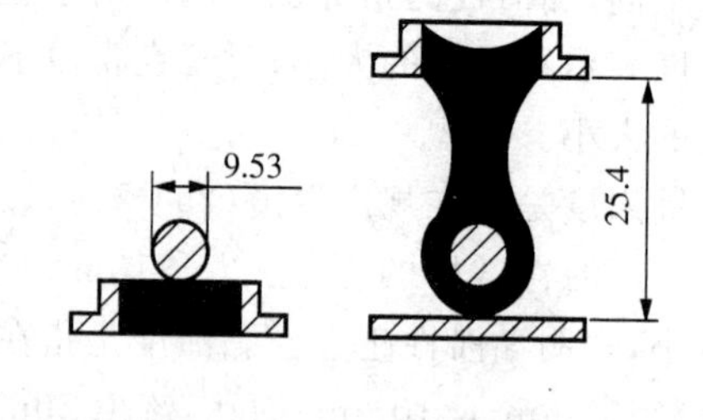

图 2-14 软化点测定示意图 (单位:mm)

(4)大气稳定性

大气稳定性是指石油沥青在热、光、氧气和潮湿等因素长期综合作用下抵抗老化的性能。在大气因素的综合作用下，沥青的流动性、塑性和粘结性降低，硬脆性增大，直至脆裂，这种现象称为石油沥青的"老化"，也是沥青的耐久性。石油沥青的大气稳定性可以用沥青试样在加热蒸发前后的"蒸发损失百分率"和"针入度比"来表示。

各品种各牌号沥青的技术指标见相关标准。

(二)煤沥青

煤沥青俗称柏油，是炼焦或生产煤气的副产品。烟煤在干馏过程中的挥发物质，经冷凝而成黑色黏性液体，称为煤焦油，煤焦油再经分馏提取各种油品后的残渣即为煤沥青。

石油沥青与煤沥青性质有别，必须认真鉴别，不能混淆，其简易鉴别方法见表 2-5。

表 2-5 石油沥青与煤沥青的鉴别

鉴别方法	石油沥青	煤沥青
密度/(g/cm^3)	近于 1.0	1.25～1.28
燃烧	烟少、无色、有松香味、无毒	烟多、黄色、臭味大、有毒
锤击	声哑、有弹性、韧性好	声脆、韧性差
颜色	呈辉亮褐色	浓黑色
溶解	易溶于煤油或汽油中，呈棕黑色	难溶于煤油或汽油中，呈黄绿色

(三)改性沥青

普通的石油沥青的性能不一定能全面满足使用要求，为此，常采用氧化、乳化、催化或掺入外掺料等措施，使沥青的技术性能得到改善后的新沥青，称为改性沥青。

改性沥青可分为橡胶改性沥青、树脂改性沥青、橡胶树脂并用的改性沥青、再生胶改性沥青和矿物填充剂改性沥青等等。

（四）沥青防水卷材

1. 沥青防水卷材

沥青防水卷材是指以原纸、纤维织物、纤维毡等胎体材料浸涂沥青，表面撒布粉状、粒状或片状材料制成可卷曲的片状防水材料。沥青类防水卷材有石油沥青纸胎油毡和油纸，石油沥青玻璃纤维（或玻璃布）胎油毡等品种。

根据国标《屋面工程质量验收规范》（GB50207—2002）的规定，沥青防水卷材仅适用于屋面防水等级为Ⅲ级（应选用三毡四油防水做法）和Ⅳ级（应选用二毡三油防水做法）的防水工程。

［想一想］

改性沥青防水卷材、高分子防水卷材与传统沥青防水油毡相比，它们有何突出的优点？

2. 改性沥青防水卷材

改性沥青卷材是以改性后的沥青为涂盖材料，以玻璃纤维或聚酯无纺布等为胎基制成的柔性卷材。它克服了传统沥青卷材温度稳定性差、延伸率低的不足，具有高温不流淌、低温不脆裂、拉伸强度高、延伸率较大等优异性能。

（1）SBS改性沥青防水卷材

SBS改性沥青防水卷材是用沥青或SBS改性沥青（又称弹性沥青）浸渍胎基，两面涂以SBS改性沥青涂盖层，上表面撒布细砂、矿物粒（片）料或覆盖聚乙烯膜，下表面撒布细砂或覆盖聚乙烯膜所制成的防水卷材，是弹性体改性沥青防水卷材的一种。

SBS改性沥青卷材按胎基分为聚酯胎（PY）和玻纤胎（G）两类。按上表面隔离材料分为聚乙烯膜（PE）、细砂（S）与矿物粒（片）料（M）三种。按物理力学性能分为Ⅰ型和Ⅱ型。

［做一做］

列举沥青在土木工程的一些应用。

SBS改性沥青防水卷材最大的特点是低温柔韧性能好，同时也具有较好的耐高温性、较高的弹性及延伸率，具有较理想的耐疲劳性，适用于各类建筑防水、防潮工程，尤其适用于寒冷地区和结构变形频繁的建筑物防水。可采用热熔法、自粘法施工，也可用胶粘剂进行冷粘法施工。

（2）APP改性沥青防水卷材

APP改性沥青防水卷材是用沥青或APP改性沥青（又称塑性沥青）浸渍胎基，两面涂以APP改性沥青涂盖层，上表面撒布细砂、矿物粒（片）料或覆盖聚乙烯膜，下表面撒布细砂或覆盖聚乙烯膜所制成的一种改性沥青防水卷材，是塑性体改性沥青防水卷材的一种，其胎基有玻纤胎和聚酯胎两种。

（3）铝箔塑胶改性沥青防水卷材

铝箔塑胶改性沥青防水卷材是以聚酯纤维无纺布为胎体，高分子聚合物（合成橡胶及塑料）改性沥青类材料为浸渍涂盖层，以塑料薄膜为底面防粘层，以银白色软质铝箔为表面反光层而加工制成的新型防水材料。

铝箔塑胶改性沥青防水卷材对阳光反射率高，具有一定的抗拉强度和延伸率，弹性好，低温柔性好，并且价格较低，是一种中档的新型防水卷材。适用于工业与民用建筑的单层外露防水层，也可用于地下管道、桥梁防水等。

3. 高分子防水卷材

高分子防水卷材是以合成树脂、合成橡胶或两者的共混体为基料，加入适量的化学助剂和添加料，经过混炼（塑炼）压延或挤出成型、定型、硫化等工序制成的防水卷材（片材），属高档防水材料。

(1)三元乙丙(EPDM)橡胶防水卷材

三元乙丙橡胶防水卷材是以三元乙丙橡胶为主要原料，掺入适量的丁基橡胶、硫化剂、软化剂、填充剂等，经混炼、压延或挤出成型、硫化和分卷包装等工序而制成的高弹性防水卷材。

三元乙丙橡胶防水卷材具有优良的耐高低温性、耐臭氧性，同时还具有抗老化性能好、质量轻、抗拉强度高、断裂伸长率大、低温柔韧性好以及耐酸碱腐蚀的优点，属于高档防水材料。三元乙丙橡胶防水卷材适用范围广，可用于防水要求高，耐用年限长的屋面、地下室、隧道、水渠等土木工程的防水。特别适用于建筑工程的外露屋面防水和大跨度、受震动建筑工程的防水。

(2)聚氯乙烯(PVC)防水卷材

聚氯乙烯防水卷材是以聚氯乙烯树脂为主要原料，并加入一定量的助剂和填充材料，经混练、压延或挤出成型、分卷包装等工序而制成的柔性防水卷材。

PVC 防水卷材按有无复合层分为无复合层的 N 类、用纤维单面复合的 L 类和织物内增强的 W 类。每类产品按理化性能分为Ⅰ型和Ⅱ型。

该种防水卷材抗拉强度高、断裂伸长率大、低温柔韧性好、使用寿命长，同时还具有尺寸稳定、耐热性、耐腐蚀性和耐细菌性等均较好的特性。主要用于建筑工程的屋面防水，也可用于水池、地下室、堤坝、水渠等防水抗渗工程。

(3)氯化聚乙烯—橡胶共混防水卷材

氯化聚乙烯—橡胶共混防水卷材是用高分子材料氯化聚乙烯与合成橡胶共混物为主体，加入适量的硫化剂、稳定剂、软化剂、填充剂等，经混炼、过滤、压延或挤出成型、硫化等工序制成的高弹性防水卷材。

此类防水卷材兼有塑料和橡胶的特点，具有强度高、耐臭氧性能、耐水性、耐腐蚀性、抗老化性能好、断裂伸长率高以及低温柔韧性好等特性，因此特别适用于寒冷地区或变形较大的建筑防水工程，也可用于有保护层的屋面、地下室、贮水池等防水工程。这种卷材采用黏结剂冷黏施工。

二、建筑塑料

[问一问]

与传统建筑材料相比，建筑塑料有哪些优缺点？

塑料是一种以高分子聚合物为主要成分，并内含各种助剂，在一定的温度和压力下可塑制成一定形状，并在常温下能保持形状不变的合成高分子材料。塑料及制品产量大、用途广、价格低，其中聚乙烯、聚氯乙烯、聚丙烯和聚苯乙烯约占全部塑料产量的 80%，尤以聚乙烯的产量最大。

(一)常用建筑塑料

1. 聚氯乙烯塑料(PVC)

由氯乙烯单体聚合而成。其化学稳定性好，抗老化性能好，但耐热性差，通常的使用温度为 60℃～80℃以下。

根据增塑剂的掺量不同，可制得软、硬两种聚氯乙烯塑料。软聚氯乙烯塑料很柔软，有一定的弹性，可以做地面材料和装饰材料，可以作为门窗框及制成止水带，用于防水工程的变形缝处。硬聚氯乙烯塑有较高的机械性能和良好的耐腐蚀性能、耐油性和抗老化性，易焊接，可进行粘结加工。多用做百叶窗、各种板材、楼梯扶手、波形瓦、门窗框、地板砖、给排水管。

2. 聚乙烯(PE)

若选择 0.2～1.5MPa 低压聚合，用 Ziegler—Natta 催化剂，得到的产品为低压聚乙烯。低压聚乙烯结晶度、强度、刚性、熔点都比较高，适合做强度、硬度较高的塑料制品，如桶、瓶、管、棒等。

若在 150MPa 高压下生产得到的是高压聚乙烯，其结晶度、密度降低，所以高压聚乙烯又称低密度聚乙烯，适合做食品包装袋、奶瓶等软塑料制品。

3. 聚甲基丙烯酸甲酯(PMMA)

聚甲基丙烯酸甲酯又称有机玻璃，是透光率(可达 92%)最高的一种塑料，因此可代替玻璃，而且不易破碎，但其表面硬度比无机玻璃差，容易划伤。

有机玻璃机械强度较高、耐腐蚀性、耐气候性、抗寒性和绝缘性均较好，成型加工方便。缺点是质脆，不耐磨、价格较贵，可用来制作护墙板和广告牌。

4. 酚醛树脂

由苯酚和甲醛在酸性或碱性催化剂的作用下缩聚而成。它多具有热固性，其优点是黏结强度高、耐光、耐热、耐腐蚀、电绝缘性好，但质脆。加入填料和固化剂后可制成酚醛塑料制品(俗称电木)，此外还可做成压层板等。

5. 不饱和聚脂树酯(UP)

不饱和聚脂树酯是在激发剂作用下，由二元酸或二元醇制成的树酯与其他不饱和单体聚合而成。

6. 环氧树酯(EP)

以多环氧氯丙烷和二烃基二苯基丙烷为主原料制成。它因热和阳光作用而起光合作用起反应，便于储存，是很好的黏合剂，其黏结作用较强，耐侵蚀性也较强，稳定性很高，在加入硬化剂之后，能与大多数材料胶合。

(二)塑料的应用

塑料在工业与民用建筑中可生产塑料管材、板材、门窗、壁纸、地毯、器皿、绝缘材料、装饰材料、防水及保温材料等。在基础工程中可制作塑料排水板或隔离层、塑料土工布或加筋网等。在其他工程中可制作管道、容器、黏结材料或防水材料等，有时也可制作结构材料。

三、建筑装饰材料

建筑装饰材料是指用于建筑物表面(如墙面、柱面、地面及顶棚等)起装饰效果的材料。随着我国国民经济的发展、科学技术的进步和人们生活水平的提高，人们对自己的生存环境和空间的要求愈来愈高，不断追求着高品位、个性化、多样化、人性化、美观、健康和舒适的室内外环境。建筑装饰材料除起美化、装饰的作用外，还应起保护和其他附加功能的作用。

[想一想]

建筑装饰工程中选取材料有哪些基本要求?

(一)建筑陶瓷

陶瓷系陶器与瓷器两大类产品的总称。我国生产陶瓷的历史悠久，历史进入到现代，陶瓷除了保留传统的工艺品、量器具功能外，更大量地向建筑材料领域发展。陶瓷已经成为现代建筑中重要的建筑材料，如陶瓷墙地砖、卫生陶瓷、琉璃制品、陶瓷壁画等。

陶瓷墙地砖已成为建筑陶瓷中的主要品种，由于其优良的特点，在当今众多的墙地面材料中占极重要的地位。陶瓷墙地砖是釉面砖、地砖与外墙砖的总称。地砖中包括铺路砖、大地砖、锦砖和梯沿砖等。外墙砖包括彩釉外墙砖和无釉外墙砖。

1. 釉面砖

釉面砖是用于建筑物内墙面装饰的薄板状精陶制品，又称内墙面砖，习惯上称“瓷砖”。表面施釉，制品经烧成后表面光滑、光亮、颜色丰富多彩，图案五彩缤纷，是一种高级内墙装饰材料，除装饰功能处，还具有强度高、防水、耐火、耐酸碱抗腐蚀、抗急冷急热性较好、易清洗等使用功能。釉面砖的品种繁多、形状及规格尺寸不一，颜色也由单色向彩色图案方向发展。

釉面砖优良的性能使其应用较为广泛，主要用于厨房、浴室、卫生间、实验室、精密仪器车间及医院等室内墙面、台面的饰面材料，既清洁卫生，又美观耐用。釉面砖通常不宜用于室外，因为釉面砖是多孔的精陶坯体，在长期与空气中的水分接触过程中，会吸收大量水分而产生吸湿膨胀的现象。而釉的吸湿膨胀非常小，当坯体湿膨胀增长到使釉面处于张拉应力状态，特别是当应力超过釉的抗张拉强度时，釉面产生开裂，长期冻融，就会出现剥落掉皮现象。

[做一做]

请描述一下你所在的教室、宿舍的地砖特征。

2. 墙地砖

墙地砖包括建筑物外墙装饰贴面用砖和室内外地面装饰铺贴用砖，由于目前这类砖的发展趋向为产品可墙、地两用，故称为“墙地砖”。

外墙砖和地砖属炻质或瓷器陶瓷制品，其背面做有凹凸条纹，便于增强与基层的黏结力。

墙地砖的表面质感多种多样，通过配料和改善制作工艺，可制成平面、麻面、毛面、磨光面、抛光面、纹点面、仿花岗石面、压花浮雕面、无光釉面、有光釉面、金属光泽面、防滑面、耐磨面等。釉面墙地砖通过釉面着色可制成红、蓝、绿等各种颜色，通过丝网印刷可获得丰富的套花图案。无釉墙地砖通过坯体着色也可制得单色、多色等多种制品。

3. 玻化砖

玻化砖是坯料在1230℃以上高温下，使砖中的熔融成分成玻璃态，具有玻璃般亮丽质感的一种新型高级铺地砖，也称为瓷质玻化砖。

玻化砖具有低的吸水率(小于0.1%)、高耐磨性(耐磨性为130mm^2)，莫氏硬度达7，高强度(抗折强度>46MPa)、耐酸碱性强等，其生产技术也较为先进，采用全电脑化的生产和检选设备。产品表面未施任何透明釉料，仍平滑光亮，普通亚光面砖摩擦系数可高达0.7，具有极好的防滑效果，此外，产品原料中不含对人体有害的放射性元素，是高品质的环保建材，适用于高档次的建筑地面。

4. 彩胎砖

彩胎砖是一种本色无釉瓷质饰面砖，呈多彩细花纹的表面，富有天然花岗岩的纹点，有红、绿、黄、蓝、灰、棕等多种基色，多为浅色调，纹点细腻，质朴高雅。

彩胎砖表面有平面和浮雕型两种，又有无光与磨光、抛光之分。吸水率小于1%，抗折强度大于27MPa，其耐磨性很好。特别适用于人流大的商场、剧院、宾馆、酒楼等公共场所地面铺贴，也可用于住宅厅堂的墙地面装修，既美观又耐用。

5. 麻面砖

麻面砖是采用仿天然岩石色彩的配料，压制成表面凹凸不平的麻面坯体后，经一次烧成的炻质面砖。麻面砖吸水率小于1%，抗折强度大于20MPa，防滑耐磨。薄型砖适用于建筑物外墙装饰，厚型砖适用于广场、停车场、码头、人行道等地面铺设。广场砖还有外形为梯形和三角形等多种形状，可用以拼贴成圆形图案，以增强广场地坪的艺术感。

6. 陶瓷锦砖

陶瓷锦砖是陶瓷什锦砖的简称，俗称“马赛克”。它是指由边长不大于40mm、具有多种色彩和不同形状的小块砖，镶拼组成各种花色图案，反贴在牛皮纸上的陶瓷制品。其表面有无釉和施釉的两种。陶瓷锦砖不仅具有表面光滑、色彩鲜艳、亮度好，即使是自然界风吹雨淋仍能保持其美观洁净的特点，而且还具有足够的化学稳定性和耐急冷急热性能。主要用于建筑物的外墙饰面，也可用于建筑内墙、柱面、门厅、走廊、餐厅、厨房、盥洗室、浴室等的地面铺装，工业建筑的洁净车间、工作间、化验室。彩色陶瓷锦砖还可用以镶拼成各种图案和色彩的壁画。

7. 琉璃制品

建筑琉璃制品，是一种具有中华民族文化特色与风格的传统建筑材料，不仅用于中国古典式建筑物，也用于具有民族风格的现代建筑物。

琉璃制品是一种带釉陶瓷，其坯体泥质细净坚实，烧成温度较高。琉璃制品主要有琉璃瓦类（板瓦、滴水瓦、筒瓦、沟头等）、脊类（正脊筒瓦、正当沟等）及装饰制件类（吻、兽、博古等）三类。

琉璃制品质地致密，表面光滑，耐久性好，不易剥釉，不易褪色，表面光滑，不易玷污，色泽鲜艳，装饰建筑物富丽堂皇。雄伟壮观，富有我国传统的民族特色。因价格较贵且自重大，故主要用于具有民族色彩的宫殿式建筑的屋面，以及少数纪念性建筑物上，也常用来建造园林中的亭、台、楼、阁，以增加园林的景色。目前，还常用在屋檐上点缀建筑物立面，以美化建筑造型。

（二）建筑玻璃

玻璃是以石英、纯碱、长石和石灰石等为主要原料，在1550℃～1600℃高温下熔融、成型、冷却固化而成的非结晶无机材料。若在玻璃的原料中加入辅助原料，或采用特殊工艺处理，则可生产出具有各种特殊性能的玻璃。

1. 普通平板玻璃

是指未经深加工的钠钙玻璃类平板，其透光率为85%～90%，也称净片玻璃、单光玻璃。是平板玻璃中产量最大、使用最多的一种，也是进一步加工成技术玻璃及玻璃制品的基础材料。主要起采光、围护、分隔空间、挡风雨、保湿、隔音等作用，大部分用做建筑门、窗玻璃；一部分加工成钢化、夹层、镀膜、中空等深加工玻璃。

根据国家标准，普通平板玻璃主要有引拉法玻璃和浮法玻璃两大类。

2. 安全玻璃

安全玻璃强度较高、热稳定性高、抗穿透性及防火性较好，破碎成碎片时，不致伤人。主要用于高层建筑的门窗、隔墙、幕墙、工业厂房天窗、防火门窗等有特殊安全要求的门窗。安全玻璃包括钢化玻璃、夹丝玻璃及夹层玻璃。

3. 吸热玻璃

吸热玻璃是一种可以控制阳光，既能吸收全部或部分热射线(红外线)，又能保持良好透光率的平板玻璃。吸热玻璃的生产是在普通钠—钙硅酸盐玻璃中加入有着色作用的氧化物，如氧化铁、氧化镍、氧化钴以及硒等，使玻璃带色并具有较高的吸热性能。也可在玻璃表面喷涂氧化锡、氧化锑、氧化钴等有色氧化物薄膜而制成。

4. 热反射玻璃

热反射玻璃，又称镀膜玻璃或镜面玻璃。它是具有较高的热反射性能而又保持良好的透光性能的平板玻璃。是在玻璃表面用热解、蒸发、化学处理等方法将金、银、铝、铁、镍、铬等金属及金属氧化物的薄膜喷涂在普通平板玻璃表面而制成。

5. 中空玻璃

[想一想]

为什么要采用中空玻璃?

中空玻璃是由两片或多片平板玻璃构成的，中间用边框隔开，四周边缘用胶接、焊接或熔接的办法密封，中间充入干燥空气或氩气。还可以用不同颜色或镀有不同性能薄膜的平板玻璃制作，整体构件是在工厂里制成的。

中空玻璃品种繁多，产品可适用于保温、防寒、隔音、防盗报警等多种用途，且一种产品也可以具备多种功能。主要用于需要采暖、空调、防止噪音等的建筑上，如住宅、饭店、宾馆、办公楼、学校、医院、商店等，也可用于火车、轮船等。

6. 玻璃砖和玻璃马赛克

玻璃砖，也叫“特厚玻璃”，有实心和空心两种。实心玻璃砖是采用机械压制方法制成的；空心玻璃砖是将两块凹形玻璃，熔接或胶结成整块的具有一个或两个空腔的玻璃制品，空腔中充以干燥空气或玻璃棉，经退火，最后涂饰侧面而成。砖面可为光滑平面，也可具有花纹图案。空心玻璃砖具有强度高、绝热、隔声、光线柔和优美等优点，被誉为“透光墙壁”。主要用于砌筑透光墙壁、隔墙，以及门厅、通道、浴室等隔断，特别适用于要求艺术装饰、防太阳眩光、控制透光、提高采光深度的高级建筑。如宾馆、展览厅馆、体育场馆等。

玻璃马赛克，又称“玻璃锦砖”。它是将边长不超过45mm的各种颜色和形状的玻璃质小块，预先铺贴在纸上而构成的装修材料。玻璃马赛克具有色泽柔和、朴实典雅、美观大方、不变色、不积尘，能雨天自涤、经久常新，与水泥黏结性好、便于施工等特点。广泛用于宾馆、礼堂、商店的门面，它也适用于一般住宅的厨房、卫生间和化验室等的内外墙，还可镶嵌成各种特色的大型壁画及醒目的标记。

（三）建筑涂料

建筑涂料是指涂敷于建筑物表面能干结成膜，具有防护、装饰、防腐、防火或其他特殊功能的物质。我国涂料企业规模小、成本高、产量低、缺乏名牌效应。建筑涂料仅占总量的24%，高档产品少。

美国、日本、西欧等发达国家和地区，合成树脂涂料的比例都在90%以上。美国建筑涂料以成膜物分类，主要由丙烯酸系列、聚醋酸乙烯系列两大类树脂构成，也有少量的环氧树脂和聚氨酯涂料。外墙涂料丙烯酸类树脂涂料占60%左右，聚醋酸乙烯类树脂涂料占30%左右，其他树脂如聚氨酯、环氧树脂系列涂料等约占10%左右。

1. 建筑涂料的分类

常用的分类见表2-6。

表2-6　建筑涂料的分类

分类方法	涂料类别					
按使用部位	1.外墙；2.内墙；3.地面；4.天棚（顶棚）；5.屋面					
按涂料状态	1.溶剂型；2.水溶性；3.乳液；4.粉末					
按涂膜的形状	1.平壁；2.砂壁；3.立体花纹					
按装饰质感	1.薄质；2.厚质；3.复层					
按特殊功能	1.防火；2.防水；3.防霉；4.防结露；5.防虫					
按主要成膜物质	序号	代号	类别	序号	代号	类别
	1	Y	油脂漆类	10	X	烯烃树脂涂料
	2	T	天然树脂涂料	11	B	丙烯酸漆类
	3	F	酚醛漆类	12	Z	聚酯漆类
	4	L	沥青漆类	13	H	环氧树脂漆类
	5	C	醇酸漆类	14	S	聚氨酯漆类
	6	A	氨基漆类	15	W	元素有机聚合物漆类
	7	Q	硝基漆类	16	J	橡胶漆类
	8	M	纤维素漆类	17	E	其他漆类
	9	G	过氯乙烯漆类			

2. **外墙涂料**

外墙涂料的功能主要是装饰和保护建筑物的外墙面。它应具有色彩丰富、装饰效果好、耐水性和耐候性好、耐污染性要强,易于清洗,涂刷施工方便的特点。外墙涂料的主要类型如图 2-15 所示。

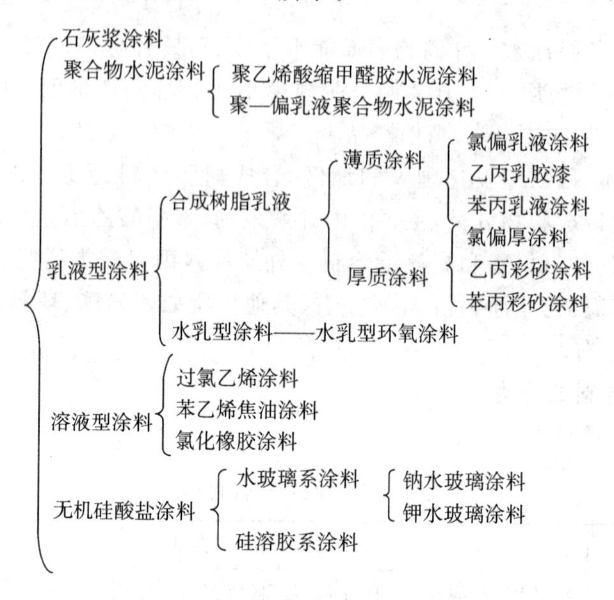

图 2-15 外墙涂料的分类

3. **地面涂料**

地面涂料的主要功能是装饰与保护室内地面,使其清洁美观。应具有以下特点:高耐磨性、良好的耐碱性、耐水性、较高的抗冲击性、施工方便、重涂容易。

(1)聚氨酯地面涂料

聚氨酯是聚氨基甲酸酯的简称。聚氨酯地面涂料有薄质罩面涂料与厚质弹性地面涂料两类。前者,主要用于木质地板或其他地面的罩面上光;后者,则涂刷于水泥地面,能在地面形成无缝弹性的耐磨涂层。

聚氨酯弹性地面涂料固化后,具有较高的强度和弹性;对金属、水泥、木材、陶瓷等地面的黏结力强,能与地面形成一体,整体性及耐磨性都很好,并且耐油、耐水、耐酸、耐碱;色彩丰富,可涂成各种颜色,也可将地面做成各种图案;不起尘,易清扫,有良好的自熄性,使用中不变色,不需打蜡,可代替地毯使用。这种涂料价格较贵,施工复杂,原材料具有毒性,施工中应注意通风、防火及劳动保护。

聚氨酯弹性地面涂料,适用于会议室、放映厅、图书馆等人流较多的地面作弹性地面装饰,也适用于化工车间、精密机房的耐磨、耐油、耐腐蚀地面。

(2)H80—环氧地面涂料

[想一想]

发展绿色涂料有什么重要意义?

H80—环氧地面涂料是以环氧树脂为主要成膜物质的双组分常温固化型涂料。具有良好的耐腐蚀性能。涂层坚硬、耐磨,且有一定韧性。涂层与水泥基层黏结力强,耐油、耐水、耐热、不起尘,可以涂刷各式图案,装饰性良好。它适用于机场及工业与民用建筑中的耐磨、防尘、耐酸碱、耐有机溶剂、耐水等工程的地面涂料。

4. 国外建筑涂料的新品种

(1)丙烯酸奎树脂涂料

日本钟渊化学工业公司采用硅酮为交联剂对丙烯酸进行改性,其耐候性可与含氟树脂涂料相媲美,而成本只有含氟树脂涂料的1/3。

(2)耐候性氟树脂涂料

美国最先研制开发了氟树脂涂料,用偏氟乙烯树脂开发氟树脂涂料,用于建筑方面取得良好的效果。氟树脂涂料与其他合成树脂涂料相比,具有优良的耐候性、耐久性、耐污染性、耐化学品性,尤其用于建筑物的外部装饰有其他涂料无法相比的优点。

(3)水性聚氨酯涂料

聚氨酯是性能优良的高分子材料之一,以这种树脂制成的涂料,具有优良的光泽和耐水、耐候性。溶剂型聚氨酯涂料由于对环境污染和对施工人员的身体有影响,使用量越来越少,水性聚氨酯涂料作为一类高档的建筑涂料,在发达国家已开始广泛使用。

(4)粉末涂料

在美国,粉末涂料年增长率为12%左右,欧洲为10%左右,日本为5%左右。粉末涂料近几年已开始在门、栏杆、阳台等建筑物上使用。如日本油墨公司开发了新型丙烯酸聚酯粉末涂料,这种涂料光泽好、硬度高、耐候性好,适宜做内外装饰保护涂料。在日本兼具防腐性和耐候性能的聚酯—聚氨酯粉末涂料已开始在室内外广泛使用。美国推出的聚酯—聚氨酯粉末涂料也具有良好的前景。

(5)功能性建筑涂料

建筑涂料除了具有保护作用和精美的高装饰性外,还具有某些特殊的功能,形成了建筑涂料的高装饰性兼功能化的新观念。主要有防火涂料、防水涂料、防霉防虫涂料、防锈防腐蚀涂料、防静电涂料、消(吸)音涂料、隔热涂料及弹性功能涂料等品种。

本章思考与实训

1. 水泥砂浆与混合砂浆各有什么特点?地下砌体砌筑时宜采用哪种砂浆?

2. 热轧钢筋有哪几个级别?HRB335代表什么含义?

3. 我国《混凝土结构设计规范》中将混凝土分为多少个强度等级?"C30"代表什么含义?

4. 混凝中常使用的外加剂有哪些?有何作用?

5. 什么是混凝土的和易性?

第三章 建筑工程

【内容要点】

1. 民用建筑的分类、构造组成、常用结构体系与结构基本构件；
2. 工业厂房的主要类型、单厂的主要结构组成与结构类型；
3. 建筑物设计基准期、建筑结构的安全等级和抗震设防的基本概念等。

【知识链接】

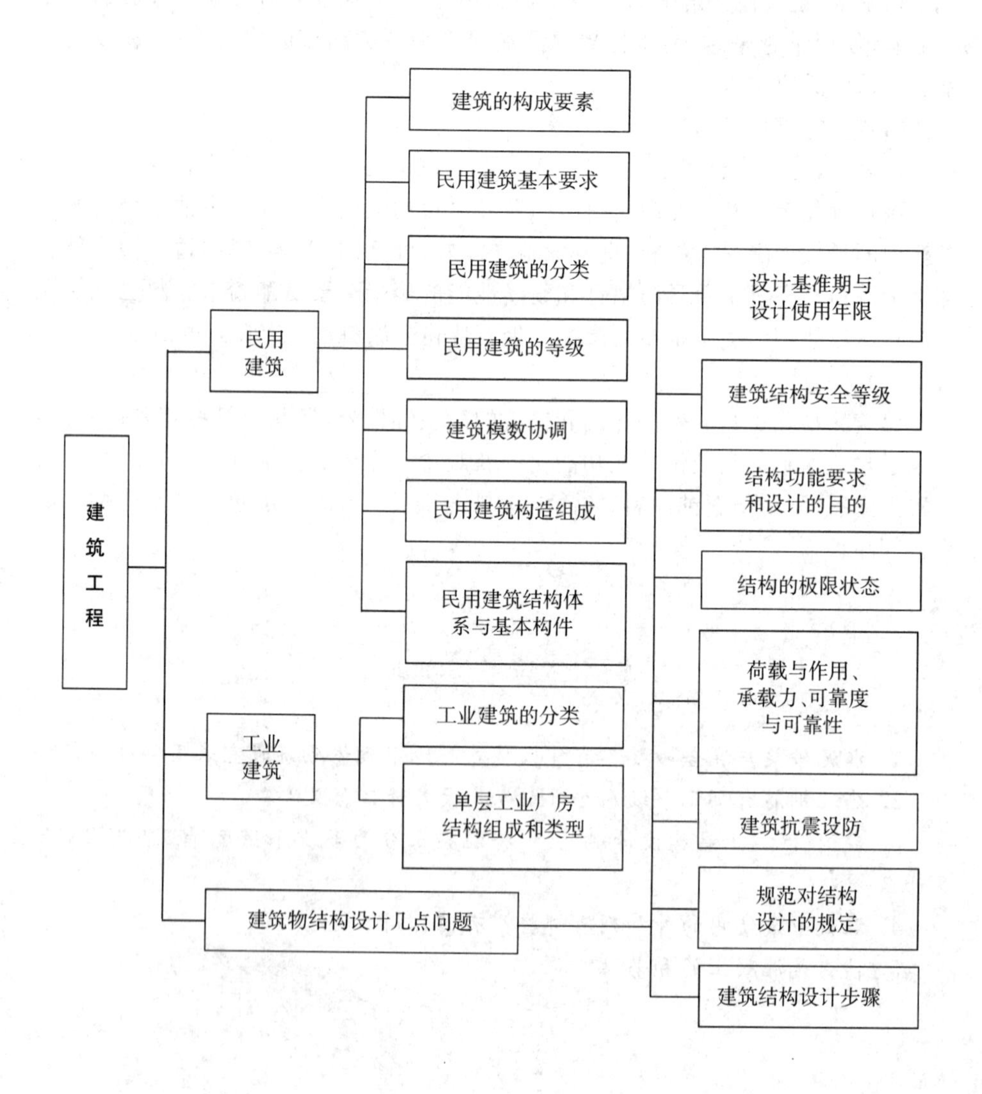

第一节 引 言

建筑工程是新建、改建或扩建房屋建筑物或构筑物所进行的规划、勘察、设计和施工、竣工等各项技术工作和完成的工程实体。其中“房屋建筑物”指有顶盖、梁柱、墙壁、基础以及能够形成内部空间,满足人们生活、学习、工作、居住以及从事生产和各种文化活动的工程实体,如住宅、学校、办公楼、剧院、旅馆、商店、医院和工厂的车间等。而“构筑物”是指人们一般不直接在内进行生产或生活的建筑,如水坝、水塔、蓄水池、烟囱等。

一、建筑的构成要素

构成建筑的基本要素是指在不同历史条件下的建筑功能、建筑的物质技术条件和建筑形象。

1. 建筑功能

建筑可以按不同的使用要求,分为居住、教育、交通、医疗等许多类型,但各种类型的建筑都应该满足下述基本的功能要求:

(1)满足人体尺度和人体活动所需的空间尺度。

(2)满足人的生理要求。要求建筑应具有良好的朝向、保温、隔声、防潮、防水、采光及通风的性能,这也是人们进行生产和生活活动所必须的条件。

(3)满足不同建筑有不同使用特点的要求。不同性质的建筑物在使用上有不同的特点,例如火车站要求人流、货流畅通;影剧院要求听得清、看得见和疏散快;工业厂房要求符合产品的生产工艺流程;某些实验室对温度、湿度的要求等等,都直接影响着建筑物的使用功能。

满足功能要求也是建筑的主要目的,在构成的要素中起主导作用。

[想一想]

1. 构成建筑的基本要素有哪些?其中起主导作用的是哪个要素?

2. 在建筑工程中建筑物和构筑物是两个不同的概念,它们的主要区别在哪里?

2. 物质技术条件

建筑的物质技术条件是指建造房屋的手段。包括建筑材料及制品技术、结构技术、施工技术和设备技术等,所以建筑是多门技术科学的综合产物,是建筑发展的重要因素。

3. 建筑形象

构成建筑形象的因素有建筑的体型、立面形式、细部与重点的处理、材料的色彩和质感、光影和装饰处理等等,建筑形象是功能和技术的综合反映。建筑形象处理得当,就能产生良好的艺术效果,给人以美的享受。有些建筑使人感受到庄严雄伟、朴素大方、简洁明朗等等,这就是建筑艺术形象的魅力。

不同社会和时代、不同地域和民族的建筑都有不同的建筑形象,它反映了时代的生产水平、文化传统、民族风格等特点。

建筑三要素是相互联系、约束,又不可分割的。总的说来,功能要求是建筑的主要目的,材料结构等物质技术条件是达到目的的手段,而建筑形象则是建筑功能、技术和艺术内容的综合表现。采用不同处理手法,产生不同风格的建筑形象。历史上优秀的建筑作品，这三要素都是辩证统一的。

[问一问]

房屋建筑的基本要求有哪些？实用、经济、美观之间的关系应怎样处理？

二、房屋建筑的基本要求

人们对房屋建筑的基本要求是“实用、美观和经济”。

1. 实用

指房屋有舒适的环境，要有宽敞的空间和合理的布局，要有坚实可靠的结构，要有先进、优质和方便的使用设施。这些是房屋在规划、建筑布局和建筑技术、结构、设备方面的要求。它是功能性的。

2. 美观

指房屋的艺术处理，包括广义的美观和协调，以及观察者视觉和心灵的感受。它是房屋在建筑艺术方面的要求。它是精神性的。

3. 经济

指用尽可能少的材料和人力，在尽可能短的时间里，优质地完成房屋的建设。它是经济性的。

房屋的规划由规划师负责；房屋的布局和艺术处理由建筑师负责；房屋的结构安全由结构工程师负责；房屋的给排水、供热通风和电气等设施由设备师负责。房屋的建造建造过程，是建设单位、勘察单位、设计单位的各种设计工程师和施工单位全面协调合作的过程。

第二节　民用建筑概述

建筑物按照它们的使用性质，通常可以分为非生产性建筑和生产性建筑两大类。前者主要是指民用建筑，后者主要是指工业建筑和农用建筑。

一、民用建筑的分类

（一）按使用功能分类

民用建筑按使用功能可分为居住建筑和公共建筑。

1. 居住建筑

供人们生活起居的建筑物，如住宅、公寓、宿舍等。

2. 公共建筑

供人们进行各项社会活动的建筑物，如办公、科教、文体、旅馆、托幼、商业、医疗、邮电、广播、交通和其他建筑等。

[想一想]

建筑物按照使用功能分为几类？宿舍属于哪类建筑？

（二）按建筑规模和数量分类

民用建筑按建筑的层数或总高度可分为低层建筑、多层建筑、中高层建筑和高层建筑

1. 低层建筑

1～3 层的建筑。多为住宅、别墅、幼儿园、中小学校、小型的办公楼以及轻工业厂房等。

2. 多层建筑

4～6层的建筑。多为一般住宅、写字楼等。

3. 中高层建筑

7～9层的建筑。多为居民住宅楼、普通办公楼等。

4. 高层建筑

10层及10层以上的居住建筑和超过24m高的其他民用建筑为高层建筑。建筑高度超过100m时均为超高层建筑。

[问一问]

住宅建筑按建筑的层数或总高度可分为几类?

(三)按主要承重结构的材料分类

民用建筑按主要承重结构的材料可分为木结构建筑、混合结构建筑、钢筋混凝土结构建筑、钢结构建筑和其他结构建筑。

1. 木结构建筑

建筑物的主要承重构件均采用木材制作,如一些古建筑和旅游性建筑。

2. 混合结构建筑

建筑物的主要承重构件由两种或两种以上不同材料组成,如砖墙和木楼板的砖木结构,砖墙和钢筋混凝土楼板的砖混结构等。该结构主要适用于6层以下建筑物。

3. 钢筋混凝土结构建筑

建筑物的主要承重构件均用钢筋混凝土材料组成。建筑物超过6层时一般采用该结构。

4. 钢结构建筑

建筑物的主要承重构件均是钢材制作的结构,一般用于大跨度、大空间的公共建筑和高层建筑中。

5. 其他结构建筑

如生土建筑、充气建筑等。

[想一想]

古代土木工程主要有哪几种主要结构形式?你知道的我国古代建筑中仍保存完好的著名土木工程有哪些吗?

(四)按施工方法分类

民用建筑按施工方法可分为全现浇现砌式建筑、全预制装配式建筑和部分现浇、部分装配式建筑。

1. 全现浇现砌式建筑

是指主要建筑构件,如钢筋混凝土梁、板、柱和砖墙砌体等均在施工现场浇筑或砌筑。

2. 全预制装配式建筑

是指主要构件,如钢筋混凝土梁、板、柱和墙板等均在工厂或施工现场预制,然后全部在施工现场进行装配。

3. 部分现浇、部分装配式建筑

是指一部分构件,如钢筋混凝土梁、板、柱和砖墙砌体在施工现场浇注或砌筑,而另一部分构件如楼梯、楼板等预制装配的建筑。

二、民用建筑的等级

建筑物的等级一般按耐久性、耐火性、设计等级进行划分。

(一)按建筑的耐久性能分类

[想一想]

为什么要划定建筑物的耐久年限？如何划定？

建筑物的耐久等级主要根据建筑物的重要性和规模大小划分，作为基建投资和建筑设计的重要依据。《民用建筑设计通则》(GB50352－2005)中规定：以主体结构确定的建筑耐久年限分为四级，详见表3-1。

表3-1 建筑物耐久等级表

等级	耐久年限	适用范围
一级	100年以上	适用于重要的建筑和高层建筑，如纪念馆、博物馆、国家会堂等
二级	50～100年	适用于一般性建筑，如城市火车站、宾馆、大型体育馆、大剧院等
三级	25～50年	适用于次要的建筑，如文教、交通、居住建筑及厂房等
四级	15年以下	适用于简易建筑和临时性建筑

(二)按建筑的耐火性能分类

1. 建筑构件的燃烧性能及耐火极限

(1)建筑构件的燃烧性能

建筑物是由建筑构件组成的，而建筑构件是由建筑材料构成，其燃烧性能取决于所使用建筑材料的燃烧性能，我国将建筑构件的燃烧性能分为三类：

① 非燃烧体

指用非燃烧材料做成的建筑构件，如天然石材、人工石材、金属材料等。

② 燃烧体

指用容易燃烧的材料做成的建筑构件，如木材、纸板、胶合板等。

③ 难燃烧体

指用不易燃烧的材料做成的建筑构件，或者用燃烧材料做成，但用非燃烧材料作为保护层的构件，如沥青混凝土构件、木板条抹灰等。

(2)建筑构件的耐火极限

所谓耐火极限，是指任一建筑构件在规定的耐火试验条件下，从受到火的作用时起，到失去支持能力或完整性被破坏或失去隔火作用时为止的这段时间，用小时表示。只要出现以下三种情况之一，就可以确定达到其耐火极限。

① 失去支持能力

指构件在受到火焰或高温作用下，由于构件材质性能的变化，使承载能力和刚度降低，承受不了原设计的荷载而破坏。例如受火作用后的钢筋混凝土梁失去支承能力，钢柱失稳破坏，非承重构件自身解体或垮塌等，均属失去支持能力。

② 完整性被破坏

指薄壁分隔构件在火中高温作用下，发生爆裂或局部塌落，形成穿透裂缝或孔洞，火焰穿过构件，使其背面可燃物燃烧起火。例如受火作用后的板条抹灰墙，内部可燃板条先行自燃，一定时间后，背火面的抹灰层龟裂脱落，引起燃烧起火；预应力钢筋混凝土楼板使钢筋失去预应力，发生炸裂，出现孔洞，使火苗蹿到上层房间。在实际中这类火灾相当多。

③ 失去隔火作用

指具有分隔作用的构件，背火面任一点的温度达到 220℃时，构件失去隔火作用。例如一些燃点较低的可燃物(纤维系列的棉花、纸张、化纤品等)烤焦后以致起火。

2. 建筑物的耐火等级

所谓耐火等级，是衡量建筑物耐火程度的标准，它是由组成建筑物的构件的燃烧性能和耐火极限的最低值所决定的。划分建筑物耐火等级的目的在于根据建筑物的用途不同提出不同的耐火等级要求，做到既有利于安全，又有利于节约基本建设投资。现行《建筑设计防火规范》(GB50016－2006)将建筑物的耐火等级划分为四级(见表 3－2)。

[问一问]

耐火极限的含义是什么？民用建筑的耐火等级是如何划分的？

表 3－2　建筑物耐火等级表

构件名称 \ 燃烧性能和耐火极限(h) \ 耐火等级		一级	二级	三级	四级
墙	防火墙	非燃烧体 4.00	非燃烧体 4.00	非燃烧体 4.00	非燃烧体 4.00
	承重墙、楼梯间、电梯井的墙	非燃烧体 3.00	非燃烧体 2.50	非燃烧体 2.50	难燃烧体 0.50
	非承重外墙、疏散走道两侧的隔墙	非燃烧体 1.00	非燃烧体 1.00	非燃烧体 0.50	难燃烧体 0.25
	房间隔墙	非燃烧体 0.75	非燃烧体 0.50	难燃烧体 0.50	难燃烧体 0.25
柱	支承多层的柱	非燃烧体 3.00	非燃烧体 2.50	非燃烧体 2.50	难燃烧体 0.50
	支承单层的柱	非燃烧体 2.50	非燃烧体 2.00	非燃烧体 2.00	燃烧体 —
梁		非燃烧体 2.00	非燃烧体 1.50	非燃烧体 1.00	难燃烧体 0.50
楼板		非燃烧体 1.50	非燃烧体 1.00	非燃烧体 0.50	难燃烧体 0.25
屋顶承重构件		非燃烧体 1.50	非燃烧体 0.50	燃烧体 —	燃烧体 —
疏散楼梯		非燃烧体 1.50	非燃烧体 1.00	非燃烧体 1.00	燃烧体 —
吊顶(包括吊顶搁栅)		非燃烧体 0.25	难燃烧体 0.25	难燃烧体 0.15	燃烧体 —

[注]　(1)以木柱承重且以非燃烧材料作为墙体的建筑物，其耐火等级应按四级确定；(2)二级耐火等级的建筑物吊顶，如采用非燃烧体时，其耐火极限不限；(3)在二级耐火等级的建筑中，面积不超过 100 平方米的房间隔墙，如执行本表的规定有困难时，可采用耐火极限不低于 0.3h 的非燃烧体；(4)一、二级耐火等级民用建筑疏散走道两侧的隔墙，按本表规定执行有困难时，可采用 0.75h 非燃烧体。

(三)按建筑的设计等级分类

按照建设部《民用建筑工程设计收费标准》的规定，我国目前将各类民用建筑工程按复杂程度划分为特、一、二、三、四、五，共六个等级，设计收费标准随等级高低而不同。《注册建筑师条例》参照这个标准进一步规定，一级注册建筑师可以设计各个等级的民用建筑，二级注册建筑师只能设计三级以下的民用建筑。

以下是民用建筑复杂程度等级的具体标准：

1. 特级工程

(1)列为国家重点项目或以国际活动为主的大型公建以及有全国性历史意义或技术要求特别复杂的中小型公建。如国宾馆、国家大会堂，国际会议中心、国际大型航空港、国际综合俱乐部，重要历史纪念建筑，国家级图书馆、博物馆、美术馆，三级以上的人防工程等。

(2)高大空间、有声、光等特殊要求的建筑，如剧院、音乐厅等。

(3)30 层以上建筑。

2. 一级工程

(1)高级大型公建以及有地区性历史意义或技术要求复杂的中小型公建。如高级宾馆、旅游宾馆、高级招待所、别墅，省级展览馆、博物馆、图书馆，高级会堂、俱乐部，科研试验楼(含高校)，300 床以上的医院、疗养院、医技楼、大型门诊楼，大中型体育馆、室内游泳馆、室内滑冰馆，大城市火车站、航运站、候机楼，摄影棚、邮电通信楼，综合商业大楼、高级餐厅，四级人防、五级平战结合人防等。

(2)16～29 层或高度超过 50m 的公建。

3. 二级工程

(1)中高级的大型公建以及技术要求较高的中小型公建。如大专院校教学楼，档案楼，礼堂、电影院，省部级机关办公楼，300 床以下医院、疗养院，地市级图书馆、文化馆、少年宫，俱乐部、排演厅、报告厅、风雨操场，大中城市汽车客运站，中等城市火车站、邮电局、多层综合商场、风味餐厅，高级小住宅等。

(2)16～29 层住宅。

4. 三级工程

(1)中级、中型公建。如重点中学及中专的教学楼、实验楼、电教楼，社会旅馆、饭馆、招待所、浴室、邮电所、门诊所、百货楼，托儿所、幼儿园，综合服务楼、2 层以下商场、多层食堂，小型车站等。

(2)7～15 层有电梯的住宅或框架结构建筑。

5. 四级工程

(1)一般中小型公建。如一般办公楼、中小学教学楼、单层食堂、单层汽车库、消防车库、消防站、蔬菜门市部、粮站、杂货店、阅览室、理发室、水冲式公厕等。

(2)7 层以下无电梯住宅、宿舍及砖混建筑。

6. 五级工程

一二层、单功能、一般小跨度结构建筑。

［注］以上分级标准中，大型工程一般系指 1 万 m^2 以上的建筑；中型工程指 $3000m^2$ 到 1 万 m^2 的建筑；小型工程指 $3000m^2$ 以下的建筑。

［想一想］

民用建筑按建筑设计等级分类有何意义？

三、民用建筑的构造组成

民用建筑通常是由基础、墙体或柱、楼板层、楼梯、屋顶、地坪、门窗等几大主要部分组成，如图 3－1 所示。

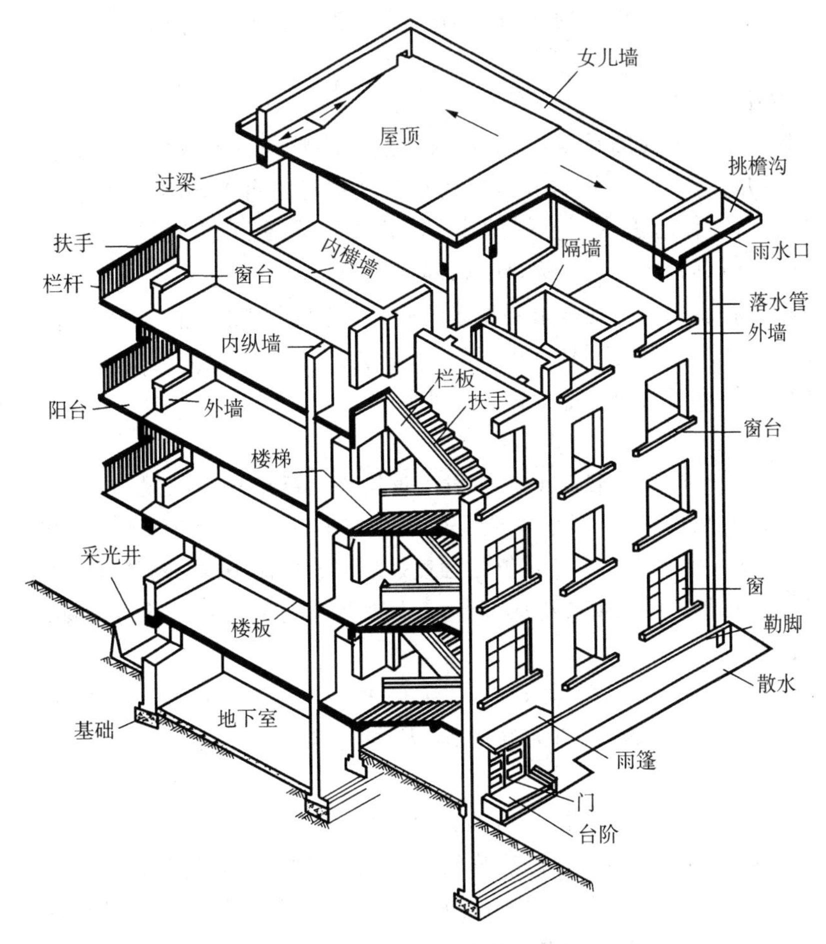

图 3－1　民用建筑的构造组成

这几部分在建筑的不同部位发挥着不同的作用。房屋除了上述几个主要组成部分之外，对不同使用功能的建筑还有一些附属的构件和配件，如阳台、雨篷、台阶、散水、通风道等。这些构配件也可以称为建筑的次要组成部分。

1. 基础

基础是建筑物最下部的承重构件，承担建筑的全部荷载，并把这些荷载有效地传给地基。基础作为建筑的重要组成部分，是建筑物得以立足的根基，应具有足够的强度、刚度及耐久性，并能抵抗地下各种不良因素的侵袭。

2. 墙体和柱

墙体是建筑物的承重和围护构件。墙体具有承重要求时，它承担屋顶和楼板层传来的荷载，并把它们传递给基础。外墙还具有围护功能，应具备抵御自然界各种因素对室内侵袭的能力。内墙具有在水平方向划分建筑内部空间、创造适用的室内环境的作用。墙体通常是建筑中自重最大、材料和资金消耗最多、施工量最大的组成部分，作用非常重要。因此，墙体应具有足够的强度、稳定性，良好的热工性能及防火、隔声、防水、耐久性能。方便施工和良好的经济性也是衡量墙体性能的重要指标。

柱也是建筑物的承重构件，除了不具备围护和分隔的作用之外，其他要求与墙体类似。

[问一问]

民用建筑通常由哪几大部分组成？各部分的作用是什么？

3. 楼板层和地坪

楼板是水平方向的承重构件，按房间层高将整幢建筑物沿水平方向分为若干层；楼板层承受家具、设备和人体荷载以及本身的自重，并将这些荷载传给墙或柱；同时对墙体起着水平支撑的作用。因此要求楼板层应具有足够的抗弯强度、刚度，并应具备相当的防火、防水、隔声的能力。

地坪是底层房间与地基土层相接的构件，起承受底层房间荷载的作用，并将其传递给地基。要求地坪具有耐磨防潮、防水、防尘和保温的性能。

楼板层和地层的面层部分称为楼地面。

4. 屋顶

屋顶是建筑物顶部的围护构件和承重构件。抵抗风、雨、雪霜、冰雹等的侵袭和太阳辐射热的影响；又承受风雪荷载及施工、检修等屋顶荷载，并将这些荷载传给墙或柱，故屋顶应具有足够的强度、刚度及防水、保温、隔热等性能。屋顶又是建筑体型和立面的重要组成部分，其外观形象也应得到足够的重视。

5. 楼梯

楼梯是建筑物的垂直交通设施，供人们平时上下和紧急疏散时使用，故要求楼梯具有足够的通行能力，并且防滑、防火，能保证安全使用。

6. 门窗

门与窗均属非承重构件，也称为配件。门主要起供人们出入内外交通和分隔房间作用，窗主要起通风、采光、分隔、眺望等围护作用。处于外墙上的门窗又是围护构件的一部分，要满足热工及防水的要求；某些有特殊要求的房间，门、窗应具有保温、隔声、防火的能力。

四、民用建筑的结构体系与基本构件

(一)民用建筑的结构体系

建筑物中承受荷载而起骨架作用的部分称为结构，民用建筑常用的结构体系有：混合结构、桁架结构、拱结构、框架结构、剪力墙结构、框剪结构、筒体结构、空间结构等。

1. 混合结构

混合结构指用不同的材料建造的房屋，通常墙体、柱与基础等竖向承重结构的构件采用砖砌体，屋盖、楼盖等水平承重结构的构件采用钢筋混凝土结构，故亦称砖混结构。如房屋内部有柱子承重，并与楼面大梁组成框架，外墙仍为砌体承重者，称为内框架结构。

这种结构形式的优点是构造简单、造价较低，其缺点是房间尺寸受钢筋混凝土梁板经济跨度的限制，室内空间小，开窗也受到限制，仅适用于房间开间和进深尺寸较小、层数不多的中小型民用建筑，如住宅、中小学校、医院及办公楼等。

混合结构房屋根据承重墙的布置方式的不同，有以下四种方案可供选择：

［想一想］

混合结构房屋有哪几种承重体系？其力的传递路线各有何优缺点？

(1)纵墙承重体系

纵墙承重体系是指纵墙直接承受屋面、楼面荷载的结构方案。如图 3－2 所示为某多层房屋的平面结构布置图。楼屋面大梁放在纵墙壁柱上，楼板及屋面板放置在大梁上，形成纵墙承重体系。由于横墙是非承重墙，因而可以任意设置或连续多开间不设置，从而给建筑上提供了灵活的空间。与横墙承重体系相比，纵墙承重体系墙少，自重轻，刚度较差，抗震性能也较差，且楼屋面需加大梁而增加用料，故高烈度地震区不太合适，一般多用于公共建筑及中小型工业厂房。

(2)横墙承重体系

楼(屋)面荷载主要由横墙承受的房屋，属于横墙承重体系。如图 3－3 所示为横墙承重的平面结构布置。横墙承担楼、屋面传来的荷载，因此不能随意拆除，空间布置没有纵墙承重体系那样灵活，但刚度大，抗震性能较好。横墙承重体系墙体多，自重大，楼面材料较节省，具有结构简单，施工方便的优点，多用于小面积居住建筑和小开间办公楼中。

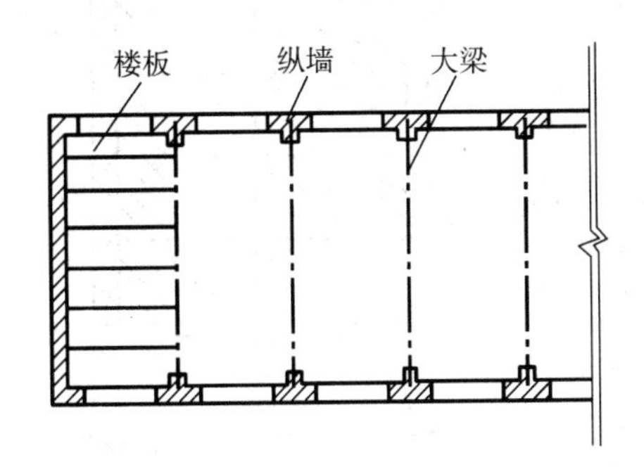

图 3－2　纵墙承重体系

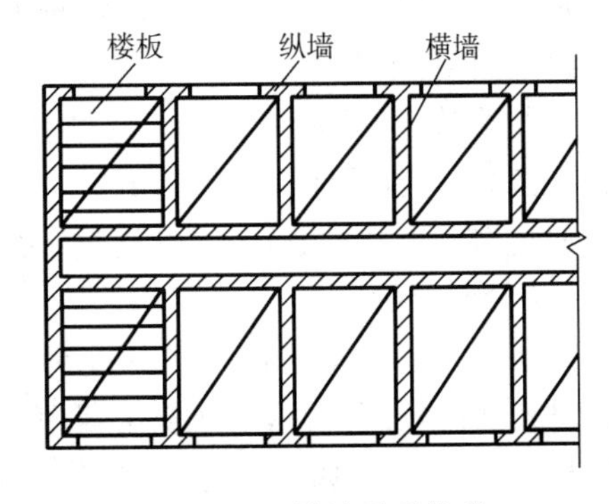

图 3－3　横墙承重体系

(3)纵横墙承重体系

楼(屋)面荷载分别由纵墙和横墙共同承受的房屋，称为纵横墙承重方案。如图 3－4 所示为纵横墙承重的平面结构布置。除纵墙承担楼面大梁传来的荷载外，横墙也承担了楼、屋面传来的部分荷载，其开间比横墙承重体系大，但空间布置不如纵墙承重体系灵活，刚度和抗震性能也介于两者之间，墙体材料、自重、楼面材料用量也介于两者之间，多用于教学楼和办公楼中。

(4)内框架承重体系

内部由钢筋混凝土柱、外部由砖墙、砖柱构成的房屋，称为内框架承重体系。如图 3－5 所示为某内框架体系的平面图。这种内框架承重体系在空间布置上具有很大的灵活性，中间柱的存在减轻了纵墙的负担；但中间柱下基础的沉降量与纵墙基础沉降量有可能差别较大，将引起主梁弯矩的变化，这在软土地基上是不利的。多用于仓库、商场及一些工业建筑中。

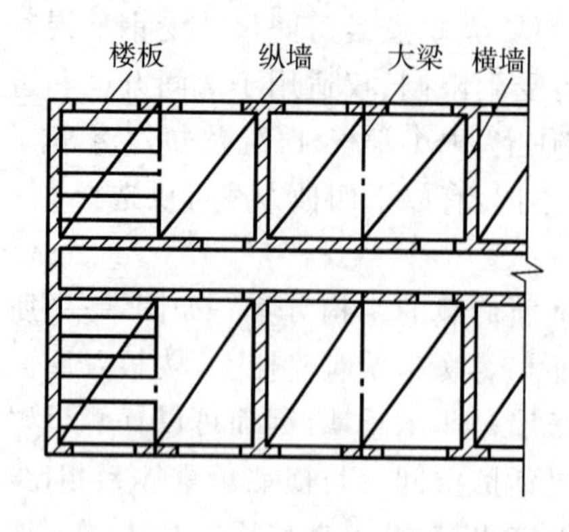

图 3-4 纵横墙承重体系

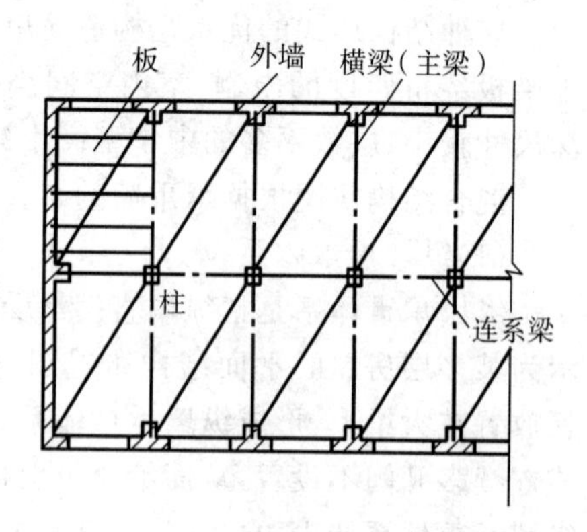

图 3-5 内框架承重结构

目前，许多房屋开发商和规划部门，往往希望一幢房屋同时具有居住、商业等多种功能。特别是沿街的住宅，底层一般都要布置商场，该类建筑一般称为商住楼，因而需要在底层具有大空间。为了满足这种要求，结构布置时一般可将上部住宅部分布置成为横墙承重或纵墙承重或纵横墙承重体系，将底层商场的部分墙体抽掉改为框架承重，即成为底层框架砌体结构（见图 3-6）。

传力特点：梁板荷载在上部通过内外墙体向下传递，在结构转换层部位，通过钢筋混凝土梁传给柱，再传给基础。

结构特点：房屋底层为框架承重、属柔性结构，上部为墙体承重、属刚性结构，由于上下两部分的抗侧刚度相差悬殊，对结构抗震是不利的。

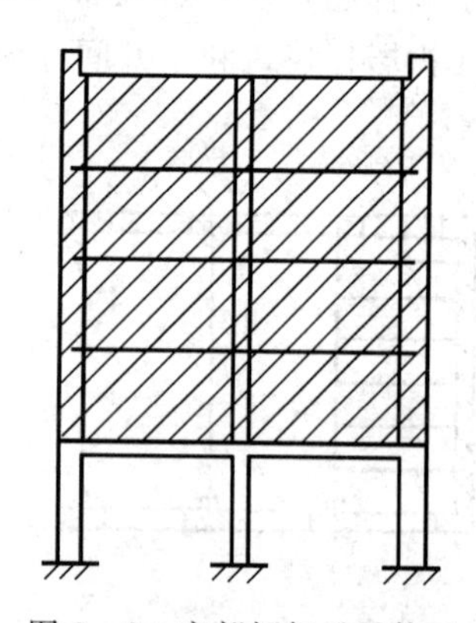
图 3-6 底部框架承重体系

2. 桁架结构

桁架是由若干杆件构成的一种平面或空间的格架式结构或构件，是建筑工程中广泛采用的结构形式之一。如常用于大跨度的厂房、展览馆、体育馆和桥梁等公共建筑中。由于大多用于建筑的屋盖结构，桁架通常也被称作屋架。如图 3-7 所示为一折线型屋架。

桁架有铰接的和刚接的。房屋建筑中常用铰接桁架。铰接桁架是由许多三角形组成的杆件体系，各杆件在荷载作用下主要产生轴向的拉力或压力。桁架上下部杆件分别称为上、下弦杆，两弦杆间的杆件则称腹杆（斜杆和竖杆）。

桁架的分类如下：

（1）根据受力特性不同分为：平面桁架和空间桁架。

（2）按材料不同分为：钢桁架、钢筋混凝土桁架、木桁架、钢与钢筋混凝土组合桁架或钢与木的组合桁架（目前在中国木桁架已很少采用）。

[问一问]

桁架结构有何特点？如何应用？

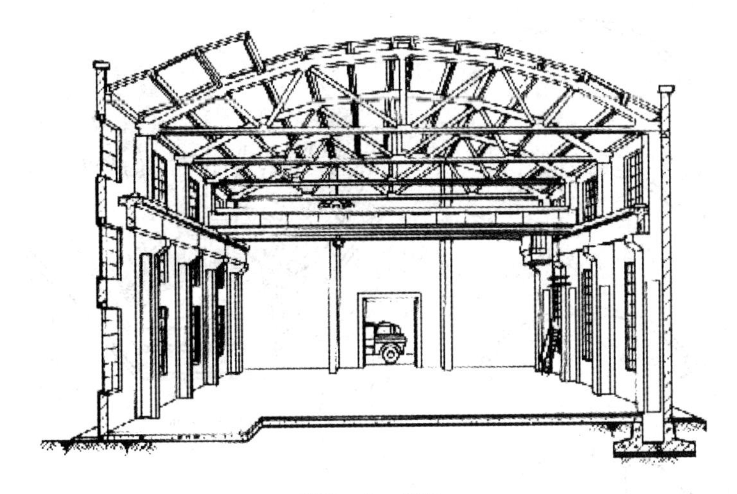

图 3-7　屋架

(3)按外形分为：三角形桁架、梯形桁架、平行弦桁架及多边形桁架等(见图 3-8)。

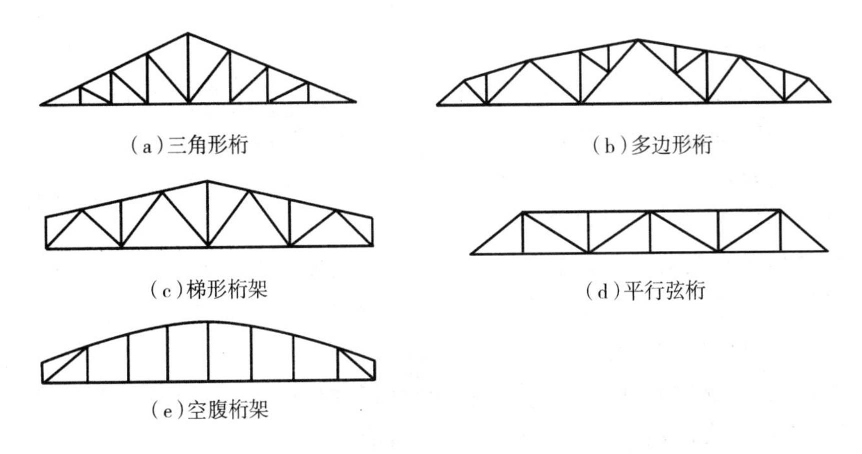

图 3-8　桁架的类型

3. 拱结构

拱是一种十分古老而现代仍大量应用的结构形式，由曲线形构件(称拱圈)或折线形构件及其支座组成。采用的材料相当广泛，可用砖、石、混凝土、钢筋混凝土、预应力混凝土，也有采用木材和钢材的。拱结构的应用范围很广，最初用于桥梁，在建筑中，拱主要用于屋盖、或跨门窗洞口，有时也用作楼盖、承托围墙或地下沟道顶盖。

图 3-9 为拱的几种形式，拱有带拉杆和不带拉杆之分。按拱的构造可分为无铰拱、三铰拱和两铰拱，其中除了三铰拱是静定结构，其余的均是超静定结构。

[想一想]

拱结构的受力特点？拱的支座水平推力的处理方法？

(1)无铰拱

拱与基础刚性连接，无铰拱刚度较大，但对地基变形较敏感，适用于地质条件好的地基。

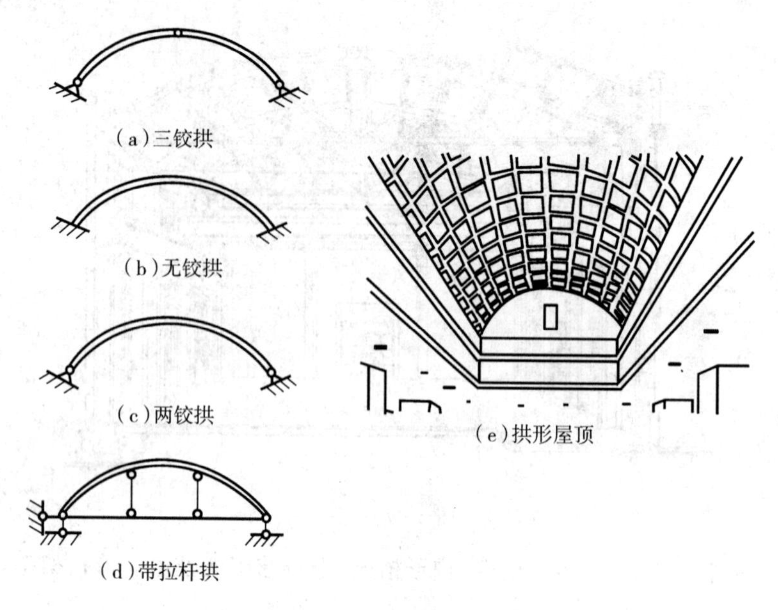

图 3-9　拱的几种形式

(2)三铰拱

拱与基础铰接,拱顶由铰链连接两边的拱构件。三铰拱本身刚度较差,但基础有不均匀下沉时,对结构不产生附加内力,可用于地基条件较差的地方。

(3)两铰拱

特点介于无铰拱和三铰拱之间。

拱结构比桁架结构具有更大的力学优点。在外荷作用下,拱主要产生压力,使构件摆脱了弯曲变形。如用抗压性能较好的材料(如砖石或钢筋混凝土)去做拱,正好发挥材料的性能。不过拱结构支座(拱脚)会产生水平推力,跨度大时这个推力也大,而支座的垂直或水平位移均会引起内力变化,为了使拱保持正常工作,务必确保其支座能承受住推力而不位移,因此要对付这个推力仍是一桩麻烦而又耗费材料之事。由于拱结构的这个缺点,在实际工程应用上,桁架还是比拱用得普遍。

拱的水平推力,可采取下面的几种结构处理方法:

(1)利用地基基础直接承受水平推力。

(2)利用侧面框架结构承受水平推力。

(3)利用竖向承重结构承受水平推力。

(4)利用拉杆承受水平推力。

4. 框架结构

框架结构指由水平向布置的屋架梁和竖向布置的柱组成的一种平面或空间、单层或多层的承重结构。几种典型的框架梁柱布置如图 3-10 所示。

框架梁柱间的节点一般为刚性连接。有时为了便于施工或其他构造要求,也可将部分节点做成铰节点或半铰节点。框架柱与基础之间的节点一般为刚性固定支座,必要时也可做成铰支座。

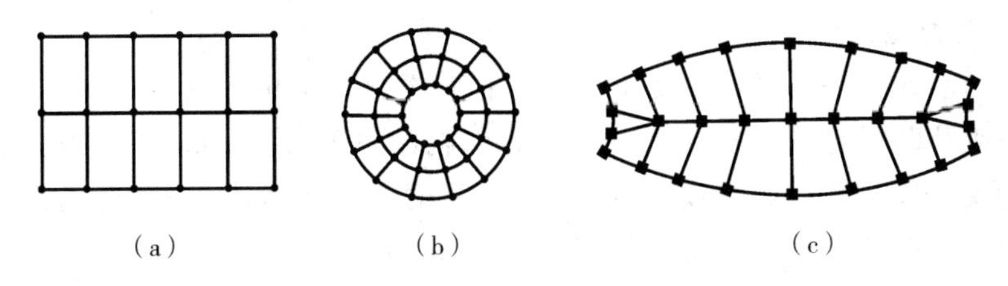

图 3-10　框架梁柱布置

工程中将梁(或桁架)和柱铰接而成的单层框架结构称为排架,如图 3-11(a)所示。一般称由等截面或变截面梁柱杆件组成的单层刚接(梁柱之间为刚接)框架为刚架或门式刚架,如图 3-11(b)所示。多层刚接称为框架,如图 3-12 所示。

[想一想]

框架结构的特点是什么?力是怎样传递的?

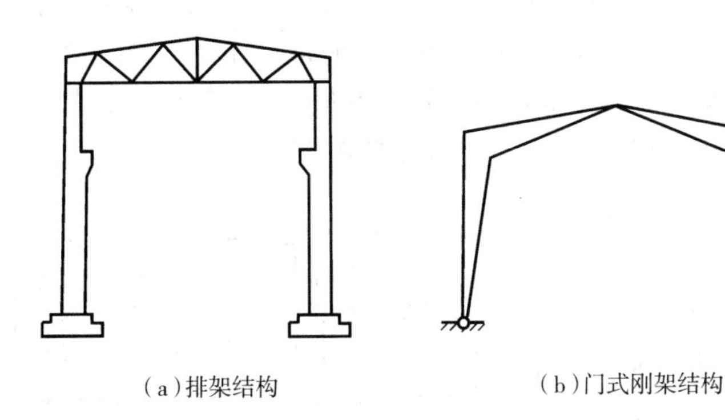

图 3-11　排架及门式刚架

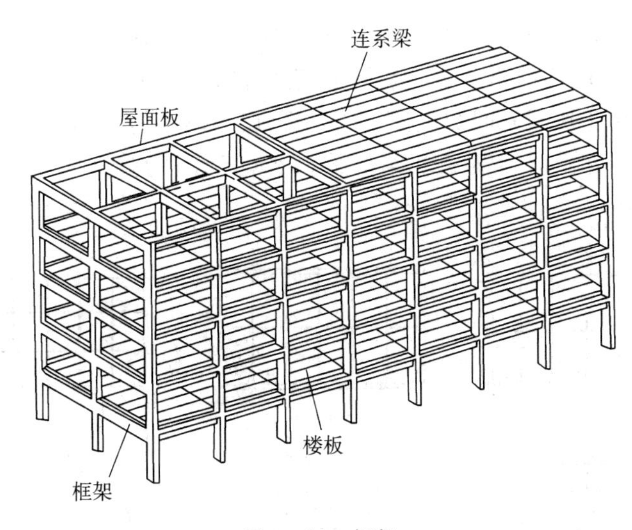

图 3-12　框架

框架结构的主要特点是:这种结构形式强度高,整体性好,刚度大,抗震性好,因其采用梁柱承重,因此建筑布置灵活,可获得较大的使用空间。但钢材、水泥用量大,造价较高。适用于开间、进深较大的商店、教学楼、图书馆之类的公共建筑以及多、高层住宅、旅馆等。

5. 剪力墙结构

剪力墙结构是用钢筋混凝土墙板来代替框架结构中的梁柱，剪力墙结构能承担各类荷载引起的内力，并能有效控制结构的水平力。一般来说，剪力墙的宽度和高度与整个房屋的宽度和高度相同，宽度达十几米或更大，高达几十米以上。而它的厚度则很薄，一般为160～300mm，较厚的可达500mm。

[想一想]

什么是剪力墙结构？其主要的特点是什么？

剪力墙的主要作用是承受平行于墙体平面的水平力，并提供较大的抗侧力刚度，它使剪力墙受剪且受弯，剪力墙也因此得名，以便与一般仅承受竖向荷载的墙体相区别。在地震区，该水平力主要是由地震作用产生，因此，剪力墙有时也称为抗震墙。

剪力墙的横截面(即水平面)一般是狭长的矩形。有时将纵横墙相连，则形成工形、Z形、L形、T形等如图3－13所示。剪力墙沿纵向应贯通建筑物全高。剪力墙上常因开门窗、穿越管线而需要开有洞口，这时应尽量使洞口上下对齐、布置规则，洞与洞之间、洞到墙边的距离不能太小。避免在内纵墙与内横墙交叉处的四面墙上集中开洞，形成十字形截面的薄弱环节。

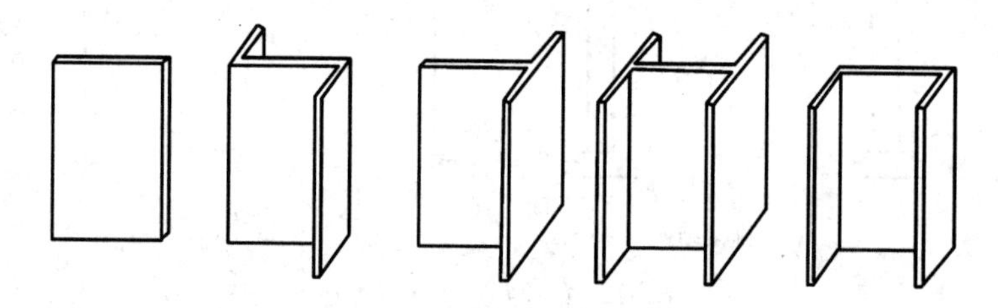

图3－13　剪力墙截面的形式

剪力墙结构的主要特点是：这种结构形式强度高，整体性好，刚度大，抗震性好，其缺点是房间尺寸受钢筋混凝土梁板经济跨度的限制，室内空间小，开窗也受到限制，适用于房间开间和进深尺寸较小、层数较多的中小型民用建筑。从建筑体型看，高层建筑可分为板式与塔式两种，其剪力墙结构的布置如图3－14所示。

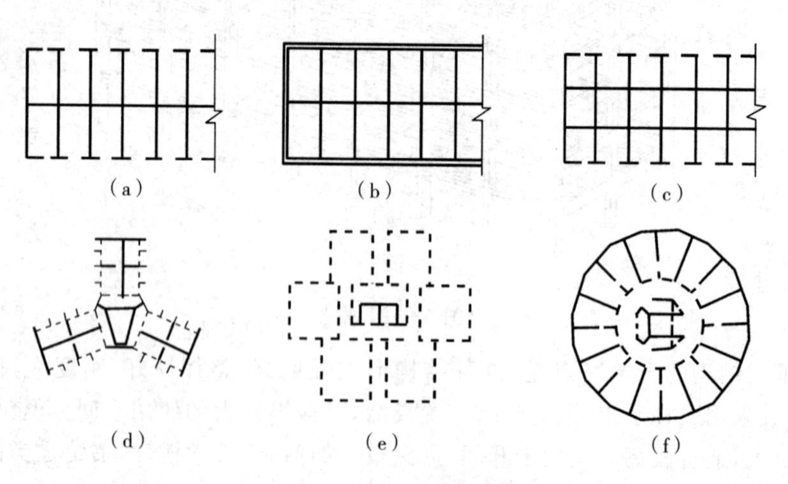

图3－14　剪力墙结构的布置

6. **框剪结构**

在框架 剪力墙结构中，框架与剪力墙协同受力，剪力墙承担绝大部分水平荷载，框架则以承担竖向荷载为主，这样，可以大大减少柱子的截面。框剪结构弥补了剪力墙结构开间过小的缺点，既可使建筑平面灵活布置，又能对常见的30层以下的高层建筑提供足够的抗侧刚度，因而在实际工程中被广泛应用。如一般用于办公楼、旅馆、住宅以及某些工业用房。

框架剪力墙结构布置的关键是剪力墙的数量及位置。从建筑布置角度看，减少剪力墙数量则可使建筑布置灵活。但从结构角度看，剪力墙往往承担了大部分的侧向力，对结构抗侧刚度有明显的影响，因而剪力墙的数量不能过少。

为了保证框架与剪力墙能够共同承受侧向荷载作用，楼盖结构在其平面内的刚度必须得到保证。当在侧向荷载作用下，楼盖结构可看成是一根水平放置的深梁，协调各榀框架和剪力墙之间的变形，要保证框架与剪力墙在侧向荷载作用下变形一致，剪力墙的间距应小于表3-3的限制。

[问一问]

怎样理解框架剪力墙结构？在设计中要注意什么问题？

表3-3 框架剪力墙结构中剪力墙间距的限值

楼面形式	非抗震设计	抗震设防烈度		
		6、7度	8度	9度
现　浇	≤5B ≤60m	≤4B ≤50m	≤3B ≤40m	≤2B ≤30m
装配整体	≤3.5B ≤50m	≤3B ≤40m	≤2.5B ≤30m	—

[注] 表中B为楼面的宽度。

剪力墙应沿房屋的纵横两个方向均有布置，以承受各个方向的地震作用和风荷载，横向剪力墙宜尽量布置在房屋的平面形状变化处、刚度变化处、楼梯间及电梯间，以及荷载较大的地方。同时还应尽量布置在建筑物的端部附近。图3-15表示两种不同的剪力墙布置方案，图3-15(a)的两道集中布置在建筑平面的中部，图3-15(b)的两道剪力墙布置在建筑平面的两端，这两个结构方案具有相同的抗侧刚度，但很显然图3-15(b)布置方式使结构具有较大的抗扭能力。

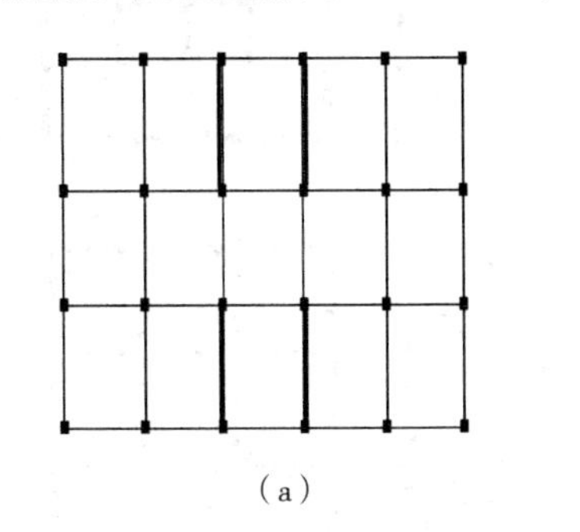

(a)

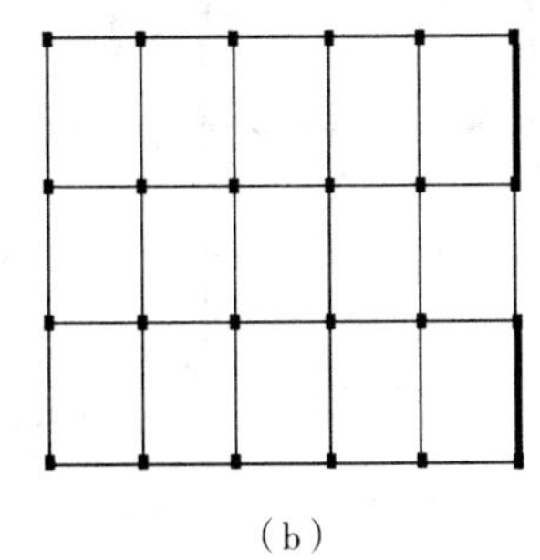

(b)

图3-15 剪力墙布置

7. **筒体结构**

筒体结构是由一个或多个筒体作承重结构的高层建筑体系，适用于层数较多的高层建筑。筒体在侧向风荷载的作用下，其受力类似刚性的箱型截面的悬臂梁，迎风面将受拉，而背风面将受压。

[想一想]

筒式结构可分为哪几种形式?

筒式结构可分为框筒体系、筒中筒体系、框架核心筒结构、多重筒结构、成束筒体系等。

(1)框筒体系

指内芯由剪力墙构成，周边为框架结构。如图 3-16(a)所示。有时为减少楼盖结构的内力和挠度，中间往往要布置一些柱子，以承受楼面竖向荷载，如图 3-16(b)所示。

(2)筒中筒体系

当周边的框架柱布置较密时，可将周边框架视为外筒，而将内芯的剪力墙视为内筒，则构成筒中筒体系。如图 3-16(c)所示。

(3)框架核心筒结构

筒中筒结构外部柱距较密，常常不能满足建筑设计中的要求。有时建筑布置上要求外部柱距在 4～5m 左右或更大，这时，周边柱已不能形成筒的工作状态，而相当于空间框架的作用，这种结构称为框架核心筒结构。如图 3-16(d)所示。

(4)多重筒结构

当建筑物平面尺寸很大或当内筒较小，内外筒之间的间距较大，即楼盖结构的跨度变大，这样势必会增加楼板厚度或楼面大梁的高度，为降低楼盖结构的高度，可在筒中筒结构的内外筒之间增设一圈柱或剪力墙，如果将这些柱或剪力墙连接起来使之亦形成一个筒的作用，则可以认为由三个筒共同工作来抵抗侧向荷载，亦即成为一个三重筒结构，如图 3-16(e)所示。

(5)成束筒体系

成束筒体系是由多个筒体组成的筒体结构。最典型的成束筒体系的建筑应为美国芝加哥的西尔斯塔楼。成束筒体系的结构布置如图 3-16(f)所示。

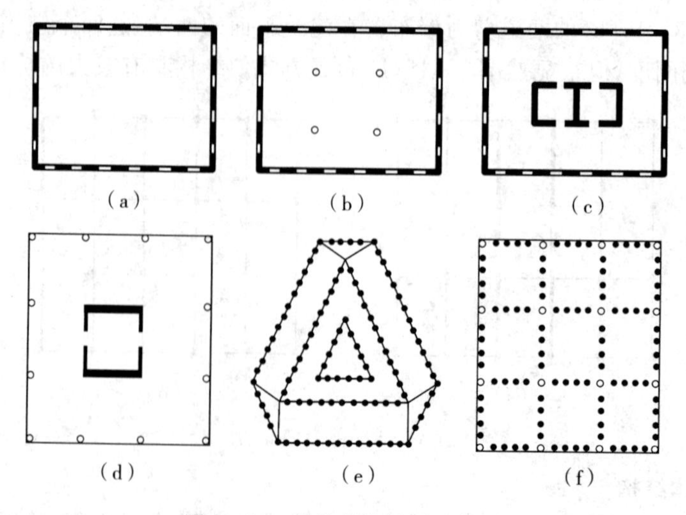

图 3-16　筒体结构的平面布置

8. 空间结构

这类结构用材经济，受力合理，并为解决大跨度的公共建筑提供了有利条件。如薄壳、悬索、网架等。

（二）房屋建筑结构的基本构件

一幢房屋都有它的承重结构体系，承重结构体系破坏，房屋就要倒塌。承重结构体系是由若干个结构构件连接而成的，这些结构构件的形式虽然多种多样，但可以从中概括出以下几种典型的基本构件。

1. 板

板指平面尺寸较大而厚度较小的受弯构件，通常水平放置，但有时也斜向设置（如楼梯板）或竖向设置（如墙板）。板承受施加在楼板的板面上并与板面垂直的荷载（含楼板、地面层、顶棚层的恒载和楼面上人群、家具、设备等活载）。板在建筑工程中一般应用于楼板、屋面板、基础板、墙板等。

板按截面形式主要分为实心板、空心板、槽形板。主要采用的材料为钢筋混凝土、预应力混凝土、木材及钢材等。

板按施工方法不同分为现浇板和预制板。

(1)现浇板

现浇板具有整体性好，适应性强，防水性好等优点。它的缺点是模板耗用量多，施工现场作业量大，施工进度受到限制。适用于楼面荷载较大，平面形状复杂或布置上有特殊要求的建筑物；防渗、防漏或抗震要求较高的建筑物及高层建筑。

① 现浇单向板

两对边支承的板为单向板。此外四边支承的板，当板的长边与短边长度之比大于 2 的板，在荷载作用下板短跨方向弯矩远远大于板长跨方向的弯矩，可以认为板仅在短跨方向有弯矩存在并产生挠度（如图 3－17(a)所示），这种板也称为单向板。单向板的经济跨度为 1.7～2.5m，不宜超过 3m。为保证板的刚度，当简支时，板的厚度与跨度的比值应不小于 1/35；当为两端连续时，板的厚度与跨度的比值应不小于 1/40。一般板厚为 80mm 左右，不宜小于 60mm。

［做一做］

请列表分析单向板和双向板受力形式。

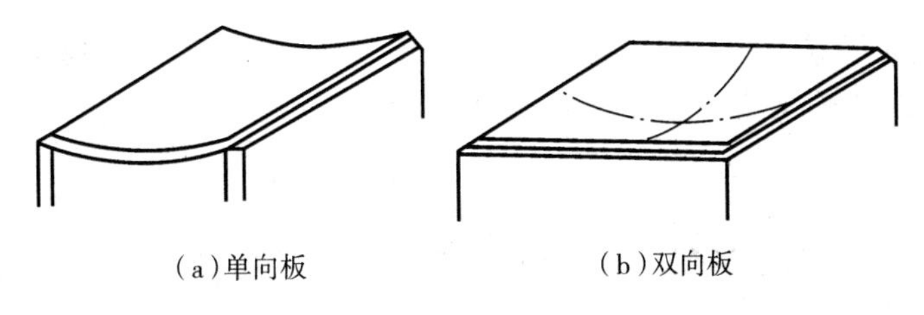

(a)单向板　　(b)双向板

图 3－17　板的形式

② 现浇双向板

在荷载作用下双向弯曲的板称为双向板（如图 3－17(b)所示）。当为四边支承时，板的长边与短边之比小于或等于 2，在荷载作用下板长、短跨方向弯矩均较大，均不可忽略，这种板称为双向板。为保证板的刚度，当为四边简支时，板的厚度与短向跨度的比值应不小于 1/45；当为四边嵌固时，板的厚度与短向跨度的比值不小于 1/50。四边支承的双向板，还有三边支承、圆形周边支承、多点支承等形式。板在墙上的支承长度一般不小于 120mm。

［想一想］

板属于什么构件，主要承受什么荷载？

(2)预制板

在工程中常采用预制板，以加快施工速度。预制板一般采用当地的通用定型构件，由当地预制构件厂供应。它可以是预应力的，也可以是非预应力的。由于其整体性较差，目前在民用建筑中已较少采用，主要用于工业建筑。

预制板按截面形式不同分为：实心板、空心板、槽型板及单 T 板和双 T 板等，如图 3－18 所示。

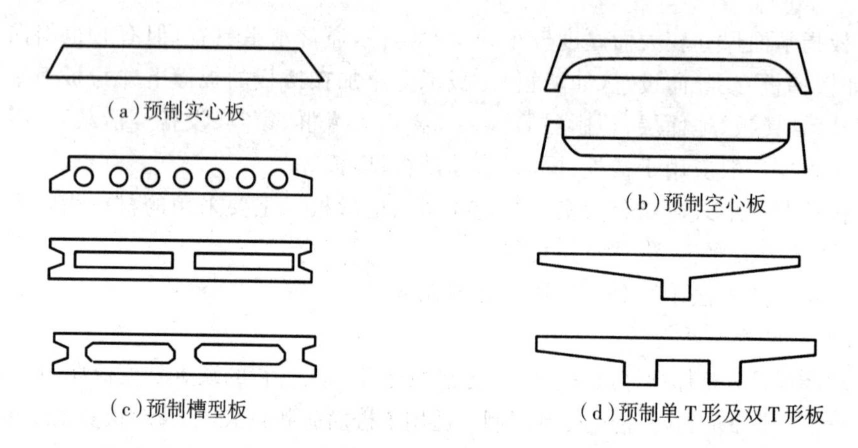

图 3－18　预制板的截面形式

2. 梁

梁是工程结构中的受弯构件，承受板传来的压力以及梁的自重。通常水平放置，但有时也斜向设置以满足使用要求，如楼梯梁。梁的截面高度与跨度之比一般为 1/16～1/8，高跨比大于 1/4 的梁称为深梁；梁的截面高度通常大于截面的宽度，但因工程需要，梁宽大于梁高时，称为扁梁；梁的高度沿轴线变化时，称为变截面梁。梁可以现浇也可以预制。梁常见的分类如下：

(1)按截面形式分类

梁按截面形式可分为矩形梁、T 形梁、倒 T 形梁、L 形梁、Z 形梁、槽形梁、箱形梁、空腹梁、叠合梁等。如图 3－19、图 3－20 所示。

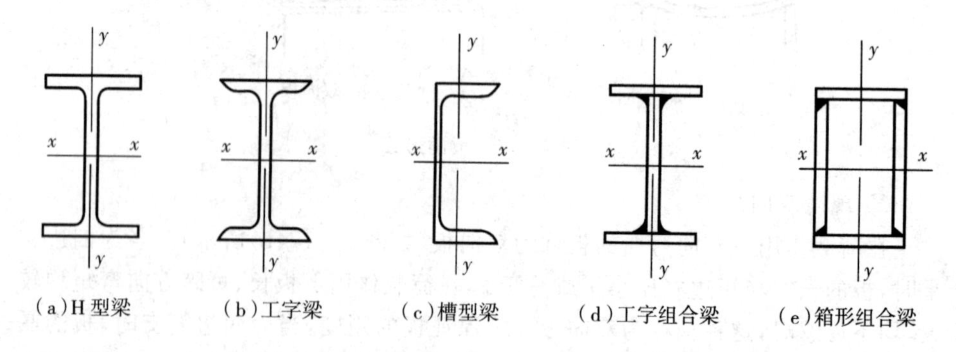

图 3－19　钢梁常用的截面形式

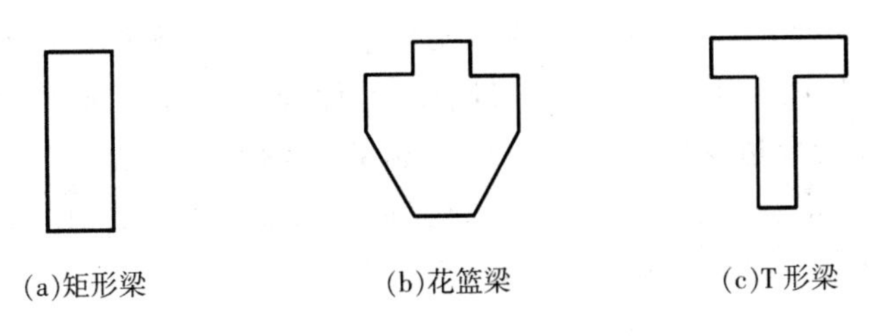

图 3-20　钢筋混凝土梁常用的截面形式

(2)按所用材料分类

梁按所用材料可分为钢梁、钢筋混凝土梁、预应力混凝土梁、木梁以及钢与混凝土组成的组合梁等。

(3)按梁的常见支承方式分类

梁按支承方式分类，可分为静定梁和超静定梁。根据梁跨数的不同，有单跨静定梁、多跨静定梁或多跨连续梁。

单跨静定梁有简支梁和悬臂梁。单跨超静定梁常见的有两端固定梁，和一端固定一端简支梁。对于悬臂端设置支柱或拉索的悬挑结构(见图 3-21(a)、(b))，根据梁的刚度与柱或拉索的刚度之比的不同，可简化为一端固定、一端简支梁(见图 3-21(c))，也可简化为一端固定、一端弹性支承的结构(见图 3-21(d))。

[想一想]

1. 梁属于什么构件，主要承受什么荷载？
2. 如何区分多跨静定梁与多跨连系梁？
3. 结构中主梁与次梁各有哪些受力特点？

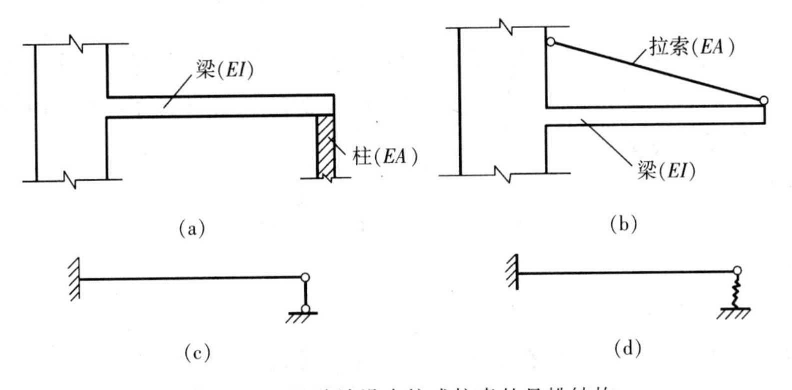

图 3-21　悬臂端设支柱或拉索的悬挑结构

多跨静定梁如图 3-22 所示。它实际上是带外伸段的单跨静定梁的组合。这种梁连接构造简单，而内力比单跨的简支梁小。木檩条常做成这种梁的形式，以节约木材。

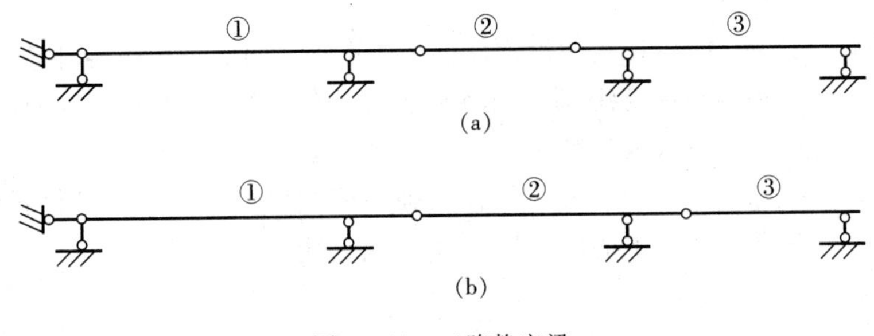

图 3-22　三跨静定梁

多跨连续梁如图 3-23 所示。它是支承在墙、柱上整体连续的多跨梁。这在楼盖和框架结构中最为常见。连续梁刚度大，而跨中内力比同样跨度的简支梁小，但中间支座处及边跨中部的内力相对较大。为此，常在支座处加大截面，做成加腋的形式；而边跨跨度可稍小些，或在边跨外加悬挑部分，以减小边跨中部的内力。连续梁当支座有不均匀下沉时将有附加应力。

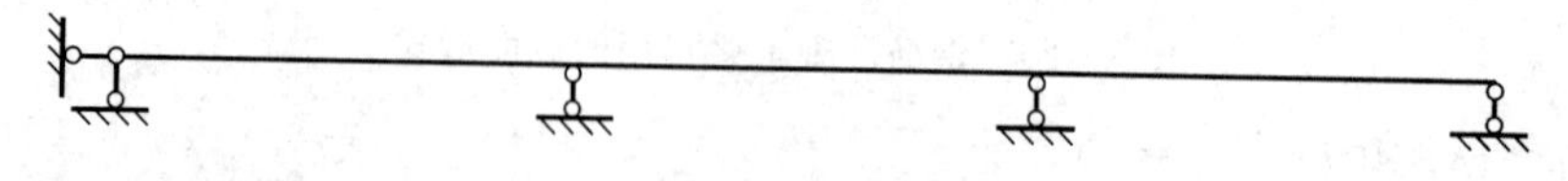

图 3-23　三跨连续梁

(4)按在结构中的位置分

可分主梁、次梁、连梁、圈梁、过梁等

次梁一般直接承受板传来的荷载，再将板传来的荷载传递给主梁。主梁除承受板直接传来的荷载外，还承受次梁传来的荷载。连梁主要用于连接两榀框架，使其成为一个整体。圈梁一般用于砖混结构，将整个建筑围成一体，增强结构的抗震性能。过梁一般用于门窗洞口的上部，用以承受洞口上部结构的荷载。

梁通常为直线形，如需要也可作成折线形或曲线形。曲梁的特点是，内力除弯矩、剪力外，还有扭矩。

3. 柱

工程结构中主要承受压力，有时也同时承受弯矩的竖向杆件，用以支承梁、桁架、楼板等。柱是结构中极为重要的部分，柱的破坏将导致整个结构的损坏与倒坍。柱常见的分类如下：

(1)按截面形式分

可分为方柱、圆柱、管柱、矩形柱、工字形柱、H 形柱、L 形柱、十字形柱、双肢柱、格构柱。

[问一问]

1. 钢结构中实腹柱和格构柱的截面特点是什么？

2. 柱按受力特点可分为几种类型？

(2)钢柱按截面形式分类

钢结构建筑中的钢柱按截面形式可分为实腹式柱和格构式柱。

实腹式柱指柱的截面为一个整体，常用截面有实腹式型钢截面，如圆钢、圆管、角钢、工字钢、槽钢、T 型钢、H 型钢截面(见图 3-24(a))或由型钢或钢板组成的组合截面(见图 3-24(b))；格构式柱指柱由两肢或多肢组成，各肢间用缀条或缀板连接，可分为双肢、三肢、四肢等形式(见图 3-24(c))。

(3)按受力形式分

可分为轴心受压柱(即荷载沿构件轴线作用且力的箭头指向构件截面，如图 3-25(a)所示)和偏心受压柱(荷载作用点偏离构件轴线，如图 3-25(b)所示)。

(4)按柱的破坏形式或长细比分

可分为短柱、长柱及中长柱。短柱在轴心荷载作用下的破坏是材料强度破坏，长柱在同样荷载作用下的破坏是屈曲，丧失稳定。

(5)按所用材料分

可分为石柱、砖柱、砌块柱、木柱、钢柱、钢筋混凝土柱、劲性钢筋混凝土柱

(即由型钢外面包混凝土构成的柱)、钢管混凝土柱和各种组合柱。

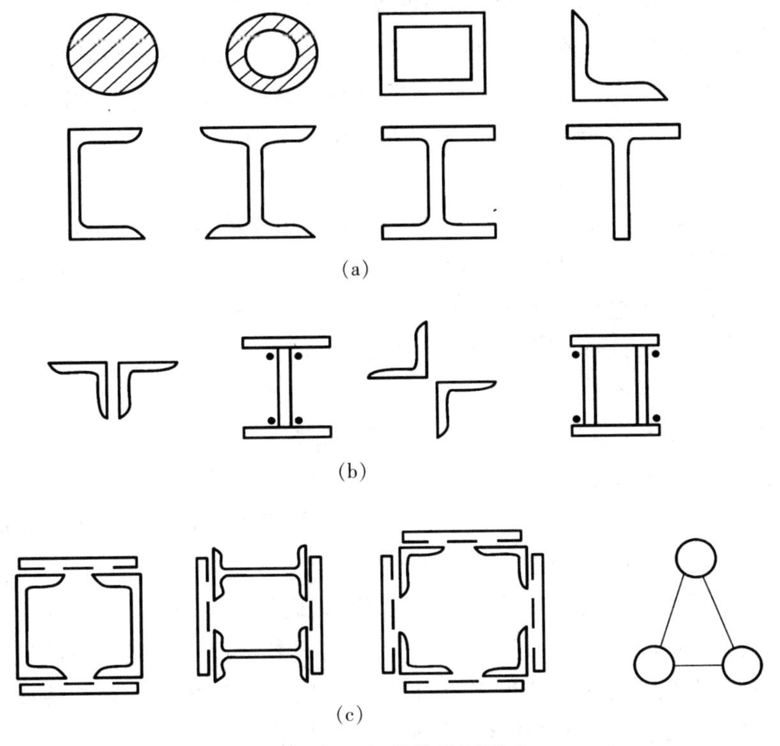

图 3-24　钢柱的截面形式

(图中虚线表示缀板或缀条)

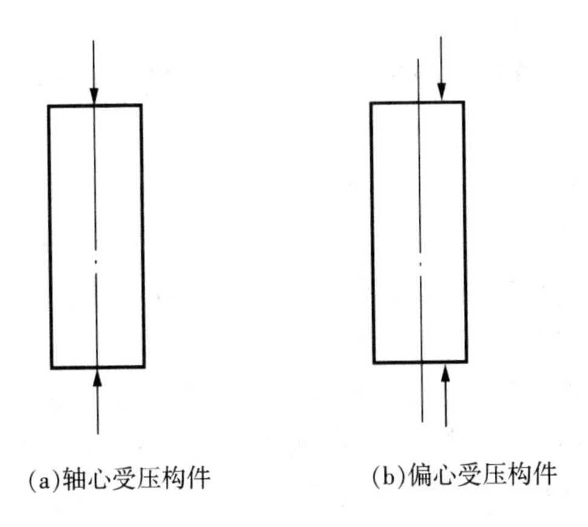

图 3-25　受压构件

4. 墙

墙是建筑物竖直方向起维护、分隔和承重等作用,并具有保温隔热、隔声及防火等功能的主要构件。

墙体按不同的方法可以分成不同的类型。

(1)按其在建筑物中的位置区分

① 外墙:外墙是位于建筑物外围的墙。位于房屋两端的外墙称为山墙;纵向

檐口下的外墙称檐墙。高出平屋面的外墙称女儿墙。

② 内墙:是指位于建筑物内部的墙体。

另外,沿房屋纵向(或者说,位于纵向定位轴线上)的墙,通称纵墙;沿房屋横向(或者说,位于横向定位轴线上)的墙,通称横墙。在一片墙上,窗与窗或门与窗之间的墙称窗间墙,窗洞下边的墙称窗下墙。

[想一想]

建筑结构的竖向承重结构部分主要由哪些结构构件组成?

(2)按其受力状态分

按墙在建筑物中受力情况可分为承重墙、承自重墙和非承重墙。

承重墙是受屋顶、楼板等上部结构传递下来的荷载及其自重的墙体。

承自重墙是只承担自重的墙体。

非承重墙是不承重的墙体,例如幕墙、填充墙等。

(3)按其作用区分

按墙在建筑物中作用可分为维护墙和内隔墙。

维护墙是起分隔室内空间,减少相互干扰作用的墙。

在框架结构建筑中,墙仅起围护和分隔作用,填充在框架内的又称填充墙。

预制装配在框架上的称悬挂墙,又称幕墙。

根据墙体用料的不同,有土墙、石墙、砖墙、砌块墙、混凝土墙及复合材料墙等。其中普通黏土砖墙目前已禁止采用。复合材料墙有工厂化生产的复合板材墙,如由彩色钢板与各种轻质保温材料复合而成的板材,也有在黏土砖或钢筋混凝土墙体的表面现场复合轻质保温材料而成的复合墙。

按墙体施工方法分有现场砌筑的砖、石或砌块墙;有在现场浇注的混凝土或钢筋混凝土墙;有在工厂预制、现场装配的各种板材墙等。

第三节　工业建筑概述

工业建筑是指从事各类工业生产和直接为工业生产需要服务而建造的各类工业房屋和构筑物的总称,包括主要工业生产用房和为生产提供动力和其他附属用房。工业建筑是根据生产工艺流程和机械设备布置的要求而设计的,通常把按生产工艺进行生产的单位称生产车间。一个工厂除了有若干个生产车间外,还有辅助用房,如办公室、锅炉房、仓库、生活用房等建筑物,此外还有附属设施的构筑物,如烟囱、水塔、冷却塔、水池等。工业建筑与民用建筑相比,基建投资多,占地面积大,应符合坚固适用、经济合理和技术先进的设计方针。此外工业建筑尚有如下特点:

(1)厂房的建筑设计是在工艺设计图的基础上进行的。

(2)生产设备的要求决定着厂房的空间尺度设备多,体重大,各部生产联系密切,有多种起重运输设备通行,致使厂房内部具有较大的敞通空间。

(3)当厂房宽度较大时,特别是多跨厂房,为满足室内采光、通风的需要,屋顶上设有天窗;为了屋面防水、排水的需要,还应设置屋面排水系统(天沟及水落管)。

(4)厂房荷载决定着采用大型承重骨架，在单层厂房中多用钢筋砼排架结构承重；在多层厂房中常用钢筋混凝土骨架承重；对于特别高大的厂房，或有重型吊车的厂房，或高温厂房，或地震烈度较高地区的厂房，宜采用钢骨架承重。

(5)生产产品的需要影响着厂房的构造。

一、工业建筑的分类

不同的工业建筑具有不同的生产工艺，生产类别差异很大，随着科学技术的发展和做工的细化，工业建筑的种类也越来越多，在建筑设计中常按以下几种角度分类。

(一)按厂房的用途分类

1. 主要生产厂房

指各类工厂的主要产品从备料、加工到装配等主要工艺流程的厂房，它在工程中占主要地位，是工厂的主要厂房，如机械制造厂中的铸工车间、机械加工车间和装配车间。

2. 辅助生产厂房

指不直接加工产品，只是为生产服务的厂房，如机械制造厂中的机械车间、工具车间。

3. 动力用厂房

指为全厂提供能源的场所，如锅炉房、变电站、煤气发生站、空气压缩站等。

4. 贮藏用建筑

指贮存原材料、半成品、成品的房屋(一般称仓库)，如金属材料库、油料库和成品库等。

5. 运输用建筑

指管理、停放、检修交通运输工具的房屋，如机车库、汽车库、起重机库等。

6. 后勤管理用房屋

指工厂中办公、科研以及生活设施等用房，这类建筑一般类似于同类型的民用建筑，如办公室、实验室、宿舍、食堂等。

7. 其他

如水泵房、污水处理站等。

(二)按车间内部生产状况分类

1. 热加工车间

生产中散发大量余热，有时伴随烟雾、灰尘、有害气体。如铸造、热锻、冶炼、热轧、锅炉房等。

2. 冷加工车间

生产操作是在正常温、湿度下进行，如机械加工车间、机械装配车间等。

3. 恒温恒湿车间

为保证产品质量，车间内部要求稳定的温湿度条件，如精密机械车间、纺织车间等。

4. **洁净车间**

为保证产品质量，防止大气中灰尘及细菌的污染，要求保持车间内部高度洁净，如精密仪表加工及装配车间、集成电路车间等。

5. **其他特种状况的车间**

如有爆炸可能性、有大量腐蚀物、有放射性散发物、防微振、高度隔声、防电磁波干扰车间等。

（三）按厂房的层数分类

1. **单层厂房**

单层厂房（见图 3－26）主要用于冶金，机械等重工业。其优点是厂房内的生产工艺路线和运输路线比较容易组织；缺点是占地多、土地利用率低。单层厂房有单跨、高低跨和多跨三种形式。

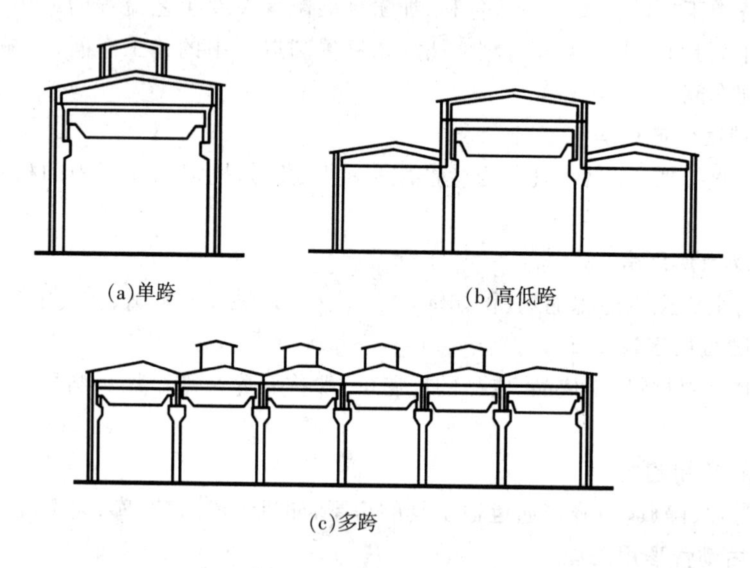

(a)单跨 (b)高低跨

(c)多跨

图 3－26 单层工业厂房

2. **多层厂房**

多层厂房（见图 3－27）适用于轻工业类，如食品、服装、电子、精密仪器等工业，常用的层数为 2～6 层。多层厂房占地面积少、建筑面积大、造型美观，厂房的设备质量轻、体积小。

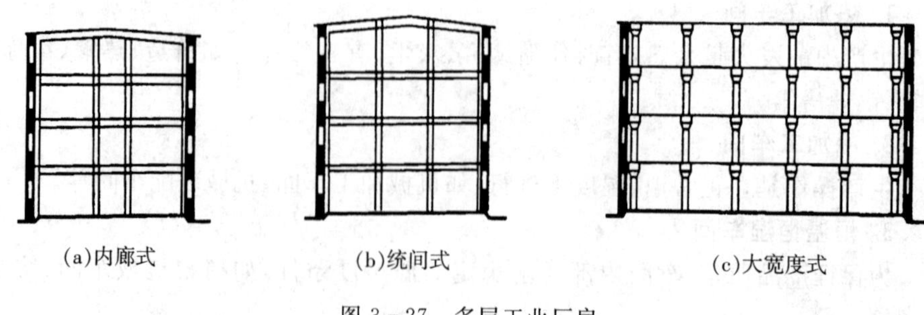

(a)内廊式 (b)统间式 (c)大宽度式

图 3－27 多层工业厂房

3. 混合层次厂房

厂房内既有单层又有多层，常用于化工，热电站。

（四）按厂房的跨度尺寸分类

1. 小跨度厂房

指跨度小于或等于 12m 的单层工业厂房。这类厂房的结构类型以砌体结构为主。

2. 大跨度厂房

指跨度在 15～30m 及 36m 以上的单层工业厂房。其中 15～30m 的厂房以钢筋混凝土结构为主，跨度在 36m 及 36m 以上时，一般以钢结构为主。

［问一问］

工业建筑的特点是什么？其设计要求有哪些？

二、单层工业厂房的结构组成和类型

（一）单层厂房结构组成

单层厂房结构通常由下列结构构件组成并相互连接成整体（见图 3－28）。

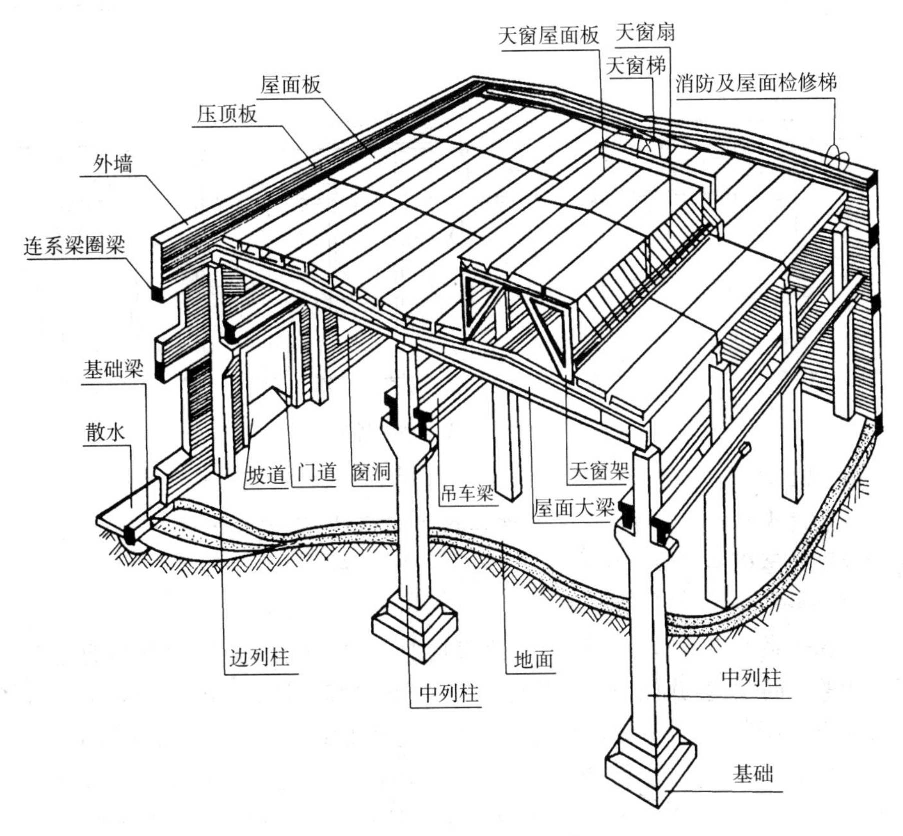

图 3－28　厂房结构组成

1. 屋盖结构

由屋面板（包括天沟板）、屋架或屋面梁（包括屋盖支撑）组成，有时还设有檩条、天窗架和托架等。分为有檩体系和无檩体系两种。

当大型屋面板直接支撑（焊牢）在屋架或屋面梁上时称为无檩屋盖体系；小

型屋面板（或瓦材）直接支撑在檩条上，檩条支撑在屋架上（板与檩条、檩条与屋架均需有牢固的连接），通常称有檩体系。屋面板起覆盖、维护作用；屋架或屋面梁承受屋架结构自重和屋面活荷载（包括雪荷载和其他荷载如积灰荷载、悬吊荷载等），并将这些荷载传至排架柱，故称为屋面承重结构。天窗架是为了设置供通风、采光用的天窗，也是一种屋面承重结构。

2. 横向平面排架

由横梁（屋面梁或屋架）和横向柱列（包括基础）所组成，是厂房的主要承重结构。厂房结构承受的竖向荷载（结构自重、屋面活荷载和吊车竖向荷载等）及横向水平荷载（风荷载、吊车横向水平荷载和横向水平地震作用等）主要是通过横向平面排架传至基础和地基。

3. 纵向平面排架

由纵向柱列（包括基础）、连系梁、吊车梁和柱间支撑等组成，它与横向排架构成骨架，保证厂房的整体性和稳定性。并承受作用在山墙和天窗端壁并通过屋盖结构传来的纵向风荷载、吊车纵向水平荷载和纵向水平地震作用及温度应力等（见图 3－29）。

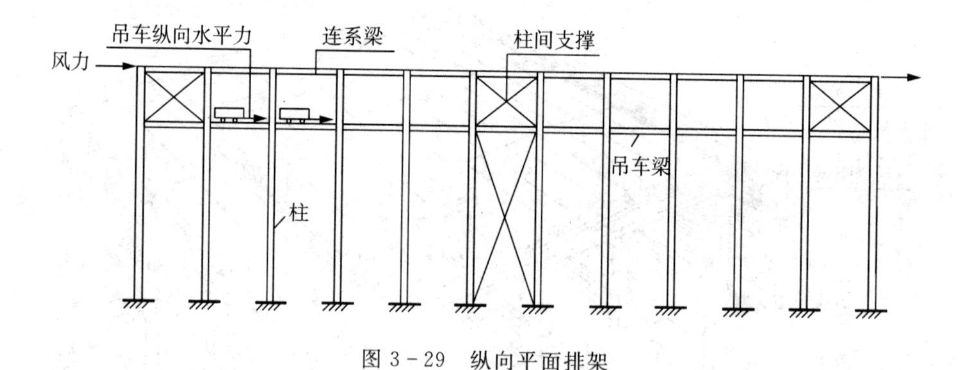

图 3－29　纵向平面排架

4. 吊车梁

一般简支在柱牛腿上，主要承受吊车竖向荷载、横向或纵向水平荷载，并将它们分别传至横向或纵向平面排架。

［想一想］

支撑的作用是什么？

5. 支撑

支撑体系的设置是厂房受力和改善构件工作条件的需要，其作用是加强厂房结构的空间刚度，并保证结构构件在安装和使用阶段的稳定和安全；同时起着把风荷载、吊车水平荷载或水平地震力等传递到主要承重构件上去的作用。

厂房的支撑体系包括屋盖支撑和柱间支撑，其中屋盖支撑又包括屋架上弦横向水平支撑；屋架间的垂直支撑及水平系杆；屋架下弦横向和纵向水平支撑；天窗架支撑等。

6. 基础

承受柱和基础梁传来的荷载并将它们传至地基。

7. 围护结构

单层厂房的外围护结构包括外墙、屋顶、地面、门窗、天窗等。

8. **其他**

如散水、地沟(明沟或暗沟)、坡道、吊车梯、室外消防梯、内部隔墙、作业梯、检修梯等。

单层厂房结构的荷载传递路线见图 3-30。

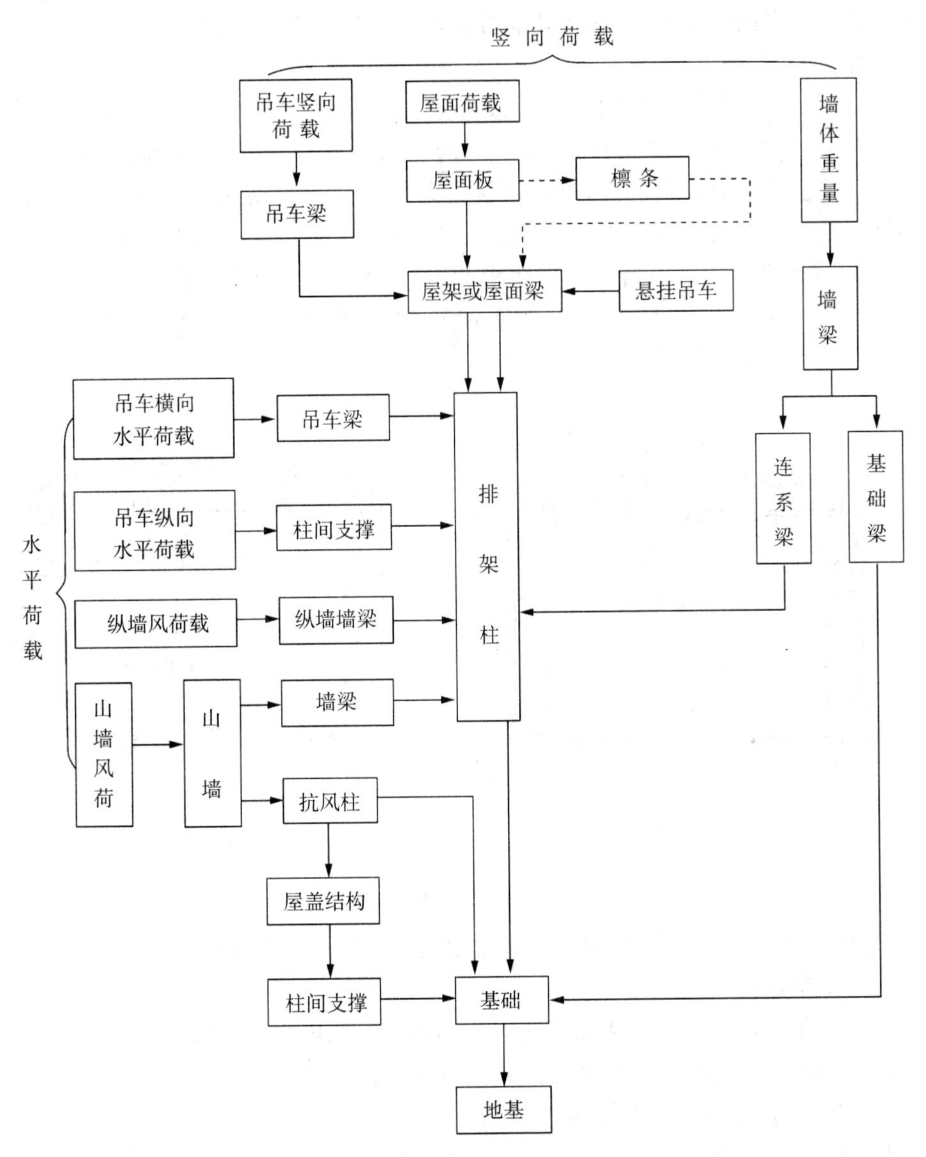

图 3-30 单层厂房荷载传递路线示意

由图 3-30 可知,单层厂房结构所承受的各种荷载,基本上都是传递给排架柱、再由柱传至基础及地基的,因此柱和基础是主要承重构件;在有吊车的厂房中,由于吊车梁对安全生产的重要性以及其材料用量较多,所以吊车梁也是主要承重构件。设计时更应予以重视。

(二)单层厂房结构类型

[做一做]

1. 请列举单层厂房的结构组成。

2. 请画出厂房结构主要荷载的传递路线。

单层厂房的功能组成是由生产性质、生产规模和工艺流程所决定的,一般主要由生产车间、辅助车间、仓库及生活间组成。厂房建筑的主要承重骨架是由支承各种荷载作用的构件所组成,通常称为结构。厂房结构的坚固、耐久除了与所组成构件本身的强度有关外,还要靠各构件可靠地连接在一起,组成一个结构空间来保证。

单层厂房按承重结构的材料大致可分为:混合结构、混凝土结构和钢结构。一般说来,无吊车或吊车吨位不超过 5t、跨度在 15m 以内、柱顶标高在 8m 以下,无特殊工艺要求的小型厂房,可采用混合结构(砖柱、钢筋混凝土屋架和木屋架或轻钢屋架),如图 3-31 所示。当吊车吨位在 250t(中级工作制)以上、跨度大于 36m 的大型厂房或有特殊工艺要求的厂房(如设有 10t 以上锻锤的车间以及高温车间的特殊部位等),一般采用钢屋架、钢筋混凝土柱或全钢结构。其他大部分厂房均可采用混凝土结构。

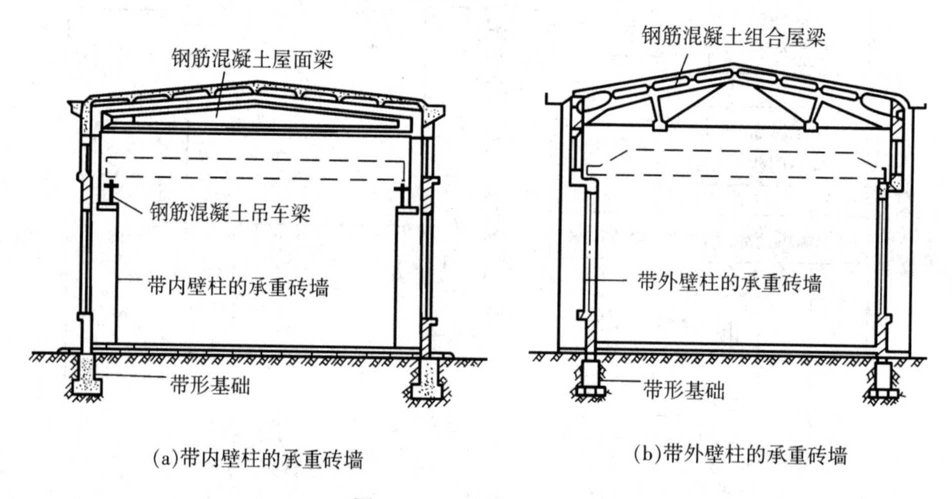

(a)带内壁柱的承重砖墙　　(b)带外壁柱的承重砖墙

图 3-31　墙体承重结构

按结构类型单层厂房目前主要有排架结构和刚架结构两种。

1. 排架结构

排架结构是由屋架(或屋面梁)、柱、基础等构件组成,柱与屋架铰接,而与基础刚接。此类结构能承担较大的荷载,整体刚度好,稳定性强,在冶金和机械工业厂房中应用广泛,其跨度可达 30m 或 30m 以上,高度可至 20～30m,吊车吨位可达 150t 或 150t 以上。

排架结构可由一种或几种材料组成,按其材料不同分为如下几种常见类型:

(1)装配式钢筋混凝土结构

这类排架采用的是钢筋混凝土或预应力混凝土构件(标准构配件),它的适用范围很广,跨度可达 30m 以上,高度可达 20m 以上,吊车起重量可达 150t。同时也适用于有特殊要求(有侵蚀介质和空气湿度较高)的厂房。如图 3-32 所示。

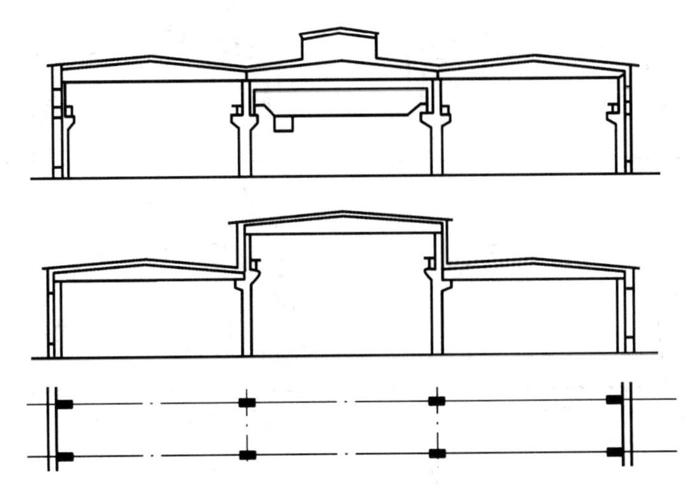

图 3-32　钢筋混凝土骨架承重结构

(2)钢屋架与钢筋混凝土柱组成的结构

它适用于跨度在 30m 以上，吊车起重量可达 150t 以上的厂房，如图 3-33 所示。

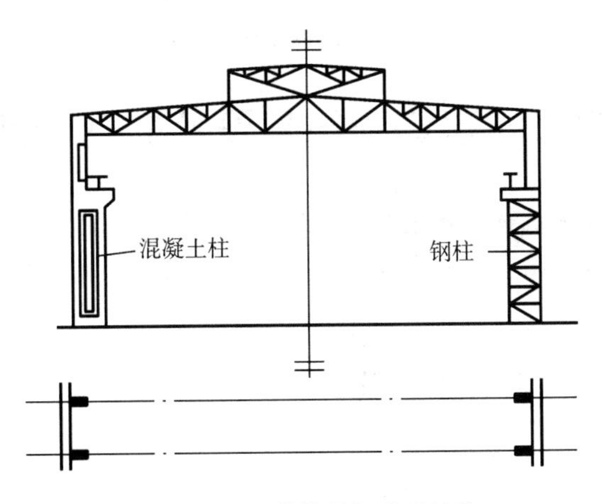

图 3-33　钢结构骨架承重结构

排架结构传力明确，构造简单、施工亦较方便。

2. 刚架结构

(1)装配式钢筋混凝土门式刚架

这种结构是将屋架(屋面梁)与柱子合并成为一个构件。柱子与屋架(屋面梁)连接处为一整体刚性节点，柱子与基础的连接为铰接，如图 3-34 所示。因梁、柱整体结合，故受荷载作用后，在刚架的转折处将产生较大的弯矩，容易开裂；另外，柱顶在横梁推力的作用下，将产生相对位移，使厂房的跨度发生变化，故此类结构的刚度较差，仅适用于屋盖较轻的厂房或吊车吨位不超过 10t，跨度不超过 10m 的轻型厂房或仓库等。

[问一问]

单层工业厂房的结构与民用建筑的建筑结构有什么区别?

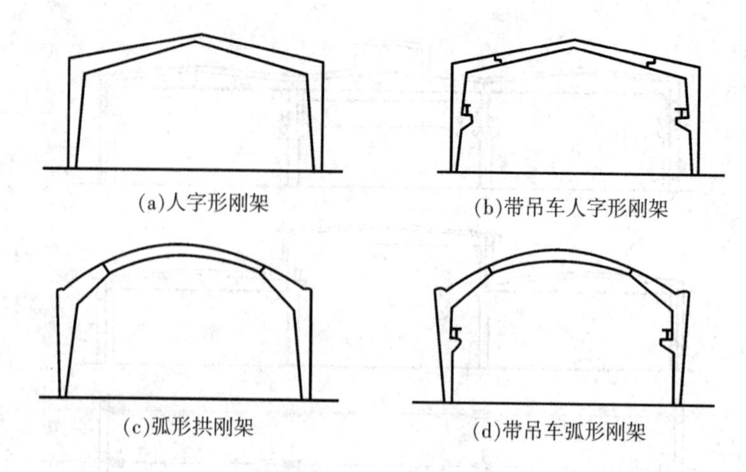

图 3-34　装配式钢筋混凝土门式钢架结构

(2)钢结构刚架

它的主要构件(屋架、柱、吊车梁等)都用钢材制作。屋架与柱做成刚接,以提高厂房的横向刚度。这种结构承载力大、抗震性能好,但耗钢量大,耐火性能差,适用于跨度较大、空间较高、吊车起重量大的重型和有振动荷载的厂房,如炼钢厂、水压机车间等。如图 3-33 右半部分所示。

第四节　建筑物结构设计的几个问题

一幢建筑物或构筑物能建造起来,必须进行设计与结构计算。根据《统一标准》所确定的原则,应用我国现行规范进行结构设计时,采用的是以概率理论为基础的极限状态设计方法。

一、设计基准期与设计使用年限

(一)设计基准期

设计基准期是为确定可变作用及与时间有关的材料性能等取值而选用的时间参数,它不等同于建筑结构的设计使用年限。《统一标准》所考虑的荷载统计参数,都是按设计基准期为 50 年确定的,如设计时需采用其他设计基准期,则必须另行确定在设计基准期内最大荷载的概率分布及相应的统计参数。

(二)设计使用年限

[问一问]

如何界定设计基准期与设计使用年限?

结构的设计使用年限是设计规定的一个时期,在这一规定时期内,结构或结构构件不需进行大修,即可按预期目的使用,完成预定的功能,即房屋建筑在正常设计、正常施工、正常使用和维护下所应达到的使用年限,如达不到这个年限则意味着在设计、施工、使用与维护的某一环节上出现了非正常情况。这里指的“正常维护”包括必要的检测、防护及维修。设计使用年限是房屋建筑的地基基础工程和主体结构工程“合理使用年限”的具体化。根据《统一标准》的规定,结构的设计使用年限应按表 3-4 采用,如建设单位提出更高要求,也可按建设单位的要求确定。

表 3-4　设计使用年限分类

类别	设计使用年限(年)	示　例
1	5	临时性建筑
2	25	易于替换的结构构件
3	50	普通房屋与构筑物
4	100	纪念性建筑和特别重要的建筑结构

二、建筑结构安全等级

建筑物的用途是多种多样的,其重要程度也各不相同。显然设计时应当考虑到这种差别。例如,设计一个大型影剧院和设计一个普通仓库就应有所区别。因为前者一旦发生破坏所引起的生命财产的损失要比后者大得多。因此建筑结构设计时,应根据结构破坏可能产生的后果(如危及人的生命、造成的经济损失、产生的社会影响等)的严重性,采用不同的安全等级。它以结构重要性系数的形式反映在设计表达式中,我国规定的安全等级见表 3-5。

表 3-5　建筑结构的安全等级

安全等级	破坏后果	建筑物类别
一级	很严重	重要的房屋
二级	严　重	一般的房屋
三级	不严重	次要的房屋

表中对安全等级作了原则的规定,设计人员在设计工作中应根据建筑的破坏后果以及工程的具体情况确定所设计的建筑物属于哪个等级。一般说来,大量的一般建筑物列入中间等级,重要的建筑物提高一级,次要的建筑物降低一级。如影剧院、体育馆或高层建筑等人员比较集中且使用频繁的建筑,一旦发生破坏,会引起生命财产的重大损失,产生重大社会影响,宜按一级进行设计。

[想一想]

如何划分建筑结构的安全等级?

同一建筑物内的各种结构构件宜与整个结构采用相同的安全等级,但允许对部分结构构件根据其重要程度和综合经济效果进行适当调整。如提高某一结构构件的安全等级所需额外费用很少,又能减轻整个结构的破坏,从而大大减少人员伤亡和财物损失,则可将该结构构件的安全等级比整个结构的安全等级提高一级;相反,如某一结构构件的破坏并不影响整个结构或其他结构构件,则可将其安全等级降低一级。

三、结构功能要求和设计目的

任何建筑结构都是为了完成所要求的某些功能设计的。从结构的观点来考虑,建筑结构应满足的功能要求可以归纳如下:

1. **安全性的要求**

即结构应能承受在施工和使用均属正常的情况下可能出现的各种荷载和变形,在偶然事件发生时及发生后,结构仍能保持必需的整体稳定,不致发生倒塌。

[想一想]

结构设计的基本目标是什么?

2. **适用性要求**

即结构在正常使用期间具有良好的工作性能。例如,不发生过大的变形或振幅,以免影响使用;也不发生足以使用户不安的过宽的裂缝。

3. **耐久性的要求**

即结构在正常维护下具有足够的耐久性能。例如,混凝土不发生严重的风化、脱落;钢筋不发生严重锈蚀,以免影响结构的使用寿命。

任何结构,随着使用时间的增加,总会渐渐损坏,或逐渐变得不适用。因此,这里所谓的满足预定的结构功能的要求,是指在一定的时期内而言的。我国目前规定的是50年,称为设计基准期。这一时期的长短与经济发展的程度有关。经济越发达,建筑物更新越快,设计基准期就应越短。应当说明,设计基准期并不等同于建筑结构的寿命。超过了设计基准期,建筑物并非一定损坏而不能使用,只是其完成预定功能的能力越来越差了。

良好的设计结构,应能满足用户提出的各项要求,结构应安全可靠,有完成预定功能的能力,成本和维修费用低,施工迅速,投资回收快,经济效益高。结构的安全适用,和造价低廉,二者之间常是有矛盾的。如何设计出既经济又实用的结构是设计工作者的职责。

为了使设计工作者有章可循,使不同设计部门所设计的相同类型的结构水准不至相差太大,国家建设部门统一制定了各种规范、规程或标准。其中有,1984年颁布的《建筑结构设计统一标准》(GBJ68－84)作为制定建筑结构各项规范的准则,以使建筑结构的设计得以符合技术先进、经济合理、安全适用、保证质量的要求;此外包括《建筑结构荷载规范》(GB50009－2001),《混凝土结构设计规范》(GB50010－2002),等等。进行建筑结构设计时必须遵守这些标准和规范所做的各项规定。

四、结构的极限状态

(一)极限状态的概念

要进行结构设计,应先明确结构丧失其完成预定功能的能力标志是什么,并以此标志作为结构设计的一个准则。为此,先阐明极限状态的概念。

结构从开始承受荷载直至破坏要经历不同的阶段,处于不同的状态。结构所处的阶段或状态,从不同的角度出发,可以有不同的划分方法。若从安全可靠的角度出发,可以区分为有效状态和失效状态两类。所谓有效,是指结构能有效地、安全可靠地工作,得以完成预定的各项功能;反之,结构失去预定功能的能力,不能有效地工作,处于失效状态。这里所谓的失效,不仅包括因强度不足而丧失承受荷载的能力,或是结构发生倾覆、滑移、丧失稳定等情况,而且包括了结构的变形过大、裂缝过宽而不适于继续使用。这些情况均属于失效状态。

有效状态和失效状态的分界，称为极限状态。极限状态实质上是一种界线，是从有效状态转为失效状态的分界。超过这一状态，结构就不能再有效地工作。极限状态是结构开始失效的标志，结构的设计工作就是以这一状态为准则进行的，使结构在工作时不致超过这一状态。《建筑结构设计统一标准》对于极限状态作了明确的定义，其定义为“整个结构或结构的一部分超过某一特定状态就不能满足设计规定的某一功能要求，此特定状态就成为该功能的极限状态”。

（二）极限状态的分类

根据结构的功能要求的不同，极限状态可分为两类。

1. 承载能力极限状态

承载力极限状态是结构或构件达到了最大的承载能力（或极限强度）时的极限状态，超过了这一极限状态后，结构或构件就不能满足预定的安全性的要求。如混凝土柱被压坏，梁发生断裂等。每一结构或构件均需按承载能力极限状态进行设计和计算，必要时还应作倾覆和滑移验算。

［想一想］
结构的两种极限状态是什么？

2. 正常使用极限状态

正常使用极限状态是结构或构件达到了不能正常使用的极限状态，超过了这一极限状态后，结构或构件就不能完成对其所提出的适用性或耐久性的要求。如梁发生了过大的变形，或裂缝太大，或在不能出现裂缝的构筑物中如水池产生裂缝等。构件在按承载能力极限状态进行设计后，还需按正常使用极限状态进行验算，以确定构件在满足承载力要求的同时，是否也能满足正常使用时的一些限值规定。

五、荷载与作用、承载力、可靠度与可靠性

（一）荷载与作用

结构设计中的一项重要工作就是确定在结构上的荷载的类型和大小。荷载的类型和大小直接影响到设计的结果。

在结构上各种集中力或分布力的集合，或者引起结构外加变形（由于基础不均匀沉陷、地震等原因，使结构被强制地产生的变形）或约束变形（由于混凝土收缩、钢材焊接、大气温度变化等原因使结构材料发生膨胀或收缩等变化，受到结构的支座或节点的约束而使结构间接地产生的变形）的原因，均称结构上的作用。前者为直接作用，后者为间接作用。作用使结构产生压力、拉力、剪力、弯矩、扭矩等和线位移、角位移、裂缝等的结构效应。

长期以来工程界习惯上将施加在工程结构上使工程结构或构件产生效应的各种直接作用称为荷载，例如恒载、楼面活荷载、车辆荷载、雪荷载、风荷载、吊车荷载、屋面积灰荷载、波浪荷载等。

下面简单介绍荷载的分类和荷载的标准值。

1. 荷载的分类

结构上的荷载，按其随时间的变异性和出现的可能性，分为永久荷载、可变荷载及偶然荷载。

[想一想]

教室楼面荷载中,哪些是永久荷载?哪些是可变荷载?

(1)永久荷载

也称恒载,是施加在工程结构上不变的(或其变化与平均值相比可以忽略不计的)荷载。如结构自重、外加永久性的承重、非承重结构构件和建筑装饰构件的重量、土压力等。因为恒载在整个使用期内总是持续地施加在结构上,所以设计结构时,必须考虑它的长期效应。结构自重,一般根据结构的几何尺寸和材料容重的标准值(也称名义值)确定。

(2)可变荷载

也称活荷载,是施加在结构上的由人群、物料和交通工具引起的使用或占用荷载和自然产生的自然荷载。在结构使用期间,其值随时间而变化,且其变化值与平均值相比不可忽略的荷载。如工业建筑楼面活荷载、民用建筑楼面活荷载、屋面活荷载、屋面积灰荷载、车辆荷载、吊车荷载、风荷载、雪荷载、裹冰荷载、波浪荷载等。

① 工业建筑楼面活荷载

工业建筑楼面在生产使用和维修安装期间,由设备、运输工具、原材料、成品等物重以及操作人员的重量所产生的荷载。工业设备等重物通常为局部荷载或集中荷载,应按实际资料确定。但为了便于设计,一般可采用对结构构件引起相同效应的等效均布活荷载来代替。

② 民用建筑楼面活荷载

民用建筑在使用期间,由人群、物件、家具、设备等产生的荷载。对于常见的住宅、办公室、旅馆、医院、学校、礼堂、影剧院、体育馆、展览馆、商店、车站大厅、候车室、书库、浴室、阳台等民用建筑的楼面均布活荷载值由国家荷载规范规定。

③ 屋面活荷载

屋面在施工、使用和维修过程中,由人群、工具和适当的堆料所产生的荷载。对于多雨地区,屋面活荷载也包括可能的屋面积水所引起的积水荷载。

④ 屋面积灰荷载

对于在生产中有大量排灰的厂房,为考虑屋盖结构的安全而规定的屋面荷载。如铸造车间、炼钢车间、烧结车间、高炉、水泥厂等以及其邻近的建筑,均应考虑屋面积灰荷载。该荷载的标准值可按灰源性质、建筑物与灰源的距离、屋面形状和清灰制度等条件来规定。

⑤ 车辆荷载

运载人群和货物的车辆施加在房屋楼面、码头和桥梁上的活荷载。在多层工业厂房、仓库和汽车库的楼面上有时要求承受汽车、铲车等荷载。公路桥梁要求承受汽车、平板挂车、履带车和压路机等荷载。铁路桥梁要求承受列车的荷载。由于车辆的型号和等级不同,施加在结构上的荷载也不相同,设计时要考虑最有代表性和控制性的车辆荷载。如公路桥梁选用的是经常地、大量地出现的汽车排列成队,作为计算荷载;将出现机率较少的履带车和平板挂车作为验算荷载。汽车和列车行驶在桥面上,使桥梁受到冲击力,设计时车辆荷载应乘以动力系数。此外,还要考虑车辆制动时的制动力、车辆在曲线上行驶的离心力、列车行驶时的横向摇摆力以及由车辆荷载引起的土的附加侧压力(见桥梁荷载)。

⑥ 吊车荷载

吊车作业时对结构引起的竖向力和水平力。工业厂房为了在生产中吊运材料和成品,在安装检修时吊运设备,常设置各种吊车,如桥式吊车、悬挂吊车、悬臂吊车等。吊车竖向力为吊车的最大竖向轮压,对桥式吊车而言,可由大车桥架重、小车自重、司机操作室重量和额定最大吊重确定。一般可按吊车产品目录的规定取用。吊车水平力为吊车车轮制动时通过轨道传递的刹车力,对桥式吊车而言,大车制动时产生纵向水平力;小车制动时产生横向水平力。吊车由于轨道不直、不平行、吊车桥架刚度不够以及吊车轮安装位置不正、不平行等原因,使吊车沿纵向行驶时呈蛇形运动,造成大车车轮对轨道的挤压力,称为卡轨力。吊车由于轨道接头高差、工件翻身等所产生的竖向冲击作用,一般可按吊车类别、结构构件类型和部位,以及吊车重量等因素采用不同的动力系数考虑。

[问一问]

风荷载和雪荷载是如何确定的?

⑦ 风荷载

也称风的动压力,是空气流动对工程结构所产生的作用,包括稳定风和脉动风两种作用,在工程结构上称为空气静力作用和空气动力作用。在多大风地区和设计高耸结构或大跨度桥梁时,需特别注意。

⑧ 雪荷载

施加在建筑屋面或其他结构外露面上的积雪重量。雪荷载值 S 由地面积雪重量即基本雪压 S_O 乘以屋面积雪分布系数 μ_r 确定(S_O——基本雪压,可从荷载规范中查得;μ_r——屋面积雪分布系数,与屋面形式有关)。

⑨ 裹冰荷载

包围在塔架杆件、缆索、电线表面上的结冰重量。在冬季或早春季节,处于特定气候条件下,在一些地区由冻雨、冻毛雨、气温低于0℃的雾、云或融雪冻结形成,其值可根据裹冰厚度和裹冰容重确定。

裹冰荷载对于如输电塔架、线路等结构往往是一种重要荷载。由于裹冰增大了杆件、缆索的截面,或封闭了某些格构的空隙,不但使结构或构件的重量增大,而且由于结构挡风面积增大,显著地加大了风荷载,使结构受力更为不利。

⑩ 波浪荷载

也称波浪力,是波浪对港口码头和海洋平台等结构所产生的作用。目前按绕射理论进行分析。波浪对结构物的作用由四部分组成:水流黏滞性所引起的摩阻力(与水质点速度平方成正比);不恒定水流的惯性或结构物在水流中作变速运动所产生的附加质量力(与波浪中水质点加速度成正比);结构物的存在对入射波浪流动场的辐射作用所产生的压力和结构物运动对入射波浪流动场的辐射作用所引起的压力。包括上述全部作用影响的波浪力理论称为绕射理论。在目前实际工作中,常用只考虑了结构受到波浪摩阻力和质量力影响的半经验半理论的莫里森方程分析波浪力。

(3)偶然荷载

此类荷载在结构使用期间不一定出现,但一旦出现,其值很大且持续时间较短，如爆炸力、地震力等即是。

2. 荷载标准值

[想一想]

什么是结构上的作用？什么是结构上的荷载？作用与荷载的联系与区别？

荷载标准值是结构设计时采用的荷载基本代表值，也就是在荷载规范中所列的各项标准荷载。标准荷载在概念上一般是指结构或构件在正常使用条件下可能出现的最大荷载值，因此它应高于经常出现的荷载值。用统计的观点，荷载的标准值是在所规定的设计基准期内，其超越概率小于某一规定值的荷载值，也称特征值，是工程设计可以接受的最大值。在某些情况下，一个荷载可以有上限和下限两个标准值。当荷载减小对结构产生更危险的效应时，应取用较不利的下限值作为标准值；反之，当荷载增加使结构产生更危险的效应时，则取上限值作为标准值。又如各种活荷载，当有足够的观测资料时，则应按上述标准值的定义统计确定；当无足够的观测资料时，荷载的标准值可结合设计经验，根据上述的概念协议确定。

（二）结构构件的承载力

结构设计中另一个要解决的问题是确定构件的承载力，亦即其能承受外加荷载的能力。影响承载力大小的主要因素是构件尺寸和材料强度。结构的尺寸的偏差以及计算模式的精确性亦对承载力有影响。

现在谈谈材料的强度问题。钢筋混凝土结构所采用的建筑材料主要是钢筋和混凝土。钢筋和混凝土强度的大小，亦具有不定性，或称变异性。即使是同一种钢材或同一配合比的混凝土，当取不同试样进行试验时，所得试验结果也不会完全相同，总会有一定的分散性。因此，钢筋和混凝土的强度均应看作是随机变量，需要数理统计的方法来确定具有一定保证率的材料强度值。

（三）结构的可靠度与可靠性

[问一问]

1. 什么是结构的可靠度？

2. 结构设计中为什么要采用概率极限状态设计法？

当荷载的大小和构件的承载力都确定之后，剩下的问题是如何使所设计的结构构件能满足预定的功能要求。结构设计的目的是用最经济的方法设计出足够安全可靠的结构。提到安全，人们往往以为只要把结构构件的承载力降低某一倍数，即除以大于1的某个安全系数，使结构具有一定得安全储备，足以承担所承受的荷载，结构便安全了。实际上，这种概念并不正确。因为这样的安全系数并不能真正反映结构是否安全，而超过了上述限值，结构也不一定就不安全。此外，安全系数的确定带有主观的成分在内，定得过低，难免不安全；定得过高，又将偏于保守，造成不必要的浪费。

实际上，所谓安全可靠，其概念是属于概率的范畴的。例如，当人们跨越车辆较少的街道时，并不感到紧张，具有安全感。但当跨越交通拥挤，事故多发的街道时，就会感到不安全，原因是发生交通事故的可能性（亦即概率）增加了。可见交通安全与否取决于发生事故的概率的大小。

建筑结构的安全可靠性，情况与此相同。结构的安全可靠与否，应当用结构完成其预定功能的可能性（概率）的大小来衡量，而不是用一个绝对的、不变的标准来衡量。没有绝对安全可靠的结构。当结构完成其预定功能的概率达到一定的程度，或不能完成其预定功能的概率（亦称失效概率）小到某一公认的、大家可以接受的程度，就认为该结构是安全可靠的，其可靠性满足要求。

这样一来结构可靠性可定义为：结构在规定的时间内、在规定的条件下、完成预定功能的能力。而为了定量描述结构的可靠性，需引入可靠度的概念。《建筑结构设计统一标准》(GBJ68－84)给出结构可靠度的定义为：结构在规定的时间内、在规定的条件下、完成预定功能的概率。因此，结构的可靠性是用结构完成预定功能的概率的大小来定量描述的。可靠度是可靠性的概率的度量。上述定义中所谓的规定时间，即指上文提到过的设计基准期(50年)，所有的统计分析均应该以该时间区间为准；所谓的规定条件，是指设计、施工、使用、维护均属正常的情况，不包括非正常的情况，例如人为的错误等。

六、规范对结构设计的规定

《建筑结构可靠度设计标准》(GB50068－2001)规定："结构在规定的设计使用年限内应具有足够的可靠度。结构的可靠度可采用以概率论为基础的极限状态设计方法分析确定"。结构在规定的设计使用年限内必须满足以下功能要求：

1. 在正常施工和正常使用时，能承受可能出现的各种作用；
2. 在正常使用时具有良好的工作性能；
3. 在正常维护下具有足够的耐久性能；
4. 在设计规定的偶然事件发生时及发生后，仍然能保持必须的整体稳定性。

在这四项预定功能中，第1和4是安全性；第2是适用性；第3是耐久性。"安全、使用、耐久"三者缺一不可，但安全第一。

结构的失效，意味着结构或属于它的构件不能满足上述某一预定功能要求。结构的失效有下列几种现象：

[想一想]

结构失效的意义？如何界定？

(1)破坏

指结构或构件截面抵抗作用力的能力不足以承受作用效应的现象。如拉断、压碎、弯折等。

(2)失稳

指结构或构件因长细比(如构件长度和截面边长之比)过大而在不大的作用力下突然发生作用力平面外的极大变形的现象，如柱子的压屈、梁在平面外的扭曲等。

(3)发生影响正常作用的变形

指楼板、梁的过大挠度或过宽裂缝；柱、墙的过大侧移；结构有过大的倾斜或过大的沉陷；人在室内有摇晃的感觉等。

(4)倾覆或滑移

指整个结构或结构的一部分作为刚体失去平衡而倾倒或滑移的现象。

(5)结构所用材料丧失耐久性

指钢材生锈、混凝土受腐蚀、砖遭冻融、木材被虫蛀蚀等化学、物理、生物现象。

七、建筑抗震设防

[想一想]

何为抗震设防？抗震设防为何要对建筑分类？

（一）建筑物重要性分类

建筑根据其使用功能的重要性，从安全与经济两个方面综合考虑，根据建筑物在地震发生后在政治、经济和社会影响大小分为甲类、乙类、丙类、丁类四个抗震设防类别。甲类建筑应属于重大建筑工程和地震时可能发生严重次生灾害的建筑，乙类建筑应属于地震时使用功能不能中断或需尽快恢复的建筑，丙类建筑应属于除甲、乙、丁类以外的一般建筑，丁类建筑应属于抗震次要建筑。

各抗震设防类别建筑的抗震设防标准，应符合下列要求：

1. 甲类建筑

甲类建筑属于重大建筑工程和地震时可能发生严重次生灾害的建筑。地震作用应高于本地区抗震设防烈度的要求，其值应按国家规定的批准权限批准的地震安全性评价结果确定；抗震措施，当抗震设防烈度为 6～8 度时，应符合本地区抗震设防烈度提高一度的要求，当为 9 度时，应符合比 9 度抗震设防更高的要求。

2. 乙类建筑

国家重点抗震城市的生命线工程的建筑或其他重要建筑。这类建筑主要是使用功能不能中断或需要尽快恢复、及地震破坏会造成社会重大影响和国民经济重大损失的建筑。包括：医疗、广播、通信、交通、供水、供电、供气、消防、粮食等等。这类建筑地震作用按本地区抗震设防烈度计算；抗震措施，当设防烈度为 6～8 度时，应提高一度设计；当为 9 度时应采取比 9 度设防时更高的抗震措施。

对较小的乙类建筑，当其结构改用抗震性能较好的结构类型时，应允许仍按本地区抗震设防烈度的要求采取抗震措施。

3. 丙类建筑

甲、乙、丁类以外的建筑，为大量的一般工业与民用建筑，抗震设计和抗震措施均按当地的设防烈度考虑。

4. 丁类建筑

次要建筑，一般指地震破坏或倒塌不易造成人员伤亡和较大经济损失的建筑。如储存价值低的物品或人员活动少的单层仓库建筑。抗震计算按当地的设防烈度，抗震措施则降低一度考虑，但 6 度时不应降低。

[问一问]

抗震设防的三个环节是什么？其总目标是什么？

（二）抗震设防目标

抗震设防简单地说，就是在工程建设时设立防御地震灾害的措施。抗震设防通常通过三个环节来达到：确定抗震设防要求，即确定建筑物必须达到的抗御地震灾害的能力；抗震设计，采取基础、结构等抗震措施，达到抗震设防要求；抗震施工，严格按照抗震设计施工，保证建筑质量。上述三个环节是相辅相成密不可分的，都必须认真进行。

抗震设计要达到的目标是在不同频数和强度的地震时，要求建筑具有不同的抵抗能力，对一般较小的地震，发生的可能性大，故又称多遇地震，这时要求结构不受损坏，在技术上和经济上都可以做到；而对于罕遇的强烈地震，由于发生的可能性小，但地震作用大，在此强震作用下要保证结构完全不损坏，技术难度大，经济投入也大，是不合算的，这时若允许有所损坏，但不倒塌，则将是经济合理的。我国抗震规范根据这些原则提出了“三个水准”的抗震设防目标。

第一水准：当遭受低于本地区设防烈度的多遇地震影响时，一般不受损坏或不需修理仍可继续使用；

第二水准：当遭受本地区设防烈度的地震影响时，可能损坏，经一般修理或不需修理仍可继续使用；

第三水准：当遭受到高于本地区设防烈度的罕遇地震（大震）时，建筑不致倒塌或危及生命财产的严重破坏。

通常将其概括为：“小震不坏，中震可修，大震不倒”。

在抗震设计时，为满足上述三水准的目标采用两个阶段设计法。

第一阶段设计：按小震作用效应和其他荷载效应的基本组合验算结构构件的承载能力，以及在小震作用下验算结构的弹性变形，满足第一水准设防目标，又满足第二水准的设防要求（损坏可修）。对大多数的结构，可只进行第一阶段设计，而通过概念设计和抗震构造措施来满足第三水准的设计要求。

第二阶段设计是弹塑性变形验算，对特殊要求的建筑和地震时易倒塌的结构，除进行第一阶段设计外，还要按大震作用时进行薄弱部位的弹塑性层间变形验算和采取相应的构造措施，实现第三水准的设防要求。

八、建筑结构设计步骤

建筑工程施工图的设计包括建筑设计，结构设计和设备设计。其中建筑工程的结构设计步骤一般可分为：建筑结构选型和结构布置、建立结构的力学计算模型、结构荷载计算、构件内力分析，并确定各构件在最不利组合下产生的最大内力、构件的截面设计和结构施工图纸绘制六个阶段。

1. 建筑结构选型

对建筑工程进行结构设计前，必须先清楚需选用的结构类型。结构类型如本章前几节所述，可依据建筑的要求选用合理的结构类型。因此需要结构设计人员了解各种结构体系的形式、适用范围、结构传力体系等。

以下以框架结构为例，简述建筑结构的基本设计步骤。

2. 结构模型的建立

一般的建筑若完全按其实际结构来计算，那工作量将是惊人的，为简化计算，常需将结构进行简化，以形成利于计算的模型。这个过程即为结构模型的建立过程。

(1)整体结构的简化

框架结构可视为由若干榀框架通过一定得联系形成的空间结构，但为简化计算，可取出其中的一榀框架，将其简化为平面框架进行计算。

(2)构件的简化

框架结构中基本构件是梁和柱，梁和柱的截面尺寸相对于整个框架来说较小，因此可以将其简化为杆件，在计算简图中可以用其轴线代替。

(3)节点的简化

因为框架结构中，梁柱一般为整体现浇，故梁和柱的连接部位(称之为节点)可简化为刚性连接。

(4)支座的简化

框架结构中柱支承在基础上，柱与基础连接部位称为支座，根据柱与基础之间的构造处理，一般可简化为刚性连接或铰接。经过如上简化后，看似复杂的框架结构建筑即成为用结构力学完全可以对其进行受力计算分析的简单模型。如图3-35所示为某框架结构简化后的计算简图。

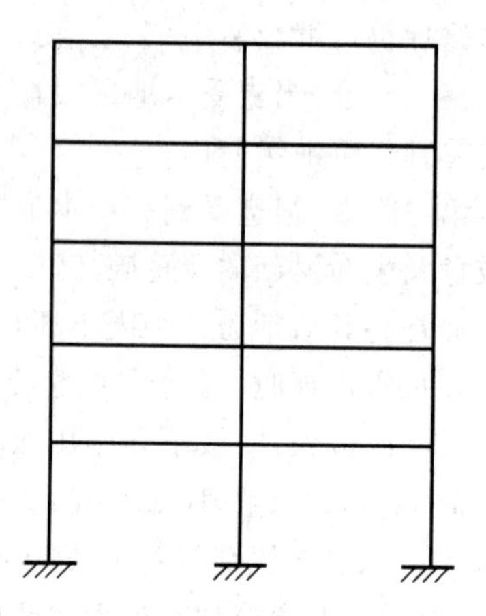

图3-35　框架结构简化后的平面计算模型

3. 结构荷载计算

结构模型建立完成以后，即可计算该模型上的受力。而受力计算前必须清楚该结构所受的荷载的种类、大小和传力路线。

(1)荷载种类

建筑上的结构荷载如前所述主要有恒载、活载、积灰荷载、雪荷载、风荷载、地震荷载等。恒载主要指结构的自重，其大小不随时间变化。活载包括楼面活荷载、屋面活荷载，主要考虑人员荷载、家具及其他可移动物品的荷载，其大小一般视建筑物用途，根据《建筑结构荷载规范》(GB 50009—2001)中的规范值而定。积灰荷载主要指屋面常年积灰重量，其大小亦根据建筑用途查规范定出。雪荷载和风荷载依据当地所属地区依据规范的雪荷载和风荷载的地区分布图而定。地震荷载依据当地所属的抗震等级而定。

(2)传力路线

在框架结构中，荷载是由板传递给次梁，再由次梁传递给主梁，由主梁传递给柱，柱将荷载传递给基础，基础再传递给下面的地基。

(3)荷载计算

根据规范和结构的布置，计算出各种荷载，并将其换算为作用于平面框架上的线荷载，将荷载作用于框架的计算模型上(如图3-36所示)。

【实例计算】

① 恒载：$g=2.4kN/m^2\times6m\times1.2=17.28kN/m$

其中：$2.4kN/m^2$：每平方米的标准恒载

6m：柱距

1.2：标准荷载化为设计荷载的系数

以下荷载计算过程中所用的数据意义均与此类同。

② 活载：$q=2.0kN/m^2\times6m\times1.4=16.8kN/m$

③ 风载：

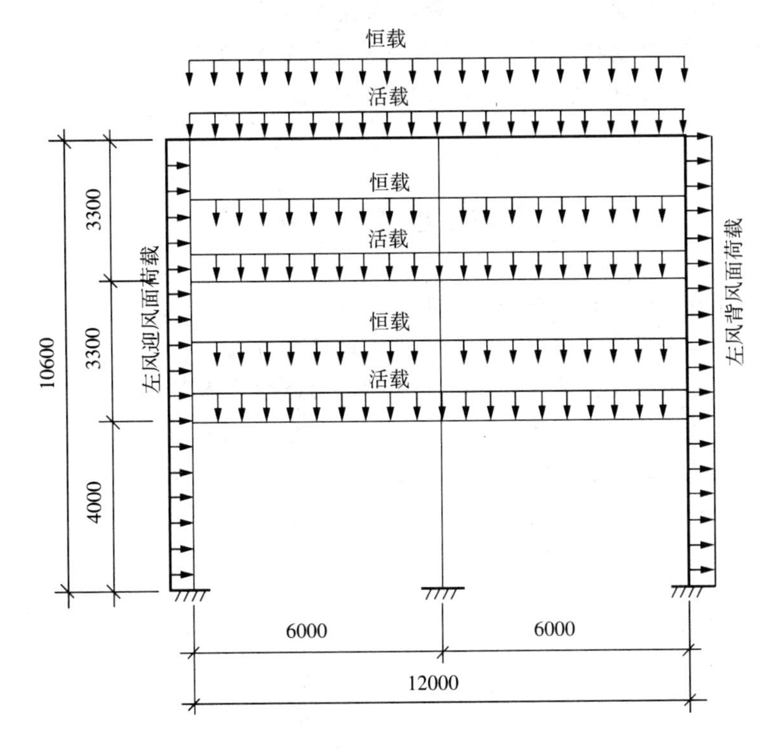

图 3-36　框架结构上的荷载示意

a. 左风作用下的荷载：

$q_{左迎风面}=0.55kN/m^2\times0.8\times6m\times1.4=3.70kN/m$

$q_{左背风面}=0.55kN/m^2\times0.5\times6m\times1.4=2.31kN/m$

b. 右风作用下的荷载：

$q_{右迎风面}=-0.55kN/m^2\times0.8\times6m\times1.4=-3.70kN/m$

$q_{右背风面}=-0.55kN/m^2\times0.5\times6m\times1.4=-2.31kN/m$

其中的 $0.55kN/m^2$ 为基本风压，0.8 和 0.5 是风载的体型系数。

注意在进行结构计算时，左风和右风只能同时考虑一种作用，因其不可能同时作用。

4. 构件内力计算和构件的截面设计

绘制出计算模型和其所受力后，即可针对该模型进行内力计算。

(1)先依据经验估计梁柱的截面尺寸，然后即可进行该模型的受力计算。模型受力的计算方法将在结构力学课程中学到。

(2)计算出构件的内力后，再依据内力，进行梁柱配筋的计算和梁柱的强度、稳定、变形的计算，这些计算方法将在混凝土结构、钢结构等课程中学到。

这个阶段有一个反复的过程，即当选定的梁柱截面尺寸无法满足要求时，需重新选择截面，重新计算，直至满足要求。

5. 施工图纸的绘制

构件的截面尺寸和配筋确定后，下一步即是将其反映至施工图纸上。如何绘制施工图纸将在画法几何和建筑制图课程中学习。

施工图纸的绘制必须规范，因施工人员是按图纸施工的，只有按规范绘制的图纸，施工人员才能识别，也才能按照图纸施工。

[想一想]

建筑工程施工图设计包括哪三个方面？建筑结构设计的基本步骤是什么？

本章思考与实训

1. 剪力墙结构和框架结构相比有何优点？
2. 简述工业厂房中有檩屋盖和无檩盖的主要特点。
3. 建筑结构的安全等级有几级？你所在的教学楼是哪个等级？
4. 结构设计的目的是什么？
5. 何为结构的可靠度？
6. 什么是震级？什么是烈度？二者有何区别？

第四章　水利工程

【内容要点】

1. 水利工程的概念；
2. 常见的水工建筑物的作用、特点；
3. 国内外部分重要水利工程介绍。

【知识链接】

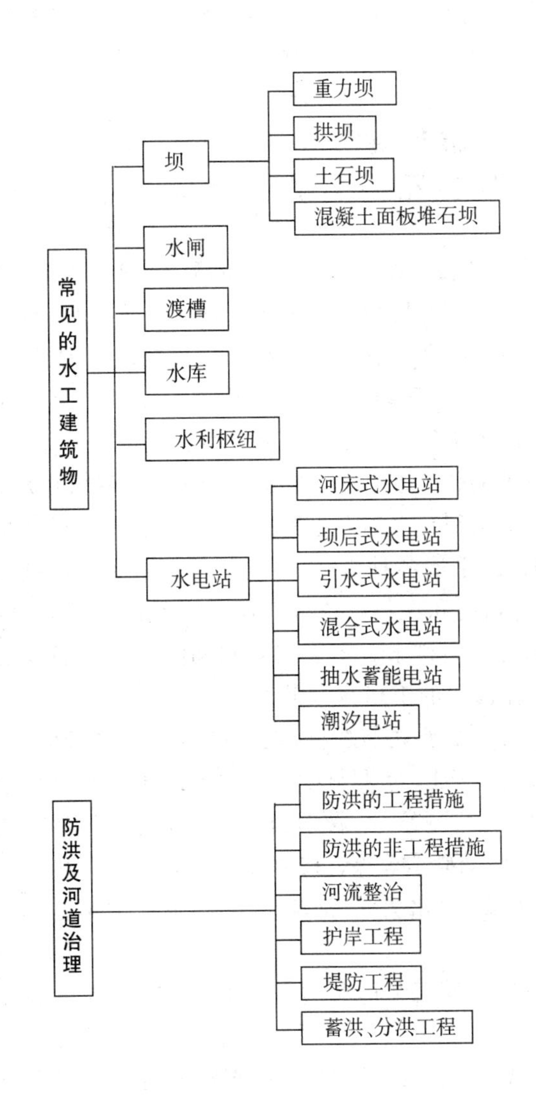

第一节　水利工程概述

一、概述

水是人类生存和人类社会发展不可缺少的宝贵自然资源之一。查有关水文资料，全球水利资源的总量约为468000亿立方米人平均水量11800m^3（我国人平均水量只有2780m^3），其中90%以上为海水，其余为内陆水。在内陆水中河流及其径流，对于人类和人类活动起着特别重要的作用。地球上的河流平均径流量，根据有关资料统计，欧洲占32100亿立方米、亚洲占144100亿立方米、非洲占45700亿立方米、北美洲占82000亿立方米、南美洲占117600亿立方米、澳洲占3840亿立方米、大洋洲占20400亿立方米、南极洲占23100亿立方米。

所谓径流，就是雨水除了蒸发的、被土地吸收和被拦堵的以外，沿着地面流走的水叫径流。渗入地下的水可以形成地下径流。

［想一想］

什么是流域面积?

我国幅员辽阔、河流众多。据统计：中国大小河流总长约42万千米；流域面积在1000km^{2}以上的河流有1600多条，100km^{2}以上的河流有5万多条；大小湖泊2000多个。全国平均年降水总量为6.19万亿立方米，年平均径流量约2.8万亿立方米，居世界第六位。

我国水能资源的理论蕴藏量约为6.91亿千瓦，是世界上水能资源最丰富的国家之一。但在时间分配和区域分配上很不均匀。绝大部分的径流发生在每年7～9月份（汛期），而有些河流在冬天则处于干枯状况。大部分径流分布在我国东南、西南及沿海各省、市、区，而西北地区干旱缺水。近年来，我国北方地区经常发生的沙尘暴与北方地区干旱缺水不无关系。

水利范围应包括防洪、灌溉、排水、水力（即水能利用）、水道、给水、水土保持、水资源保护、环境水利和水利渔业等。因此，水利一词可概括为：人类社会为了生存和发展的需要，采取各种措施，对自然界的水和水域进行控制和调配，以防治水旱灾害，开发利用和保护水资源。研究这类活动及其对象的技术理论和方法的知识体系称为水利科学。用于控制和调配自然界的地表水和地下水，以达到除害兴利目的而修建的工程称为水利工程。

水利工程曾作为一个独立的学科，也曾包括在土木工程学科内，与道路、桥梁、工业与民用建筑相并列。水利科学涉及自然科学和社会科学的许多知识，如气象学、地质学、地理学、测绘学、农学、林学、生态学、机械学、电机学以及经济学、史学、管理科学、环境科学等等。按照涉及学科的性质可分为以下四类：

① 基础学科：水文学、水力学、河流动力学、固体力学、土力学、岩石力学、工程力学等。

② 专业学科：防洪、灌溉和排水、水力发电、航道与港口、水土保持、城镇供水与排水、水工建筑物。

③ 按工作程序划分的学科：水利勘测、水利规划、水工建筑物设计、水利工程

施工、水利工程管理等。

④ 综合性分支学科:水利史、水利经济、水资源等。

二、水利工程建筑物分类及特点

(一)水工建筑物的分类

在水利水电工程中,常常需要修建一些建筑物,称为水工建筑物。按其作用可划分为以下几种:

1. 挡水建筑物

(1)坝

坝是一种在垂直于水流方向拦挡水流的建筑物,因此也称为拦河坝。它是水利工程中用的最多、造价也较高的一种建筑物。

[问一问]

坝和堤有何本质区别?

(2)水闸

水闸是一种靠闸门来挡水的建筑物,简称闸。

(3)堤

堤是指平行于水流方向的一种建筑物,如河堤、湖堤等。

2. 泄水建筑物

泄水建筑物是来宣泄水库、渠道中的多余水量,以保证其安全的一类建筑物,如河岸式溢洪道、泄洪隧洞、溢流坝、分洪闸等。

3. 输水建筑物

输水建筑物是把水从一处引入到另一处的一类建筑物,如引水隧洞、涵管、渠道输水渡槽及渠系建筑物等。

4. 取水建筑物

取水建筑物也称引水建筑物。因其常位于渠道的首部,故也称渠首建筑物或进水口。它是把水库、湖泊、河渠与输水建筑物相联系的一类建筑物,例如取水塔、渠首进水闸、抽水泵站等。

5. 整治建筑物

整治建筑物是以改善水流条件、保护岸坡及其他建筑物安全的一类建筑物例如顺坝、丁坝、护底、导流堤等。

当然有些建筑物的作用不是单一的。例如,溢流坝既是挡水建筑物又是泄水建筑物;水闸即可以挡水又可以泄水,还可以用作取水。

(二)水工建筑物的特点

水工建筑物与一般土建工程相比,除了投资多、工程量大、工期长以外还具有以下特点:

(1)水对水工建筑物的作用。包括①机械作用:静水压力、动水压力、渗透压力等。②物理化学作用:磨损、溶蚀等。

(2)水工建筑物的个别性。地形、地质、水文、施工条件,对选址、布置、形式都有极为密切的关系,只能按各自特征进行,一般不能采用定型设计。

(3)水工建筑物施工难度大。

(4)效益大，对附近地区影响大。

(5)水库发生事故后果严重。

三、常见的水利工程建筑物

(一)坝

坝是水利枢纽工程中的主体建筑。坝按筑坝材料可分为土石坝、混凝土坝和浆砌石坝等；而混凝土坝和浆砌石坝按结构特点又可分为重力坝、拱坝和支墩坝等。

一般大坝除坝体外，还应具有泄水建筑物，如溢洪道、消力池、取水(放水)建筑物。图 4-1 为一水利枢纽工程平面布置示意图。

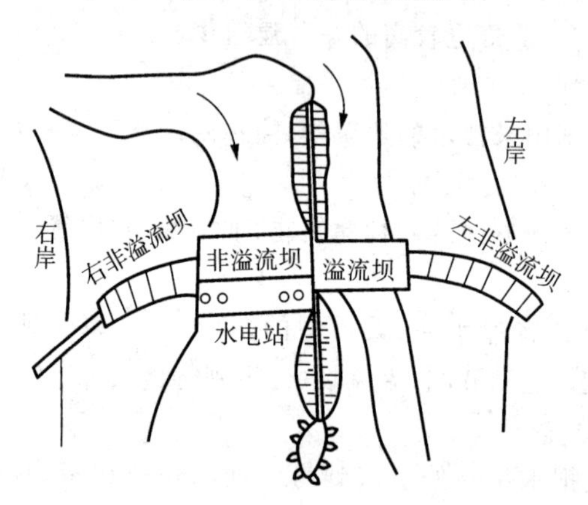

图 4-1　水利枢纽平面布置示意图

1. 重力坝

重力坝(图 4-2)主要是依靠坝体自重来抵抗水压力及其他外荷载，维持自身的稳定。重力坝的断面基本呈三角形，筑坝材料为混凝土或浆砌石。据统计重力坝在各种坝型中占有较大比重。目前世界上最高的混凝土重力坝是瑞士的大狄克桑斯坝，坝高 285m。

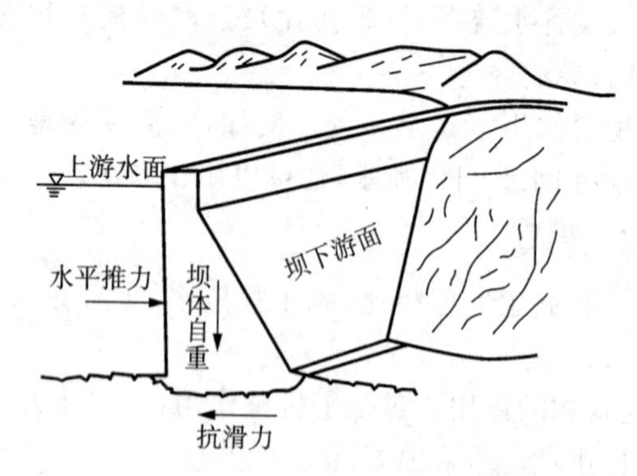

图 4-2　重力坝示意图

重力坝是整体结构，为了适应温度变化，防止地基不均匀沉陷，坝体应设置永久性温度缝和沉陷缝。为了防止漏水，在有些地方还应设置止水。

重力坝体内一般都设有坝体排水和各种廊道，互相贯通，组成廊道系统。

重力坝常修筑在岩石地基上，相对安全可靠，耐久性好，抵抗渗漏、洪水漫溢、战争和自然灾害能力强；设计、施工技术较为简单，易于进行机械化施工；在坝体中可布置引水、泄水孔，解决发电、泄洪和施工导流等问题。其主要缺点是体积大，材料强度不能充分发挥，对稳定控制要求高等。

用振动碾压实超干硬性混凝土的施工技术称为碾压混凝土施工技术。采用这种方法所筑的坝称为碾压混凝土坝。这一技术的研究起始于20世纪60年代，80年代得到了迅速发展。但是，各国的施工方法不尽相同。例如日本采用"皮包馅"的方法，即只在内部采用碾压混凝土，而在外部和基础部分则浇筑常规混凝土。美国采用了全断面碾压的方法，但有的碾压混凝土坝由于严重渗漏而不得不废弃。我国有的工程与日本的施工方法相似；有的则采用了全断面碾压，但在上游面另设了防渗层，如坑口坝。

2. 拱坝

拱坝(见图4－3)在平面上呈凸向上游的拱形，拱的两端支承于两岸的山体上。立面上有时也呈凸向上游的曲线形，整个拱坝是一个空间壳体结构。拱坝一般是依靠拱的作用，即利用两端拱座的反力，同时还依靠自重来维持坝体稳定。拱坝的结构作用可视为两个系统，即水平拱利竖直梁系统。水平荷载和温度荷载由这两个系统共同承担。拱坝与重力坝相比可充分利用坝体的强度，其体积较重力坝为小，超载能力比其他坝型为高。主要缺点是对坝址河谷形状及地基要求较高。

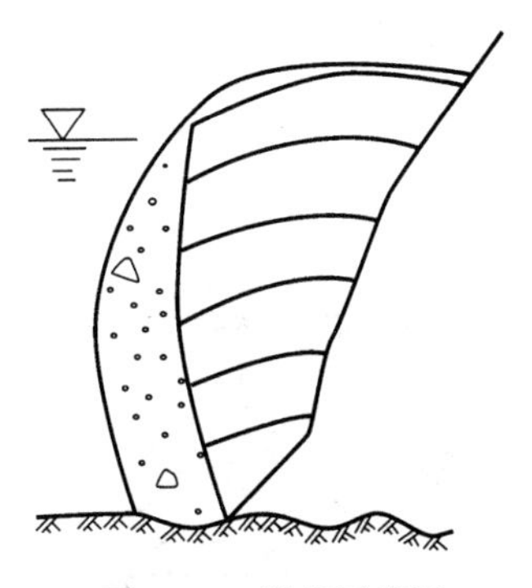

图4－3 拱坝示意图

目前世界上最高的拱坝是前苏联于1980年建成的英古里坝，高272m。

温度荷载对拱坝应力及稳定影响较大，必须予以考虑。

拱坝按结构作用可分为纯拱坝、拱坝和重力拱坝；按体型可分为双曲拱坝、单曲拱坝和空腹拱坝；按坝底厚度与坝高之比分为薄拱坝(比值小于0.2)和厚拱坝(比值大于0.35)等；按筑坝材料可分为混凝土拱坝和浆砌石拱坝。

[想一想]

重力坝和拱坝各有何优缺点？

3. 土石坝

土石坝是利用当地土料、石料或土石混合料堆筑而成的最古老的一种坝型，但它仍是当代世界各国最常用的一种坝型。土石坝的优点是筑坝材料取自当地，可节省水泥、钢材和木材；对坝基的工程地质条件比其他坝型为低；抗震性能也比较好。主要缺点是一般需在坝体外另行修建泄水建筑物，如泄洪道、隧洞等；抵御超标准洪水能力差，如库水漫顶，将垮坝失事。目前世界上最高的堆石坝已达242m。

土石坝一般由坝身、防渗设施、排水设施和护坡等部分组成，如图4－4所示。按施工方法不同，土石坝可分为碾压式土石坝、抛填式堆石坝、定向爆破堆石坝、水力冲填坝等。其中碾压式土石坝应用最为广泛。

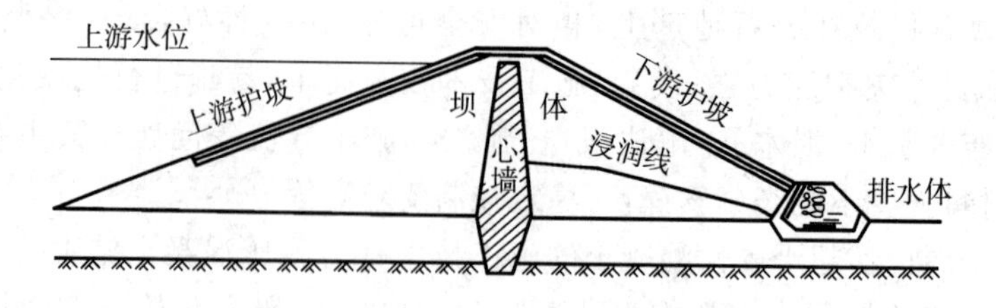

图 4-4　土石坝组成示意图

根据土料在坝体内的分布情况和防渗体位置不同，碾压式土石坝可分为如下四种：

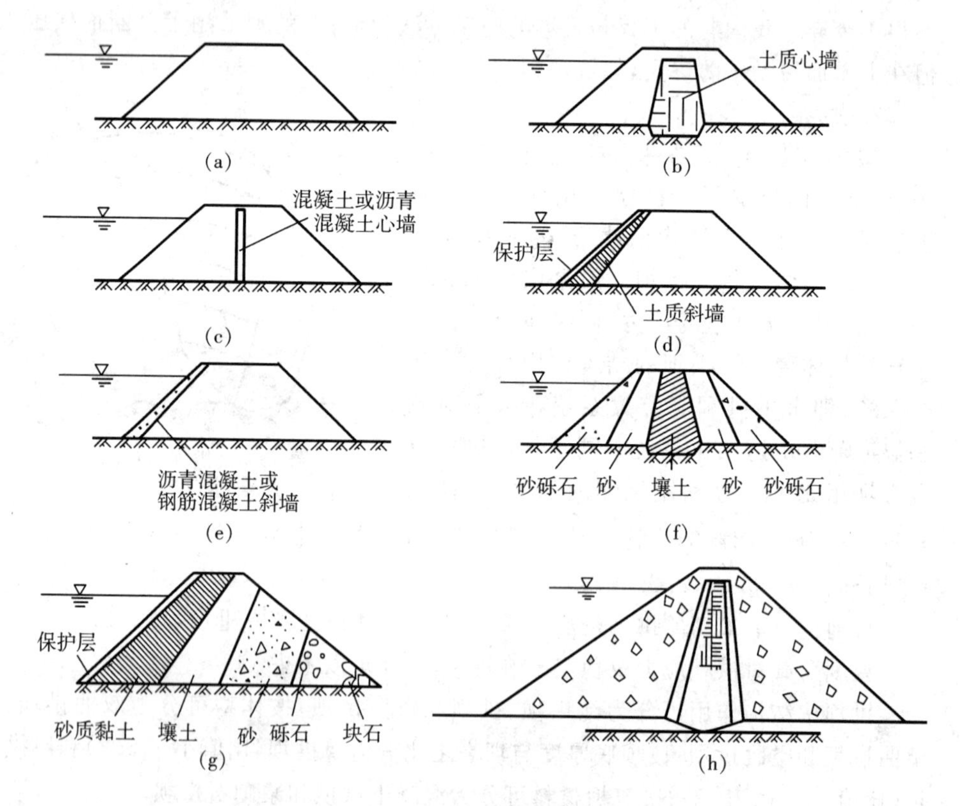

图 4-5　土石坝分类

(1)均质坝

坝体由一种透水性较弱的土料填筑而成，如图 4-5(a)所示。

(2)心墙坝

防渗料位于坝体中间，用透水性较好和抗剪强度较高的砂石料作坝壳，如图 4-5(b)、(c)所示。

(3)斜墙坝

坝体由透水性较好和抗剪强度较高的砂石料筑成，防渗体位于坝体上游面，如图 4-5(d)、(e)所示。

(4)多种土质坝

坝体由几种不同土料所构成，防渗料位于坝体上游或中间，如图 4－5(f)、(g)、(h)所示。

4. 混凝土面板堆石坝

混凝土面板堆石坝，是用堆石或砂砾石为主体材料分层碾压填筑成坝体，并用混凝土面板作防渗体的坝，主要用砂砾石填筑坝体的称为混凝土面板砂砾石坝。

混凝土面板堆石坝在 19 世纪 80 年代就出现了，由于当时技术条件的限制，多采用抛投法堆筑，使得工程垂直沉降和水平位移都很大，导致混凝土面板开裂，坝体渗水，所以该技术发展很慢。直到 20 世纪 60 年代，由于大型振动压路机的出现，使堆石密度明显提高，变形减小、渗水减少、结合挤压技术发展，使得砼面板堆石坝再次得到发展，由于其具有对地形、地质条件有较强的适应能力，取材方便，投资省、抗震性好，施工不受季节限制的特点。已成为近年应用广泛的一种坝型，设计高度已提高到 200m 级，到 1998 年底，我国该坝型已建成 42 座，在建的有 32 座，待建的更多，典型工程如：湖北省水布垭水利枢纽。

(二)水闸

水闸是一种低水头水工建筑物，既可用来挡水，又可用来泄水，并可通过闸门控制泄水流量和调节水位。水闸在水利工程中应用十分广泛，多建于河道、渠系、水库、湖泊及滨海地区。

水闸按其所承担的主要任务可分为进水闸(取水闸)、节制闸、排水闸、分洪闸、挡潮闸、排砂闸等。按结构形式可分为开敞式、胸墙式和涵洞式等。

[问一问]

水闸中消力池有什么作用?

水闸一般由闸室、上游连接段和下游连接段等组成，其中闸室是水闸的主体，如图 4－6 所示。

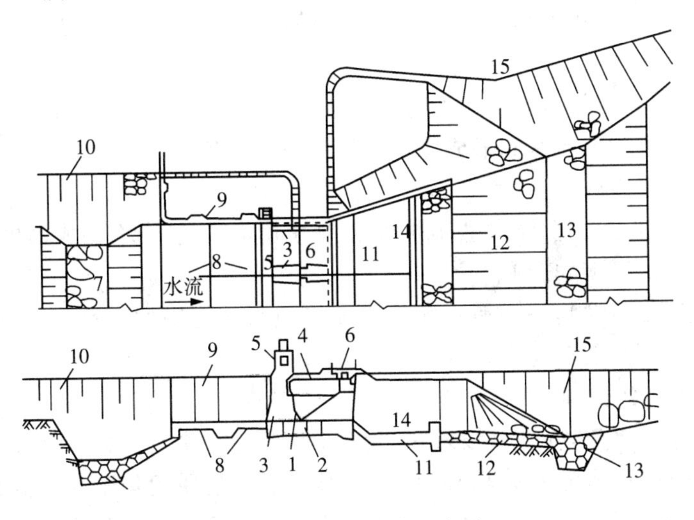

图 4－6 水闸组成示意图

1—闸门；2—底板；3—闸墩；4—胸墙；5—工作桥；6—交通桥；7—上游防冲槽；8—上游防冲段(铺盖)；9—主游翼墙；10—上游两岸护坡；11—护坦(消力池)；12—海漫；13—下游防冲槽；14—下游翼墙；15—下游两岸护坡。

(三)渡槽

渡槽属于渠系建筑物的一种,实际上就是一种过水桥梁,用来输送渠道水流跨越河渠、溪谷、洼地或道路等。渡槽常用砌石、混凝土或钢筋混凝土建造。

渡槽主要由进出口段、槽身、支承结构和基础等构成。槽身横断面形式以矩形和 U 形居多,如图 4-7 所示。

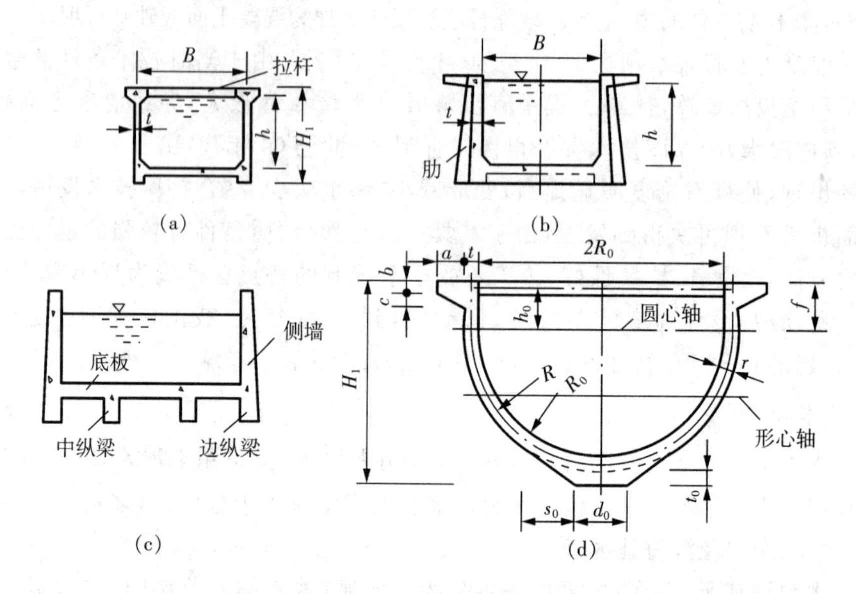

图 4-7　槽身横断面

(四)水库及水利枢纽

1. 水库

水库是指采用工程措施在河流或各地的适当地点修建的人工蓄水池。

(1)水库的作用

水库是综合利用水利资源的有效措施。它可使地面径流按季节和需要重新分配,可利用大量的蓄水和形成的水头为国民经济各部门服务。

(2)水库的组成

水库一般由拦河坝、泄水建筑物、取水、输水建筑物几个部分组成,如图 4-8。

(3)水库对环境的影响

水库建成后,尤其是大型水库的建成将使水库周围的环境发生变化。主要影响库区和下游,表现是多方面的。

① 对库区的影响

淹没:库区水位抬高,淹没农田、房屋,需要进行移民安置。水库淤积:库内水流流速减低,造成泥沙淤积、库容减少影响水库的使用年限。水温的变化:因为蓄水使温度降低。水质变化:一般水库都有使水质改善的效果,但是应防止库水受盐分等的污染。气象变化:下雾频率增加,雨量增加,湿度增大。诱发地震:在地震区修建水库时,当坝高超过 100m,库容大于 10 亿立方米的水库,发生水库地震的达 17%。库区内可形成沼泽、耕地盐碱化等。

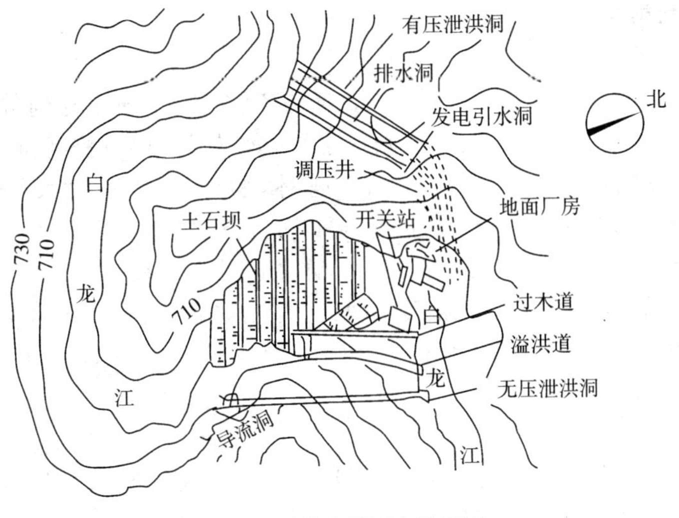

图 4－8　某水库组成示意图

② 对水库下游的影响

河道冲刷：水库淤积后的清水下泄时，会对下游河床造成冲刷，因水流流势变化会使河床发生演变以致影响河岸稳定。河道水量变化：水库蓄水后下游水量减少，甚至干枯。河道水温变化：由于下游水量减少，水温一般要升高。

(4)水库库址选择

水库库址选择关键是坝址的选择，应充分利用天然地形。地形选择：河谷尽可能狭窄，库内平坦广阔，但上游两岸山坡不要太陡或过分平缓，太陡容易滑坡，水土流失严重。要有足够的积雨面积，要有较好的开挖泄水建筑物的天然位址。要尽量靠近灌区，地势要比灌区高，以便形成自流灌溉，节省投资。地质条件是保证工程安全的决定性因素。

(5)水库库容

水库库容量的多少主要根据河流(来水情况)水文情况及国民经济各需水部门的需水量之间的平衡关系，确定各种特征水位及库容。库容组成见图 4－9、图 4－10。

[问一问]

你知道几个水库库容组成的含义吗?

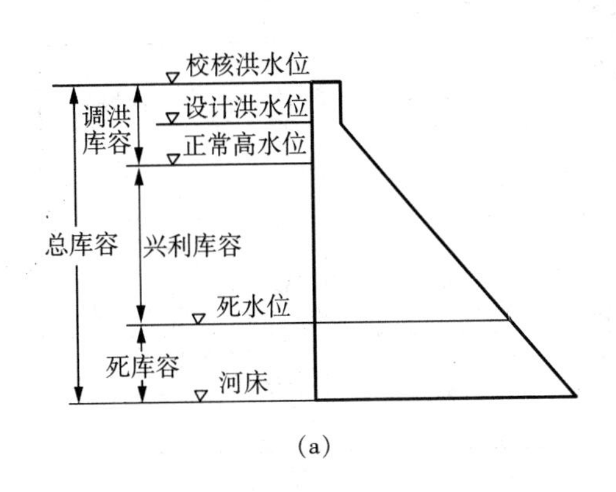

(a)

图 4－9　水库库容的组成

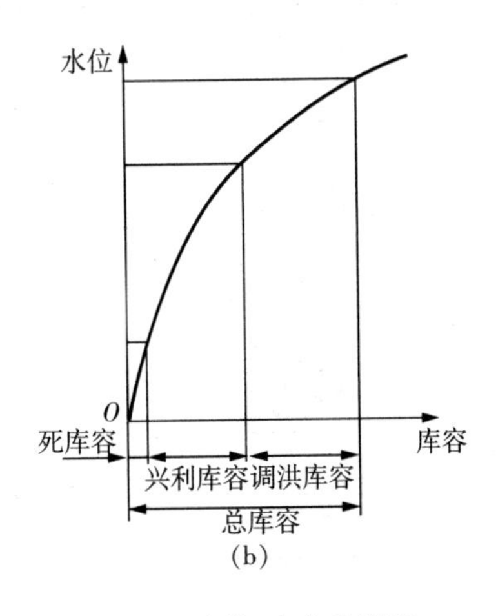

(b)

图 4－10　水位-库容曲线图

2. 水利枢纽

(1)水利枢纽

为了综合利用水利资源，使其为国民经济各部门服务，充分达到防洪、灌溉、发电、给水、航运、旅游开发等目的，必须修建各种水工建筑物以控制和支配水流，这些建筑物相互配合构成一个有机的综合的整体，这种综合体称为“水利枢纽”。

水利枢纽根据其综合利用的情况，可以分为下列三大类：

① 防洪发电水利枢纽，包括蓄水坝、溢洪道、电站厂房。

② 灌溉航运水利枢纽，包括蓄水坝、溢洪道、进水闸、输水道(渠)、船闸。

③ 防洪灌溉发电航运水利枢纽，包括蓄水坝、溢洪道、水电站厂房、进水闸、输水道(渠)、船闸。

(2)水利枢纽等级的划分

水利枢纽的分等和水工建筑物的分级主要依据工程规模、总库容、防洪标准、灌溉面积、电站装机容量、主要建筑物、次要建筑物、临时建筑物的情况进行确定。

我国将水利枢纽分为五等(见表 4－1)，将水工建筑物分为五级(见表 4－2)。

表 4－1 水利枢纽工程分等级指标

工程级别	水库库容 ($10^8 m^3$)	防洪		排涝	灌溉	供水	水力发电
		保护城镇及工业区	保护农田面积 ($10^4 ha$)	排涝面积 ($10^4 ha$)	灌溉面积 ($10^4 ha$)	供给城镇及矿区	装机容量 (MW)
一	＞10	特别重要	＞33.30	＞13.33	＞10	特别重要	＞1200
二	10～1.0	重要	33.30～6.67	13.33～4.0	10～3.33	重要	1200～300
三	1.0～0.1	中等	6.67～2.0	4.0～1.0	3.33～0.33	中等	300～50
四	0.1～0.01	一般	2.0～0.33	1.0～0.20	0.33～0.03	一般	50～10
五	＜0.01		＜0.33	＜0.2	＜0.03		＜10

表 4－2 水工建筑物分级指标

工程级别	永久性建筑物级别		临时性建筑物级别
	主要建筑物	次要建筑物	
一	1	3	4
二	2	3	4
三	3	4	5
四	4	5	5
五	5	5	

（五）水电站

水电建设是国民经济获得动力能源的重要途径。根据1988年完成的我国第三次水能资源普查资料，全国总水能蕴藏量（含台湾省）为6.91亿千瓦，折合年发电量为5.9万亿度。其中可开发的总装机容量为3.8亿千瓦，年发电量为1.9万亿度，占世界第一位。

据统计，截止2000年底，我国水电站总装机容量超过7935万千瓦，年发电量2310多亿度。

目前已经建成的和正在修建的水电发电量只占技术可开发的水资源的5.9%，因此我国水能资源开发的潜力相当大。

水力发电就是通过水工建筑物和动力设备将水能转变为机械能，再由机械能转变为电能。流量的大小和水头的高低是影响水力发电的两个主要因素。

［问一问］

水电站有哪几种类型？

1. 河床式水电站

在平坦河段上，用低坝建筑的水电站，由于水头不高电站厂房本身能抵抗上游水压力，通常和坝并列在同一轴线上，成为挡水建筑物的一个组成部分，称为河床式水电站（见图4-11）。

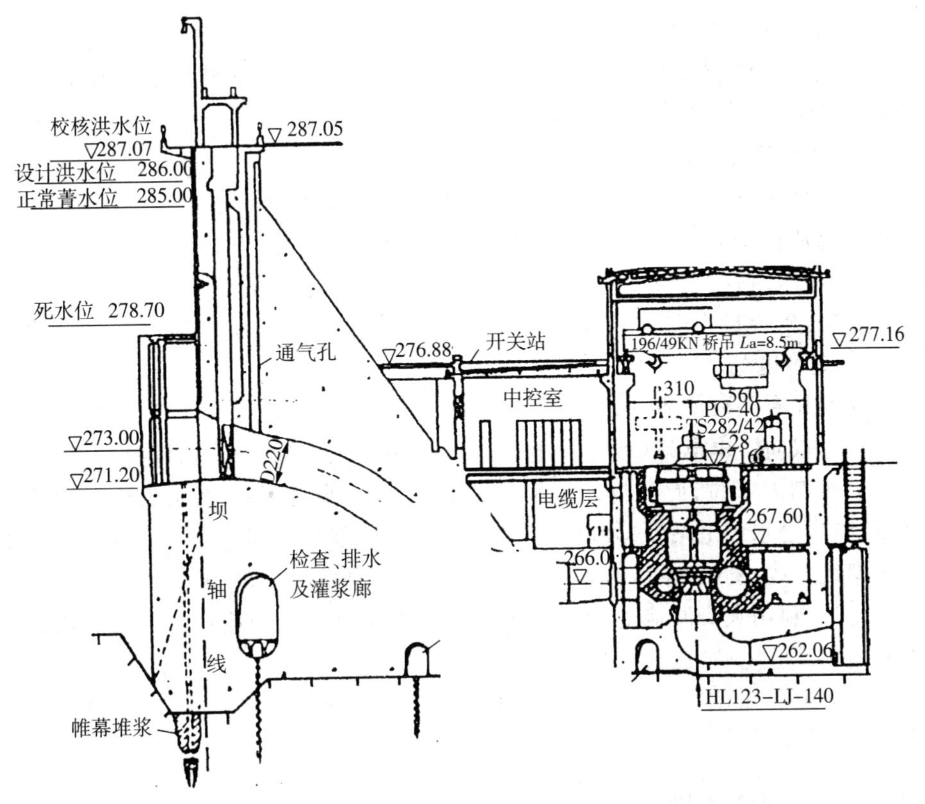

图4-11　河床式水电站

2. 坝后式水电站

当水头较高，上游水压力很大，厂房重量已不足以承受，也很难维持自身稳定，此时可将厂房与坝体分开，布置在坝的后面，此类电站便称为坝后式水电站，一般布置在坝后靠河岸的一侧(图 4-12)。

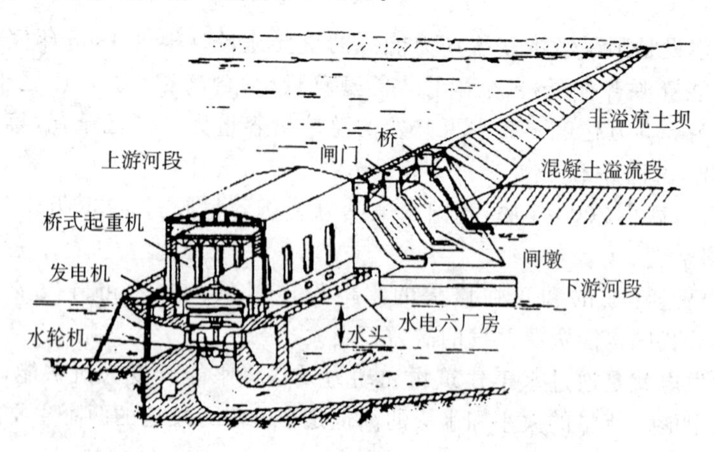

图 4-12　坝后式水电站

3. 引水式水电站

水头相对较高,常用引水渠、引水隧洞、管道等将水引进厂房发电,流量较小,大多在河流上采用。

4. 混合式水电站

在同一河段上水电站的水头一部分由水坝集中,而另一部分由引水渠集中,此种布置方式的电站叫混合式水电站。

5. 抽水蓄能电站

采用抽水方式集中水头进行发电的电站。在系统负荷较低时,利用富裕的电量把水从较低的水库(下池)中抽到较高的水库(上池)中储存起来,而在系统要承担高峰负荷时,再把水从上池中放出来进行发电。如北京十三陵抽水蓄能电站,其装机容量为 800MW;天荒坪抽水蓄能电站,装机 1800MW。

[查一查]

世界上有哪些国家已建潮汐电站。

6. 潮汐电站

通常在有条件的海岸边,选择口小肚大的海湾,在海湾口门处修筑拦水坝,同时修建双向发电电站(可逆发电机组)以及双向泄水闸门。当涨潮时,外海潮水位高于湾内水位,此时将外海水经过电站发电;当退潮时,外海潮水下落水位降低,湾内之水经电站反向流至外海发电,故一次涨退潮便可发电两次。我国沿海海岸线长约 1.8 万千米,估计可开发的潮汐发电量约 2158 万千瓦。

另外,利用大海波浪的能量发电也是一种获得电能的途径。如挪威已有波浪电站的试验电站,也获成功。

由前述可知,水电站建筑物主要包括:引水渠、隧洞、前池、调压井(塔)、压力水管、厂房等。

四、防洪及河道治理

我国江河众多,几大水系又处于季风影响之下,历来洪水频繁,有多达 6 亿人口和 90%的城市面临着洪水的威胁和影响,因此我国专门立了“防洪法”。

下面介绍常用的防洪方法和措施。

（一）防洪工程措施

1. 增大河道泄洪能力

它包括沿河筑堤、整治河道、加宽河床断面、人工截弯取直和消除河滩障碍等工程措施。当防御的洪水标准不高时，这些措施是历史上迄今仍常用的防洪措施，这些措施的功能旨在增大河道排泄能力（如加大泄洪流量），但无法控制洪量并加以利用。

2. 拦蓄洪水控制泄量

它是依靠在防护区上游筑坝建库而形成的多水库防洪工程系统。也是当前流域防洪系统的重要组成部分。用水库拦洪蓄水，一可削减下游洪峰洪量，使其免受洪水威胁；二可蓄洪补枯，提高水资源综合利用水平，是将防洪和兴利相结合的有效工程措施。

3. 滞洪减流

它包括采用预先开辟的分（蓄）洪区从主河道分出部分洪量，以减轻防护区的洪水威胁。分洪区设有一定工程设施。如建有分洪闸和泄洪闸等，它将起到一定的蓄洪和滞洪的作用。

（二）防洪非工程措施

1. 蓄滞洪（行洪）区的土地合理利用

根据自然地理条件，对蓄滞洪（行洪）区土地、生产、产业结构、人民生活居住条件进行全面规划，合理布局不仅可以直接减轻当地的洪灾损失，而且可取得行洪通畅，减缓下游洪水灾害之利。

［想一想］

什么是行洪区？为何要设行洪区？

2. 建立洪水预报和报警系统

在重要的江河上设立预报和报警系统，根据预报可在洪水来临前疏散人口、财物，做好抗洪抢险准备以避免或减少洪灾损失。

3. 洪水保险

它不能减少洪水泛滥而造成的洪灾损失，但可将可能的大洪水损失转化为平时交纳保险金，从而减缓因洪灾引起的经济波动和社会不安等现象。

4. 抗洪抢险

它也是为了减轻洪泛区灾害损失的一种防洪措施。其中包括洪水来临前采取的紧急措施，洪水期中的险工抢修和堤防监护，洪水后的清理和救灾工作。这项措施要与预报、报警和抢险材料的准备工作等联系在一起。

5. 修建村台、躲水楼、安全台等设施

在低洼的居民区作为居民临时躲水的安全场所，从而保证人身安全和减少财物损失。

6. 水土保持

在河流流域内，开展水土保持工作，增加浅层土壤的蓄水能力，可延缓地面径流，减轻水土流失，削减河道洪峰洪量和含沙量。这种措施减缓中等雨洪型洪水的作用非常显著，对于高强度的暴雨洪水，虽作用减弱，但仍有减缓洪峰过分集中之效。

(三)河流整治

根据河流的形态和演变特点,常将河流分为顺直、弯曲、分汊和游荡等四种河型。

河道整治是一项系统工程,大力开展水土保持工作是河流上游治理的最根本措施,同时对下游河道的演变起着重要的影响。对于河道本身的整治,要按照河道的演变规律,因势利导,调整稳定河道主流位置,改善水流条件,以适应防洪、给排水、航运等需要。

1. 河道整治的基本原则

(1)统筹兼顾、综合治理。分清主次,各种整治措施配套使用,以形成完整的整治体系。

(2)因势利导,重点整治。河道处在不断演变过程中,要抓住其有利时机;同时要有计划、有重点地布设工程。

(3)对工程结构和建筑材料,因地制宜,就地取材,以节省投资。

2. 河道整治的直接措施

(1)控制和调整河势,如修建丁坝、顺坝、护岸、锁坝、潜坝、鱼嘴等,加固凹岸,固定河道。

(2)实施河道裁弯取直,以改善过分弯曲的河道。

(3)实施河道展宽工程,以疏通堤距过窄或卡口河段。

(4)实施河道疏浚工程,可采用爆破、开挖的方法完成。

(四)护岸工程

1. 块石护岸

块石护岸是普遍采用的一种护岸结构形式。块石护岸一般由抛石护脚及上部护坡两部分组成。护坡有抛石、浆砌石、干砌石等形式,护坡的坡度范围为1∶(0.3～1.3);护脚的坡度为1∶(1.2～3)。

2. 石笼沉排护岸

用细钢筋、铅丝、树枝条等做成六面体或圆柱体的笼子,内装块石、砾石或卵石,然后堆筑形成护岸。此方法具有体积大、抗冲力强等优点。

3. 柔性钢筋混凝土护岸

可采用格栅或沉排等结构形式。

4. 沥青及沥青混凝土护岸

可以现场浇制,也可以采用装配式。

5. 软体沉排护岸

采用土工布、聚丙乙烯编织布或其他韧性高且透水的编织物,制成充沙管、袋,其中填充碎石、沙土等物,分条、块沿岸向下铺设至河底再铰合成整体的一种护岸方法,可有效保护堤岸,治理塌岸坍塌。此种方法是近年来常用的河道治理护岸和改善河流形式的方式,具有取材容易、施工方便、造价经济的特点。

(五)堤防工程

利用河堤、湖堤防御河、湖的洪水泛滥,是最古老和最常用的防洪措施。

防洪堤一般为土质挡水建筑物,其断面设计与土坝基本相同。堤顶宽度主要取决于防汛要求与维修需要。我国的堤顶一般较宽,如黄河大堤为 7～10m,淮北大堤为 6～8m,长江荆江大堤为 7.5m,险工段为 10m。

堤的边坡视筑坝土质、水位涨落强度和持续时间、风浪情况等确定。与土坝不同,一般大堤迎水坡较背水坡陡。如淮河大堤迎水坡为 1∶3,背水坡第一马道以下为 1∶5(见图 4－13),黄河大堤迎水坡为 1∶3,背水坡下为 1∶4。

[想一想]

坡度 1∶3 是什么意思?

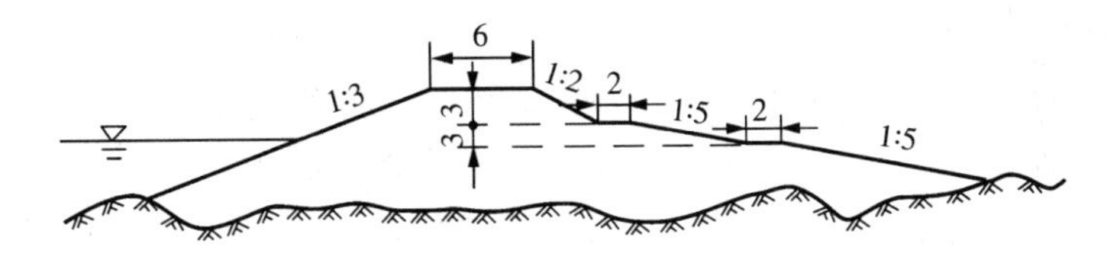

图 4－13　淮河大堤剖面图(单位:m)

(六)蓄洪、分洪工程

堤防防御洪水的能力是有一定限度的。如果洪水超过堤防的防洪标准,可采用分洪或滞洪措施,将主河道的流量和水位降低到该河段安全泄量和安全水位以下。

分洪是把超过原河安全泄量的部分洪峰流量分流入海或其他河流。也可以利用河流中下游河槽本身滩地或沿海低洼地区短期停蓄洪水,削减洪峰流量,称为滞洪。

当洪水过大时,还可将一部分洪水引入流域内的湖泊、洼地或临时滞洪区。待河道洪峰后,再将蓄滞的洪水放回原河道。我国著名的分洪区有荆江分洪区、黄河东平湖滞洪区等。

第二节　国内部分重要水利工程介绍

一、南水北调工程

我国是一个严重缺水的国家。在全国范围内,南方的水相对多于北方,但南方的人口和土地并不比北方多。因此,为解决北方缺水的一个重要途径便是南水北调。南水北调是一项艰巨而浩大的工程,国家对南水北调已做了许多勘察、规划、研究、论证等工作,部分进入了实施阶段。南水北调工程分为东线、中线和西线三条线路。

(一)南水北调东线工程

东线工程从江苏扬州的长江中抽水,经南北大运河向北,穿越洪泽湖、骆马湖、山东南四湖、东平湖,在山东东阿县的位山穿过黄河,然后沿北运河到达天津全线总长 1150km。东线工程从长江抽水 1000m^3 以上,到达天津时为 200m^3。

东线工程的主要目的是向沿途及天津等大城市供水，并可灌溉沿线农田 7000 万亩以上。东线工程现已开始施工。

[做一做]

在地图上描绘一下南水北调东线、中线、西线工程经过的路线。

(二)南水北调中线工程

中线工程考虑从汉水丹江口水库(一期、二期工程)及长江三峡地区引水(三期工程)，经由湖北、河南、河北，直到北京市。中线工程和东线工程解决黄淮海平原的缺水问题，耕地面积约1亿多亩。中线工程竣工后，年引水量约 300 亿 m^3 以上，全线总长 1236km。中线工程的最大优点是水质有保证，且供水范围大。中线工程现已开始施工。

(三)南水北调西线工程

西线工程设想(自流引水)方案，在通天河的联叶修建 400m 的高坝，经穿山隧道将水引入雅砻江上游，并在雅砻江的仁青岭修建 300m 的高坝，再经穿山隧道将水引入黄河上游的章安河，其后沿黄河下放，全线长约 650km，其中隧道长约 210km(可见工程的艰巨性)。这三条河上游每年调入黄河的总水量约 200 亿 m^3，可解决黄河上、中游的干旱缺水，对进一步开发大西北地区，其重要意义不可估量(见图 4-14)。

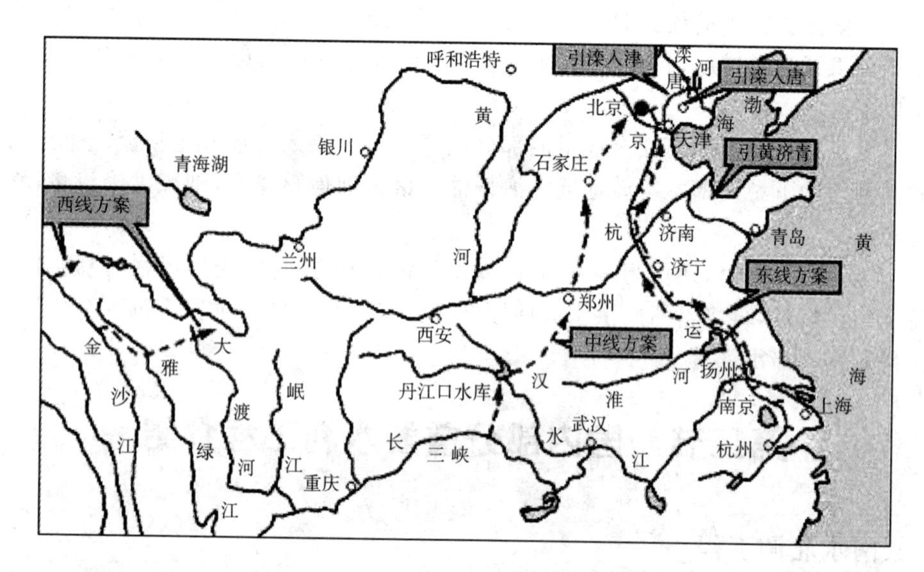

图 4-14 南水北调的水线路示意图

二、葛洲坝水利枢纽工程

[想一想]

葛洲坝的建成为何是有通航作用？你是如何理解的？

该工程于 1986 年建成。位于长江中游宜昌段，主要作用为通航、发电、防洪。电站装机容量为 271.5 万 kW，水库库容 15.8 亿 m^3，整个工程混凝土用量为 983 万 m^3(见图 4-15)。

图 4-15　葛洲坝水利枢纽工程鸟瞰

三、龙羊峡水电站

龙羊峡水电站位于黄河上游的青海省中部的共和县，龙羊峡大坝为砼重力拱坝，坝高 178m，坝长 1140m，库容量为 247 亿 m^3，总装机容量为 128 万 kW，单机容量 32 万 kW，年发电量为 60 亿 kW/h。

龙羊峡水电站是以发电为主，兼有防洪、灌溉、防汛、渔业、旅游等综合功能的大型水利枢纽，由主坝、左、右岸重力墩和副坝、泄水建筑物及电站厂房等组成。该工程于 1976 年 2 月开工，到 1992 年全部竣工(见图 4-16)。

图 4-16　龙羊峡水电站下游全景

四、二滩水电站

该工程位于四川省攀枝花市附近雅砻江上。坝高 240m，混凝土双曲拱坝库容 30 多亿 m^3，装机容量为 6×55＝330 万 kW。年发电量 170 亿 kW/h，占川渝电网总供电量的四分之一。此工程在世界银行贷款 9.3 亿美元，汇集了 40 多个国家和地区的水电建设者，已于 2002 年竣工(见图 4－17)。

图 4－17　二滩水电站全景

五、紫坪铺水利工程

该工程位于四川省都江堰市城西北 9km 处，岷江上游，库容 11.12 亿 m^3，为多年调节水库，以灌溉、供水为主，兼发电、防洪、环保和旅游等综合效益的水利工程。大坝为面板坝，最大坝高 156m，电站装机容量 76 万千瓦(4×19 万 kW)。于 2006 年 5 月竣工，总投资 62.36 亿元(见图 4－18)。

图 4－18　紫坪铺水库上游大坝全景

六、长江三峡水利枢纽工程

[查一查]

长江三峡水利工程的相关资料。

该工程位于长江西陵峡的三斗坪，下游距葛洲坝工程 38km，是一座具有防洪、发电、航运、养殖、供水等巨大综合利用的特大型水利工程。由拦江大坝、水电站和通航建筑物三部分组成。库容 393 亿 m^3，重力坝坝高 175m，坝体混凝土用量 1527 万 m^3，装机容量为 26×70 万 kW＝1820 万 kW，2009 年竣工，是世界上最大的水电站。相当于 10 座大亚湾核电站，每年可代替原煤 4000～5000 万吨，可供电华东、华中，重庆市。三峡工程规模巨大，土石方填筑和混凝土浇筑量均达到 2000～3000 万 m^3，拟用钢材和钢筋 50～60 万吨，最高峰的混凝土浇筑量达 400 万 m^3，总工期 17 年。2003 年永久通航建筑物启用，第一批机组发电，总投资约 1100 亿元(含枢纽工程、移民，见图 4－19)。

图 4－19　三峡水利工程鸟瞰图

七、都江堰水利工程

都江堰水利工程位于四川省都江堰市西侧的岷江上，始建于公元前 256 年，是战国时期秦国蜀郡太守李冰及其子率众修建的一座大型水利工程。是全世界至今为止，年代最久唯一留存，以无坝引水为特征的宏大水利工程。

这项工程主要有鱼嘴分水堤、飞沙堰溢洪道、宝瓶口进水口三大部分和百丈堤，人字堤等附属工程构成，科学地解决了江水自动分流、自动排沙、控制进水流量等问题，消除了水患，使川西平原成为“水旱从人”的“天府之国”。1998 年灌溉面积仍达到 66.87 万公顷。

都江堰的创建，以不破坏自然资源，充分利用自然资源为人类服务为前提，变害为利，使人、地、水三者高度协调统一，都江堰以其“历史跨度大、工程规模大、科技含量大、社会经济效益大”为特点，而享誉中外，不愧为世界最佳水资源利用的典范(见图 4－20)。

图 4-20　都江堰水利工程全景

八、响洪甸水电站

[问一问]

你知道安徽省有哪些大型水库吗?

响洪甸水库位于安徽省六安市,是淮河支流西淠河上的一座大型水库,是新中国治理淮河水患的枢纽工程之一,它以防洪灌溉为主,结合发电、城市供水、航运、水产养殖等综合利用的大型水利水电工程。

该工程由水库大坝、泄洪隧洞、引水隧洞、发电厂四部分组成。水库大坝是我国自行设计和施工的第一座混凝土重力拱坝,1956 年开工,1958 年建成,最大坝高 87.5m,坝顶弧长 367.5m,发电厂为坝后地面式电站,总装机容量 4 万 kW,水库总库容 26.32 亿 m^3(见图 4-21)。

图 4-21　响洪甸水电站下游全景

九、临淮岗洪水控制工程

临淮岗洪水控制工程位于淮河干流中游,主体工程由主坝、南北副坝、引河、船闸、进、泄洪闸等建筑物组成，整项工程涉及河南、安徽两省，主体工程跨安徽霍邱、颍上、阜南三县，是治淮骨干工程之一，也是淮河防洪体系中具有关键性控制作用的枢纽工程，被称为“淮河上的三峡工程”。具有防洪、除涝、灌溉、航运等功能。

临淮岗工程总投资22.67亿元，2001年动工，于2006年建成，它将淮河干流的防洪标准由过去的不足50年提高到100年。主体工程包括：78公里主、副坝填筑，加固49孔浅孔闸，新建12孔深孔闸等，滞洪库容达88亿m^3（见图4-22）。

图4-22 临淮岗洪水控制工程进水闸全景

本章思考与实训

1. 什么是“水利”，水利的范围包括哪些？
2. 水工建筑物按其作用可分为几类？其特点是什么？
3. 谈谈重力坝的工作原理和特点。
4. 水闸的作用是什么？其结构组成主要有哪些？
5. 什么是“水利枢纽”？灌溉、航运水利枢纽由哪些主要建筑物构成？
6. 如果面对一个洪水经常泛滥的流域，说说你对治理洪灾的措施和设想。
7. 谈谈南水北调工程的重大意义。

第五章 给排水工程

【内容要点】

1. 室外给水系统的形式和水源的种类，室外给水系统的组成；
2. 污水的分类，室外排水系统的布置与敷设；
3. 室内给水系统的组成、方式及特点，室内给水管道的布置原则和敷设要求；
4. 室内排水系统的分类和排水体制选择；
5. 排水管道布置与敷设中应遵守的要求。

【知识链接】

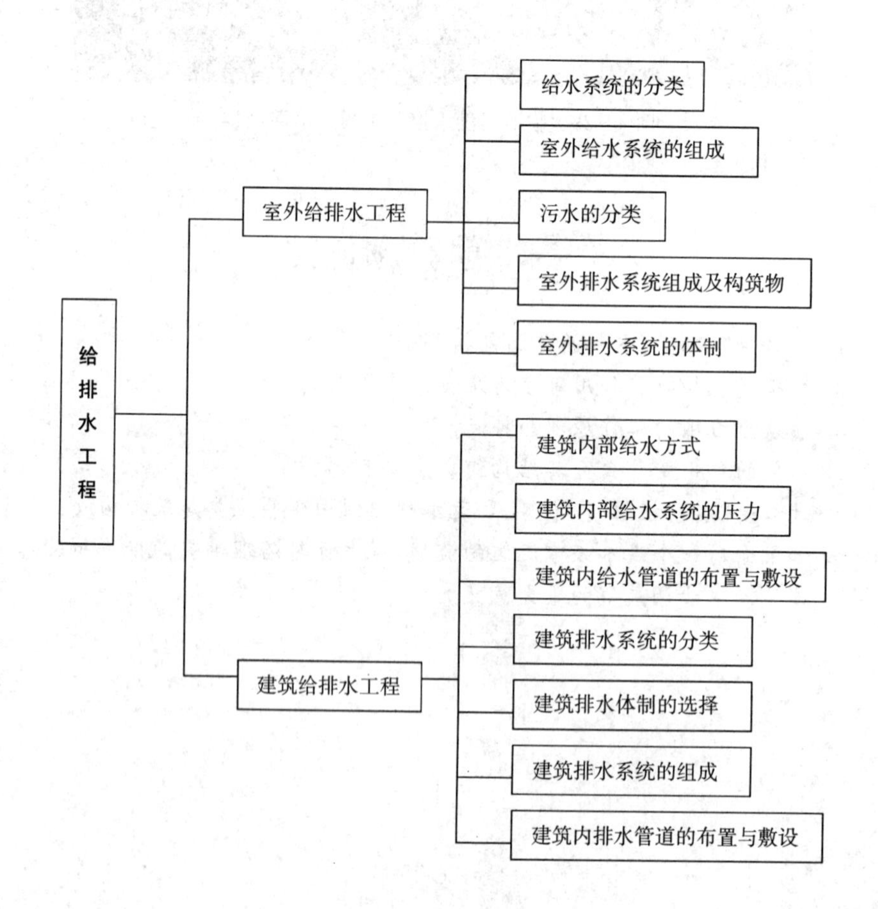

给水和排水工程是指用于水供给、废水排放和水质改善的工程，简称给排水工程。给排水工程是现代城市建设的重要组成部分，由给水工程和排水工程两部分组成。此外，在建筑物内部，也有室内供水和排除废水的设施，一般称为室内给排水，它隶属于给排水工程，但又有相对的独立性。

第一节　室外给排水工程

室外给排水工程与室内给排水工程有非常密切的关系，其主要任务是自水源取水，进行净化处理达到用水标准后，经过管网输送，为城镇各类建筑提供所需的生活、生产、市政和消防等足够数量的用水，同时把使用后的废(污)水及雨、雪水有组织地汇集起来，并输送到适当地点净化处理，在达到无害化的排放标准要求后，或排放水体，或灌溉农田，或重复使用。

一、室外给水工程

室外给水工程是为满足城镇居民生活及工业生产等用水需要而建造的工程设施，室外给水工程应满足各种用户在水量、水质和水压方面的不同需求。因此，室外给水工程的任务是从天然水源取水，并将其净化到用户所要求的水质标准后，经输配水管网系统送至用户。

(一)给水系统的分类

给水系统按使用的目的不同，可分为生活给水、生产给水和消防给水系统；按水源种类不同，可分为地下水给水系统和地表水给水系统；按给水方式不同可分为重力给水、压力供水和混合供水系统；按服务对象不同可分为城镇给水系统和工业给水系统。

1. 城镇给水系统

因城镇地形、城镇规划、水源条件及用户的要求等因素进行考虑，给水系统主要包括以下几种形式：

[想一想]

给水系统有哪几种形式?

(1)统一给水系统

即用统一的给水系统供应生活、生产和消防等各种用水，水质应符合国家生活饮用水卫生标准。

(2)分质给水系统

根据用户的水质要求不同，把源水经过不同的净化后再用不同的管道按水质需求向各用户供水。

(3)分压给水系统

在城市高差较大或用户对水压要求有很大差异时，可由同一泵站内的不同水泵分别供水到低压管网和高压管网，采用分压给水的形式。

(4)分区给水系统

在当城市面积比较大时，由于分期建设，可根据城市的规划状况，将水管网分为几个区，分批建成通水，并且各分区管道应有联通。

2. **工业给水系统**

(1)直流给水系统

直流给水系统是指企业从就近水源取水，根据水质情况，直接或经适当处理后供生产用，经使用后的水，全部排除，不再使用。这种系统虽然十分简单，但是水资源浪费严重，一般不宜采用。

(2)循序给水系统

循序给水系统是指根据各车间对水质的要求不同，将水按一定的顺序重复利用。

(3)循环给水系统

在一些工业行业中，需用大量的冷却用水，而这些冷却用水在使用过程中一般很少受到污染，通常经过简单处理后该部分水可以输送到车间循环使用，这种系统就被称为循环给水系统。

(二)室外给水系统的组成

室外给水系统一般由三大部分组成：即取水工程、净水工程和输配水工程。一般以地表水为水源的城市给水系统图如图5－1所示。

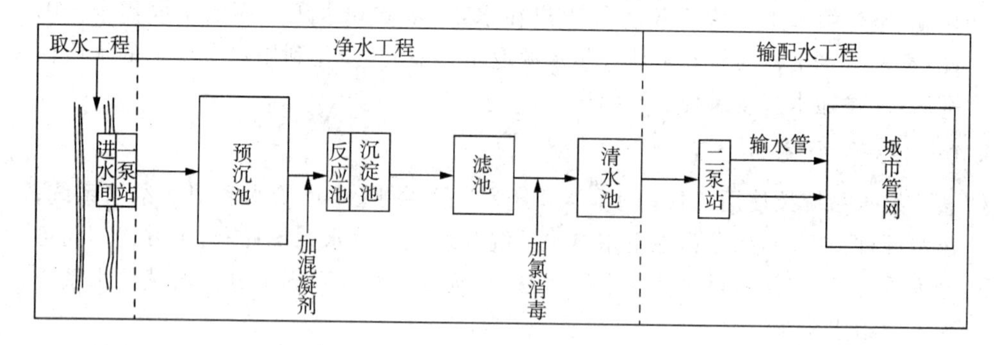

图5－1　地面水为水源的城市给水系统

1. **取水工程**

(1)水源

给水水源可分为地表水源和地下水源两大类。

地表水源是指江河、湖泊水、水库水以及海水等，一般来说，地表水源的水量较大，便于估算和控制取水量，供水比较可靠；但是，其水质较差，水质会因季节和环境的变化而变化，净化处理的难度较大，需要花费较大精力对其净化处理。

地下水源是指埋藏在地下孔隙、裂隙、溶洞等含水层介质中的水，如井水、泉水等。与地面水的水质相比，地下水源的物理、化学及细菌指标等方面均较好，水温也低，净化处理较为简单，一般经简单处理即可使用，使用经济、安全，便于维护管理。

因此，应首先考虑符合卫生要求的地下水作为饮用水的水源。但地下水的储量非常有限，不宜大量开采，在取集时，必须遵循开采量小于存储量的原则，否则将使地下水源遭受破坏，甚至会引起陆沉现象。

由此可见，水源的选择应从资源及环境保护的角度考虑，经过经济技术比较论证，来合理开发和综合利用水资源。通常城市水源是以地表水源为主，以地下水源为辅。

(2)取水构筑物

按照水源的不同，取水构筑物分地表水取水构筑物和地下水取水构筑物。

地表水取水构筑物有固定式和移动式两大类。固定式取水构筑物有河床式、岸边式和斗槽式；移动式取水构筑物有缆车式和浮船式等。

地下水取水构筑物的形式与地下水埋深、含水层厚度等水文地质条件有关；常用的地下水取水构筑物有管井、大口井、辐射井、渗渠等。

[想一想]

室外给水系统由哪几部分组成?

2. 净水工程

水是一种极易与各种物质混杂、溶解能力又较强的溶剂，水在自然界循环过程中或因人为因素会造成水中含有各种杂质，如泥沙、腐殖质、水生植物、细菌、病毒等悬浮物和胶体以及水中的氧、氮、硫化氢、钙、镁等溶解性杂质。因此，净水工程的任务就是对取水工程取来的天然水进行净化处理，采取有效的措施去除水源水中所含的各种杂质，使其满足人们对水质的要求。由于用户对水质要求不同，因此未经处理的水不能直接送往用户。

另外，水的净化方法和净化程度要根据水源的水质和用户对水质的要求而定，生活饮用水净化须符合《生活饮用水卫生标准》(GB5749—85)。

工业用水的水质标准和生活饮用水不完全相同，如锅炉用水要求水质具有较低的硬度；纺织工业对水中的含铁量限制较严；而制药工业、电子工业则需要含盐量极低的脱盐水。因此，工业用水应按照生产工艺对水质的具体要求来确定相应的水质标准及净化工艺。

一般来说，城市自来水厂只满足生活饮用水的水质标准。对水质有特殊要求的工业企业，常单独建造生产给水系统。若用水量不大，且允许自城市给水管网取水时，则可用自来水为水源再进行进一步处理。

以地面水为水源的原水一般经过混凝、沉淀、过滤、消毒等净水工艺净化，其净化工艺流程如图 5-2 所示。

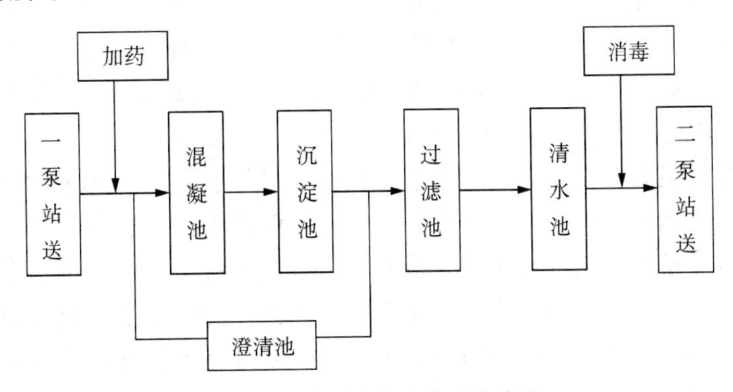

图 5-2　地面水的净化工艺流程

(1)混合与絮凝：天然水中分散着各种胶体微粒，长时间也不易下沉，通过向水中投加混凝剂，降低胶体微粒稳定性，使微粒与混凝剂相互凝聚生成较大的絮凝体，依靠重力作用下沉，从而使水得以澄清。常用的絮凝池有隔板、折板、涡流、机械絮凝池等形式。

(2)沉淀与澄清:沉淀池的作用是使混合絮凝形成的絮凝体依靠重力作用下沉,从水中分离出来,从而使水澄清,把混凝、沉淀综合于一体的构筑物称为澄清池。

(3)过滤:过滤是通过多孔隙的粒状滤料层(如硅砂、无烟煤等),进一步截留水中杂质,降低浊度及除去水中有机物和细菌。常用的滤池有普通快滤池、无阀滤池、虹吸滤池、移动罩滤池等。

(4)消毒:消毒的作用是杀灭水中的细菌和病毒并保证净化后的水输送到用户途中不致被再次污染,保证饮水的卫生。由于氯消毒方便、经济,且能保持一定时间的延续消毒能力,因而用得较多,另外还有臭氧、紫外线、超声波、高锰酸钾等多种消毒方法。

3. 输配水工程

输配水工程的任务是将净化后符合标准的水输送到用水地区并分配到各用水点。输配水工程设施通常包括输水泵站、输水管道、配水管网以及储水箱、储水池、水塔等水调节构筑物,是给水系统中工程量最大、投资最高的部分。

(1)泵站

在给水系统中,一般我们利用泵站内的水泵输送和提升水流。通常情况下,把从水源取水的泵站称为一级泵站,而把自清水池中取水并将水送入管网的泵站称为二级泵站。

[问一问]

城市管网的两种布置形式分别适用于什么情况?

一级泵站的任务是把水源的水提升输至净水构筑物,或直接输送至配水管网、水塔、水池等构筑物;而二级泵站的任务是把净化后的水自清水池中提升加压后,送至配水管网供用户使用。

(2)水塔

在给水系统中,水塔是调节二级泵站供水和管网用水量之间流量差额的构筑物。

(3)输水、配水管线

输水管线,是指从水源到水厂或从水厂到给水管网的管线,只输水不配水。供水不允许间断时,输水管一般不得少于2条;允许间断供水时,可以考虑只设1条输水管,另加水池。输水管应尽量沿现有或规划道路定线,尽量避免穿越河流、铁路,避开滑坡、塌方、沼泽和洪水泛滥地区。

配水管网的任务是将输水管送来的水分配到各个用户,配水管网应尽可能布置在两侧有用水大户的规划道路上。输配水工程直接服务于用户,其工程量和投资额约占整个给水系统总额的百分之七十到八十。因此,合理地选择管网的布置形式,是保证给水系统安全、经济、可靠地工作运行,减少基建投资成本的关键。

常用的城市管网的布置形式可分为树状管网与环状管网两种,如图5-3所示。

树状管网呈树枝状,管线向供水区域延展,管径随用户用水量的减少而逐渐减小。树状管网具有管线长度短、构造简单、节约投资等优点;但其安全性不高,若某处发生故障,会造成管网末端水流停止、水质受到污染,影响下游的用水。

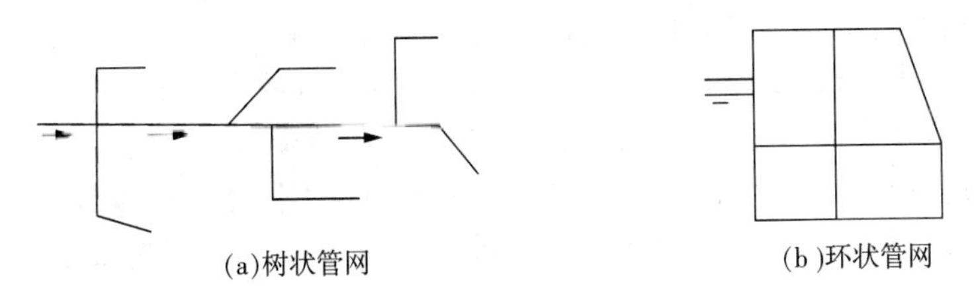

图 5－3　城市管网的布置形式

因此，树状管网一般适用于较小工程或非重要的工程。

环状管网是把用水区域的配水管按照一定的形式相互连通在一起，形成多个闭合的环状管路，从而使每根配水管至少都可从两个方向取水，断水的可能性大大地减少，并且其水力条件也较好，节省了电能。但是，这种布置形式用管较多，管线较长，投资大，一般适用于较大的城市或较重要的工程。新建居民区或工业区当资金不足时，一开始可做成枝状管网，待将来扩建时再发展成环状管网。

给水管网（包括输水管网和配水管网）是给水工程的重要组成部分，担负着城镇的输水和配水任务，工程投资比例也很高，其布置合理与否关系到供水是否安全、工程投资和管网运行是否经济，因此，给水管网在进行规划和布置时应遵循以下基本原则：①根据城市规划布置管网，给水系统可分期建设，并留有充分的发展余地；②布置在整个供水区内，并满足用户对水量和水压的要求；③管网供水应安全可靠，当局部管线发生故障时，应尽量减小断水范围。

二、室外排水工程

在人们的日常生活和工业生产中，会产生大量的生活污水和工业废水，其中会有大量的有害物质危害人们健康，污染环境。室外排水工程的任务是将城镇所产生的各类污（废）水按一定系统汇集起来，经过一定处理达到排放标准后，排放水体，以保障城镇工农业的正常生产和人民的正常生活活动。

（一）污水的分类

按照污水的来源和性质将污水可分为生活污水、工业废水和降水三大类：

［想一想］
什么是生活污水？什么是工业废水？

1. 生活污水

生活污水是指人们在日常生活中用过的水，包括从厕所、浴室、盥洗室、厨房、食堂和洗衣房等处排出的水。它来自住宅、公共场所、机关、学校、医院、商店以及工厂中的生活区部分。

生活污水含有大量的腐败性的有机物，如蛋白质、动物脂肪、碳水化合物、尿素等，还含有许多人工合成的有机物如肥皂和洗涤剂等，以及常在粪便中出现的病原微生物，如寄生虫卵和肠系传染病菌等。此外，生活污水中也含有为植物生长所需要的氮、磷、钾等肥分。这类污水需要处理后才能排入水体、灌溉农田或再利用。

2. 工业废水

工业废水是指在工业生产中排出的废水，来自车间或矿藏，这类水多具有危害性。例如,有的含大量有机物,有的含氰化物、汞、铅、镉等有害和有毒物质,有的含多氯联苯、合成洗涤剂等合成有机化学物质,有的含放射性物质等。由此,按其污染程度不同可分为污染较轻的生产废水和污染较严重的生产污水。前者在使用过程中仅有轻微污染或温度升高,后者则含不同浓度的有毒、有害和可再利用的物质,其成分因企业的特点而不同,一般需要企业内部先做处理达标后方可排放。

3. 降水

降水指的就是大气降水,包括雨水和冰雪融化水。雨(雪)水本来相对较干净,但流经屋面、道路和地表后,将因挟带流经地区的特有物质而受到污染,排泄不畅时还将形成水害。

对于以上三类污水,应合理地收集并及时输送到适当地点,设置污水处理厂(站)进行必要的处理后排放水体,以利于保护环境,促进工农业生产的发展和人类健康的生活。

(二)室外排水系统的组成及构筑物

1. 室外污水排水系统

室外污水排水系统组成主要有:室内污水管道系统和设备;室外污水管网系统;污水泵站及压力管道;污水处理与再利用系统;排入水体的出水口等。

(1)庭院或街坊排水管道系统

庭院或街坊管道系统是把庭院或街坊排出的污水排泄到街道排水系统的管道系统,由出户管、检查井、庭院排水管道组成。其终点设置控制井,控制井的标高应位于庭院最低处但高于街道排水管,并保证与之相衔接的高程。

(2)街道排水管道系统

[问一问]

中途泵站有什么作用?

街道排水管道系统是敷设在街道下的承接庭院或街坊排水的管道,由支管、干管和相应的检查井组成,其最小埋深须满足庭院排水管的接入需要。

(3)中途泵站

当管道由于坡降要求造成埋深过大时,须将污水抽升后输送。

(4)污水处理厂

污水处理厂由处理和利用污水与淤泥的一系列构筑物及附属设施组成,设于排水管网的末端,对污水进行处理后排放水体,排放水体处设有出水口等。城市污水处理厂一般设置在城市河流的下游地段,并与居民点和公共建筑保持一定的卫生防护距离。

2. 工业废水排水系统

在工业企业中用管道将厂内各车间所排出的不同性质的废水收集起来,送至废水回收利用和处理构筑物,经回收处理后的水可再利用、排入水体或排入城市排水系统。

工业废水排水系统组成主要有:车间内部管道系统和设备;厂区内废水管网系统;污水泵站及压力管道;废水处理站;回收和处理废水与污泥的场所等。

3. 雨水排水系统

雨水排水系统组成主要有:房屋的雨水管道系统和设施,如收集地面径流雨水的雨水口、排送雨水的雨水管等；街坊或厂区雨水管渠系统；街道雨水管渠系统；排洪沟道和出水口等。

4. 污水处理系统

污水处理系统是处理和利用废水的设施，它包括城市及工业企业污水处理厂、站中的各种处理构筑物等工程设施。

（三）室外排水系统的体制

在城镇和工业企业中通常有生活污水、工业废水和降水，这些污水既可采用一个管渠系统来排除，又可采用两个或两个以上各自独立的管渠系统来排除，污水的这种不同排除方式所形成的排水系统，称为排水系统的体制（简称排水体制）。排水系统的体制，一般分为合流制和分流制两种类型：

1. 合流制排水系统

合流制排水系统是将生活污水、工业废水和雨、雪水径流混合在同一个管道内排除的系统。按照生活污水、工业废水和雨、雪水径流汇集后的处理方式不同，可分为：

(1)直泄合流制排水系统

是将未经处理的混合污水直接由排出口就近排入水体。国内外很多老城市以往几乎都是采用这种系统，但是这种排水形式污水未经处理，会使受纳水体遭受严重污染。为此，在改造旧城区的合流制排水系统时，常采用截流式合流制的方法来弥补这种体制的缺陷。

(2)截流式合流制排水系统

在城市街道的管渠中设置截流干管，把晴天和雨天初期降雨时的所有污水都输送到污水处理厂，经处理后再排入水体。当管道中的雨水径流量和污水量超过截流管的输水能力时，则有一部分混合污水从溢流井溢出而直接泄入水体。这就是所谓的截流式合流制排水系统，虽较前有所改善，但仍不能彻底消除对水体的污染。

2. 分流制排水系统

分流制排水系统是将生活污水、工业废水和雨水分别在两个或两个以上各自独立的管渠内排除的系统。

一般来说，分流制排水系统又分为完全分流制和不完全分流制两种排水系统。在城市中，完全分流制排水系统包含污水排水系统和雨水排水系统；而不完全排水系统只有污水排水系统，未建雨水排水系统，雨水沿天然地面、街道边沟、水渠等原有渠道系统排泄，或者为了补充原有渠道系统输水能力的不足而修建部分雨水渠道，待城市进一步发展再修建雨水排水系统，使其转变成完全分流制排水系统。

[做一做]

请列表比较不同排水系统体制的优缺点。

由于把污水、废水排水系统和雨水排水系统分开设置，其优点是污水能得到全部处理，管道水力条件较好，可分期修建；主要缺点是降雨初期的雨水对水体仍有污染，投资相对较大。我国新建城市和工矿区大多采用分流制。对于分期建设的城市，可先设置污水排水系统，待城市发展成型后，再增设雨水排水系统。

在工业企业中不仅要采取雨、污分流的排水系统，而且要根据工业废水化学和物理性质的不同，分设几种排水系统，以利于废水的重复利用和有用物质的回收。

大多数城市，尤其是建成较早的城市，往往是混合制的排水系统，既有分流制也有合流制。排水体制的选择应根据城市及工矿企业的规划、环境保护的要求、污水利用的情况、原有排水设施，水质、水量、地形、气候和水体等条件，从全局出发，在满足环境条件的前提下，通过技术经济比较来综合考虑决定。新建的排水系统一般采用分流制，同一城镇的不同地区，也可采用不同的排水体制。

第二节　建筑给排水工程

一、建筑给水

建筑给水系统是将室外给水管网中的水引入一幢建筑或建筑群，经配水管送至生活、生产和消防用水设备，并满足各类用水对水质、水量和水压要求的冷水供应系统。

（一）建筑内给水系统的分类

根据用户对水质、水压、水量和水温的要求，并结合外部给水系统情况进行分类，有三种基本给水系统：生活给水系统、生产给水系统和消防给水系统。

1. 生活给水系统

[问一问]

你知道什么是"中水"吗？

生活给水系统是指供人们生活饮用、烹饪、盥洗、洗涤、沐浴等日常用水的给水系统。它又可以按直接进入人体及与人体接触还是用于洗涤衣物、冲厕等分为两类，前者水质应符合国家规定的生活饮用水卫生标准，后者水质应满足杂用水水质标准。在一般情况下，两者共用给水管网，而在缺水地区分为生活饮用水和杂用水两类管网。近年，由于生活引用水管网的水质有时不符合要求或在输配水过程中受到一定污染，在某些城市、地区或高档住宅小区、综合楼等实施分质供水，管道直饮水进入住宅。

2. 生产给水系统

生产给水系统是指供给各类产品生产过程中所需用水的给水系统。生产用水对水质、水量、水压的要求随工艺要求的不同有较大的差异，有的低于生活用水标准，有的远远高于生活饮用水标准。

3. 消防给水系统

消防给水系统是指供给各类消防设备扑灭火灾用水的给水系统。在小型或不重要建筑中，可与生活给水系统合并，但在公共建筑、高层建筑、重要建筑中必须与生活给水系统分开设置。消防用水对水质的要求不高，但必须按照建筑设计防火规范，保证供应足够的水量和水压。

上述三类基本给水系统可以独立设置，也可根据各类用水对水质、水量、水压、水温的不同要求，结合室外给水系统的实际情况，经技术经济比较，兼顾社会、经济、技术、环境等因素进行综合考虑，组成不同的共用给水系统。

(二)建筑内给水系统的组成

一般情况下,建筑给水系统由下列各部分组成,如图 5-4 所示。

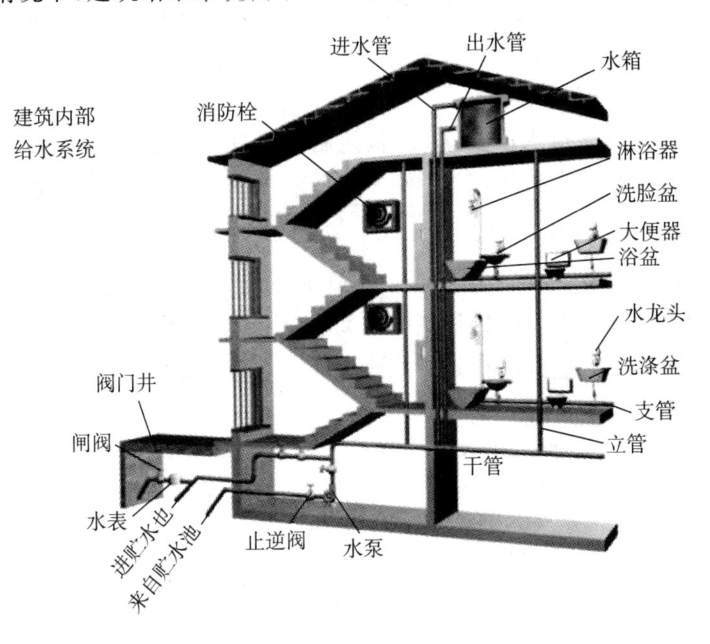

图 5-4　建筑给水系统

1. 水源

水源是指室外给水管网供水或自备水源。

2. 引入管

引入管又称进户管,是联络室外给水管网与室内给水管网之间的管段。它的作用是从市政给水管网引水至建筑内部给水管网。若该建筑物的水量为独立计量时,在引入管段应装设水表、阀门。

3. 给水附件

用以控制调节系统内水的流向、流量、压力,保证系统安全运行的附件,包括配水龙头、消火栓、喷头与各类阀门(控制阀、减压阀、止回阀等)。

[问一问]
建筑给水系统有哪些部分组成?

4. 水表节点

水表节点是指引入管上装设的水表及其前后设置的阀门及泄水装置等的总称,也指配水管网中装设的水表,以便于计算局部用水量,如分户水表节点。

5. 给水管网

给水管网指建筑内给水水平干管、立管和支管等组成的管道系统,用于输送和分配用水。

水平干管,也叫总管、总干管,是将水从引入管输送至建筑物各区域的管段;立管,也称为竖管,是将水从干管沿垂直方向输送至各个楼层、不同标高处的管段;支管,也称为配水管,是将水从立管输送至各个房间的管段;分支管,又称为配水支管,是将水从支管输送至各用水设施的管段。

6. **增压和储水设备**

当室外给水管网的水压、水量不能满足建筑给水要求，或要求供水压力稳定、确保供水安全可靠时，应根据需要在给水系统中设置水泵、气压给水设备和水池、水箱等增压、贮水设备。

7. **给水局部处理设施**

当有些建筑对给水水质要求很高，超出生活饮用水卫生标准或因其他原因造成水质不能满足要求时，就需设置一些设备、构筑物进行给水深度处理。

(三)建筑内部给水方式

建筑内部给水方式要综合考虑室外给水系统的供水情况，及建筑内给水系统对水压和水量的要求；其次，建筑物的高度、内部卫生器具及消防设备的设置、生产设备对用水的要求等也都起着重要的作用。常用的给水方式有：

1. **直接给水方式**

[看一看]

查看教学楼、宿舍楼里的给水方式并绘出草图。

当室外配水管网的压力、水量能终日满足室内供水的需用时，可以采用最简单的直接供水方式，如图 5-5 所示。

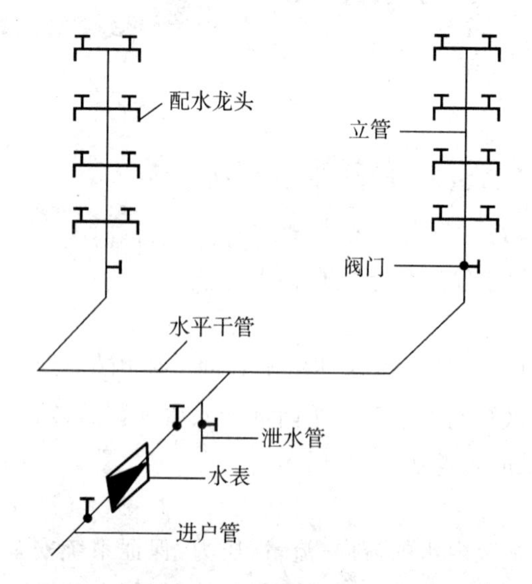

图 5-5　直接给水方式

这种方式的特点是：与外部给水管网直接连接，利用外网水压供水，室内仅设有给水管道系统，无任何加压设备；供水较可靠、系统简单、投资省、维护方便，但由于内部无贮备水量设施，外网停水时内部给水系统也会随之无水。

2. **设有水箱的给水方式**

在外部给水管网的水压昼夜周期性不足时，可以设置屋顶水箱。水压高时，箱内蓄水；低水压时，箱中放出存水，补充供水不足，这样可以利用城市配水管中压力波动，使水箱存水放水，满足建筑供水的要求，如图 5-6 所示。

此种给水方式的特点是：供水较可靠、系统简单、投资较省、安装和维护较简单、可充分利用外部给水管网水压、降低能耗和增压设施；但是这种给水方式需设置高位水箱，增加了结构荷载。

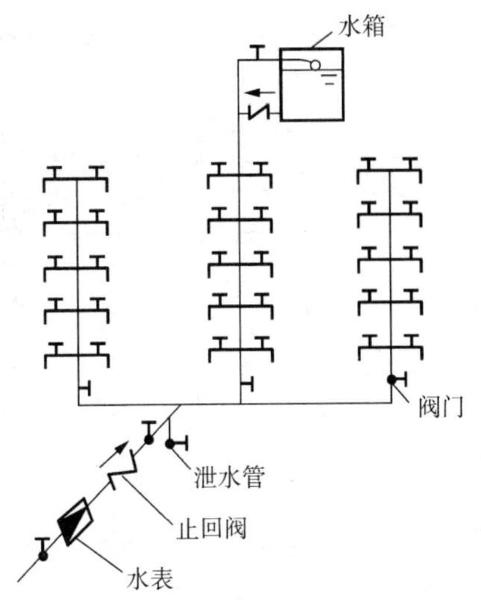

图 5-6　单设水箱给水方式

3. 设水泵的给水方式

当室外配水管网中的水压经常或周期性低于室内所需的供水水压，且用水量较大时，可采取设置水泵及水箱的供水方式，如图 5-7 所示。

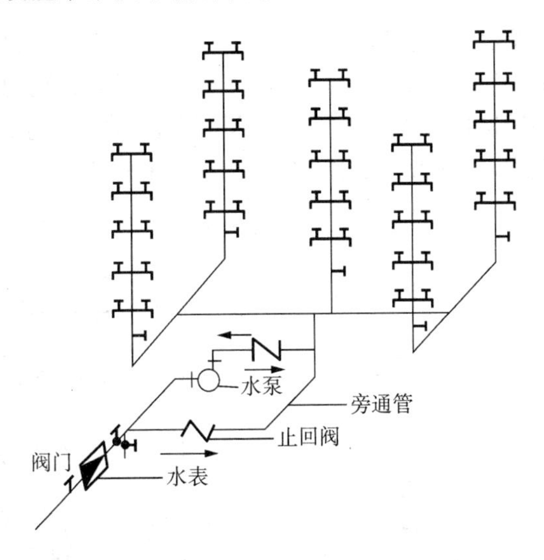

图 5-7　单设水泵给水方式

这种给水方式避免了前述设水箱的缺点，但没有水量储备。此外，这种给水方式是按室内用水量最大的小时流量和室外管网压力最小的情况来设计的（这种情况一天中出现的较少），因此，绝大多数时间内水泵是在低效的情况下运行的，电能耗费多，常用于生产车间，或者水泵开停采用自动控制的建筑物内。

4. 设水泵、水箱的给水方式

当室外管网的水压经常不足，且室内用水不均匀，允许直接从外网抽水，可采用这种设水泵、水箱的给水方式，如图 5-8 所示。

此方式的特点为：停水、停电时可延时供水，供水可靠，充分利用外网水压、节约能源;但安装麻烦、投资大、增加结构荷载,有振动和噪声干扰。

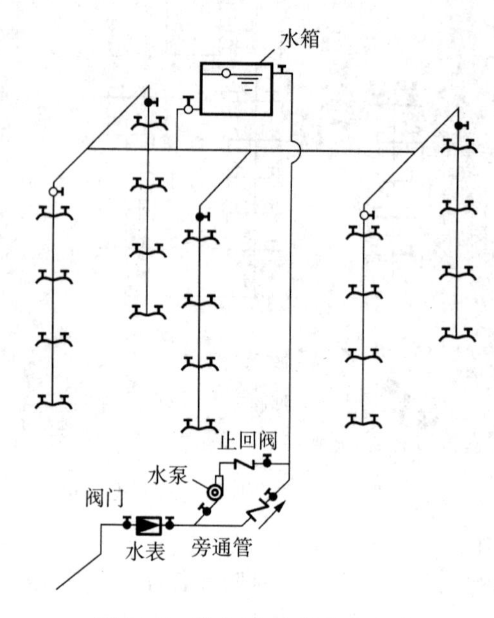

图 5-8　设水泵、水箱给水方式

5. 设水池、水泵、水箱的给水方式

当室外管网的水压经常低于或夏季高峰期内低于某建筑物的要求水压,且用水量又不均匀时采用这种方式,也常用于多层建筑。有的建筑物要求安全供水,也可采用这种给水方式,此时水池和水泵作为一种备用的给水设备,如图 5-9 所示。

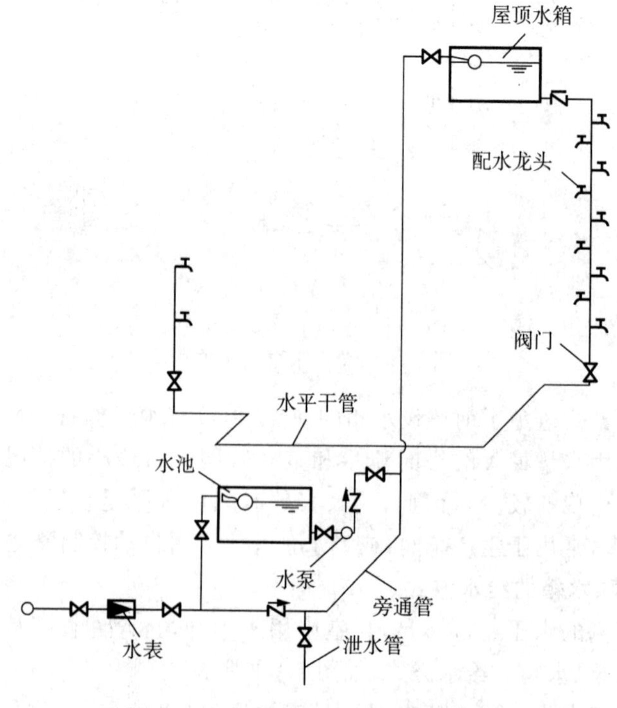

图 5-9　设水池、水泵、水箱给水方式

这种给水方式技术合理、供水可靠；但一次性投资较大、不能利用外网水压、能耗大、维护不便、有水泵振动和噪声干扰。

6. 气压给水方式

外部给水管网不能满足内部用水点水压要求，水压经常不足，且用水量不均匀而又不宜或无法设置高位水箱时，可采用气压给水方式，如图 5－10 所示。

气压给水方式利用水泵增压，利用气压水罐调节水量和控制水泵运行。其优点是能满足用水点水压要求，不需设高位水箱，供水可靠、卫生；缺点是变压式气压水罐水压波动大、水泵平均效率低、能耗多、钢材耗用量大。

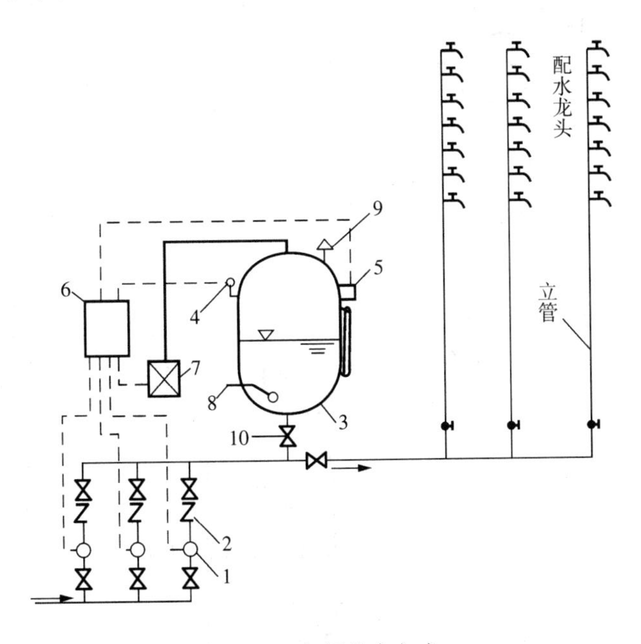

图 5－10　气压给水方式

7. 分区给水方式

对于多层和高层建筑来说，室外给水管网的压力只能满足建筑下部若干层的供水要求。为了节约能源，有效地利用外网的水压，常将建筑物的低区设置成由室外给水管网直接供水，高区由增压贮水设备供水。为保证供水的可靠性，可将低区与高区的 1 根或几根立管相连接，在分区处设置阀门，以备低区进水管发生故障或外网压力不足时，打开阀门由高区向低区供水，如图 5－11 所示。

[做一做]

请列表比较各种给水方式的优缺点。

（四）建筑内给水系统的压力

给水系统应保证一定的水压以确保生活、生产和消防用水量，并保证最高最远配水点具有一定的流出水头。

建筑物内的给水系统所需的水压（自室外引入管起点管中心标高算起）如图 5－12 所示。

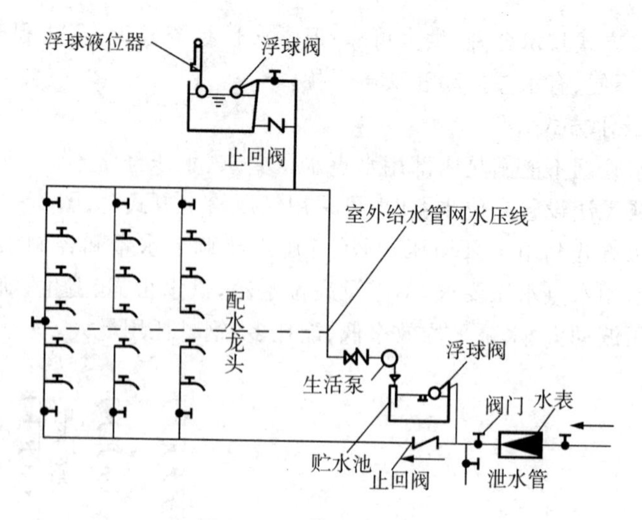

图 5－11　分区给水方式

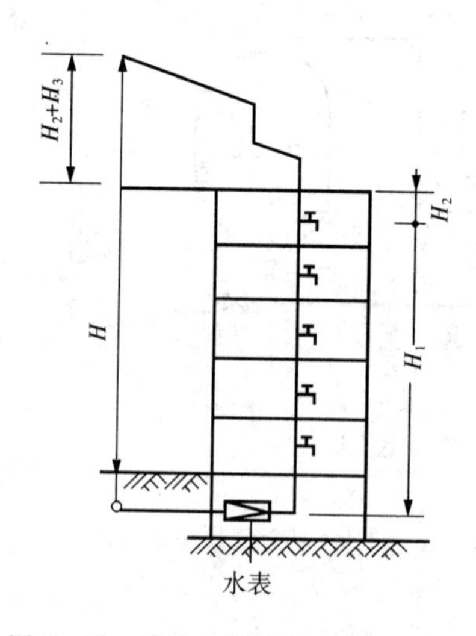

图 5－12　建筑内部给水系统所需压力

理论上确定所需水压的计算方法如下：

$$H=H_1+H_2+H_3+H_4$$

式中　H——给水系统所需的水压，kPa；

H_1——引入管起点至配水最不利点位置高度所要求的静水压，kPa；

H_2——引入管起点至配水最不利点的给水管路即计算管路的沿程与局部水头损失之和，kPa；

H_3——水表的水头损失，kPa；

H_4——配水最不利点所需的流出水头，kPa。

[算一算]

估算一幢 6 层建筑的给水水压。

居住建筑的生活给水管网，在进行初步设计时，系统所需水压也可根据建筑物的层数估计所需最小压力值，从地面算起，一般首层大约为 100kPa，二层为 120kPa，三层及三层以上每增加一层增加 40kPa。

(五)建筑内部给水管道的布置与敷设

建筑给水管道布置与敷设之前,必须先了解该建筑物的建筑和结构的设计情况、使用功能和所有建筑设备设计全局布置方案,然后综合考虑消防给水、热水供应、建筑中水、建筑排水等系统的布置与设计要求,处理和协调好各种管线的相关关系。

1. 给水管道的布置形式

室内给水管道布置按供水可靠程度要求可分为枝状和环状两种形式。枝状管网单向供水,供水安全可靠性差,但节省管材,造价低;环状管网管道相互连通,双向供水,安全可靠,但管线长,造价高。一般建筑内给水管网宜采用枝状布置,高层建筑宜采用环状布置。

按水平干管的布置位置又可分为上行下给、下行上给和中分式三种形式。干管设在顶层天花板下、吊顶内或技术夹层中,由上向下供水的为上行下给式,适用于设置高位水箱的居住与公共建筑和地下管线较多的工业厂房;干管埋地、设在底层或地下室中,由下向上供水的为下行上给式,适用于利用室外给水管网直接供水的工业与民用建筑;水平干管设在中间技术层内或中间某层吊顶内,由中间向上、下两个方向供水的为中分式,适用于屋顶用作露天茶座、舞厅或设有中间技术层的高层建筑。同一幢建筑的给水管网也可同时兼有以上两种形式。

[想一想]

水平干管的布置形式有几种?分别适用于什么情况?

2. 给水管道的布置要求

(1)保证供水安全,力求经济合理

管道布置时应力求短而直,尽可能与墙、梁、柱、桁架平行。给水干管应尽量靠近用水量最大设备处或不允许间断供水的用水处,以保证用水可靠,并减少管道转输流量,使大口径管道长度最短。给水引入管,应从建筑物用水量最大处引入。

(2)保证管道安全,便于安装维修

生活给水引入管与污水排出管管道外壁的水平净距不宜小于1.0m;室内给水管与排水管之间的最小净距,平行埋设时,应为0.5m;交叉埋设时,应为0.15m,且给水管应在排水管的上面。埋地给水管道应避免布置在可能被重物压坏处;为防止振动,管道一般不得穿越生产设备基础,如必须穿越时,应与有关专业人员协商处理;为防止管道腐蚀,管道不得设在烟道、风道和排水沟内,不得穿过大小便槽。当给水立管距小便槽端部≤0.5m时,应采取建筑隔断措施。

管道不宜穿过伸缩缝、沉降缝,如必须穿过,应采取保护措施等,常用的保护措施有软性接头法和活动支架法。软性接头法即用橡胶软管或金属波纹管连接沉降缝、伸缩缝两边的管道;活动支架法为在沉降缝两侧设支架,使管道只能垂直位移,以适应沉降、伸缩的应力。

布置管道时,其周围要留有一定的空间,在管道井中布置管道要排列有序,以满足安装维修的要求。需进入检修的管道井,其通道不宜小于0.6m。管道井每层应设检修设施,每两层应有横向隔断,检修门宜开向走廊。

(3)保证建筑物使用功能和生产安全

为避免因渗漏造成电气设备故障或短路,给水管道不能穿过配电间;不能布置在生产操作、生产安全、交通运输处；不能布置在遇水易引起燃烧、爆炸、损坏的设备、产品和原料的上方；不允许穿过橱窗、壁柜、吊柜和木装修处。

3. 给水管道的敷设形式

根据建筑的性质和要求，给水管道的敷设分为明装、暗装两种形式。

明装即管道外露，管道尽量沿墙、梁、柱、顶棚、地板或桁架敷设。这种形式的优点是安装维修方便，造价低；缺点是外露的管道影响美观，表面易结露、积尘，一般用于对卫生、美观没有特殊要求的建筑。

暗装即管道敷设在管道井、技术层、管沟、墙槽、顶棚或夹壁墙中，直接埋地或埋在楼板的垫层里。此种形式的优点是管道不影响室内的美观、整洁；缺点是施工复杂，维修困难，造价高。暗装一般适用于对卫生、美观要求较高的建筑，如宾馆、高级公寓和要求无尘、洁净的车间、实验室、无菌室等。

在工程设计过程中，无论采取哪种形式，都应该密切配合土建，尤其是对暗装管道进行施工时更要紧密配合。例如，在土建砌筑基础、安装楼板、砌筑内墙时，管道工程应根据设计图纸及时配合土建施工，预埋好各种管道、管件、预留孔、槽等。

4. 给水管道的敷设要求

[想一想]

室外埋地引入管埋设深度有些什么要求？

引入管进入建筑内，一种情形是从建筑物的浅基础下通过，另一种是穿越承重墙或基础。在地下水位高的地区，引入管穿地下室外墙或基础时，应采取防水措施，如设防水管套等。

室外埋地引入管要防止地面活荷载和冰冻的影响，其管顶覆土厚度不宜小于0.7m，并应敷设在冰冻线以下0.2m处。

给水横管穿承重墙或基础、立管穿楼板时均应预留孔洞。

给水横干管宜敷设在地下室、技术层、吊顶或管沟内，宜有0.002～0.005的坡度坡向泄水装置；立管可敷设在管道井内，给水管道与其他管道同沟或共架敷设时，宜敷设在排水管、冷冻管的上面或热水管、蒸汽管的下面；给水管不宜与输送易燃、可燃或有害的液体或气体的管道同沟敷设；通过铁路或地下构筑物下面的给水管道，宜敷设在套管内。

管道在空间敷设时，必须采取固定措施，以保证施工方便与供水安全。

二、建筑排水

建筑室内排水系统的任务是接纳、汇集建筑物内各种卫生器具和用水设备排放的污(废)水，以及屋面的雨、雪水，并在满足排放要求的条件下，排入室外排水管网。

(一)建筑排水系统的分类

建筑内部设置的排水系统按其所排除的污废水性质，可进一步细分为以下几类：

1. 生活废水排水系统

排除人们生活中所产生的洗脸排水、洗衣排水、沐浴排水、冷却水、厨房排水等废水，其中含有洗涤剂和细小悬浮颗粒杂质，污染程度较轻。

2. 生活污水排水系统

排除厕所的生活污水。

3. 生产废水排水系统

排除生产过程中所产生的废水，包括仅含有少量无机杂质但不含有毒物质，或是仅水温变化(如冷却用水、空调冷却用水等)的废水。

4. 生产污水排水系统

排除在生产过程中受到各种较严重污染的工业废水。由于所含的有机物、无机物、盐类等成分不同又分为含酸碱污水，含油污水及含氰、铬、酚等污水。

5. 雨水排水系统

接纳排除屋面的雨水、冰雪融化水。

6. 其他特殊排水

如公共厨房排出的含油脂废水、冲洗汽车的废水。

(二)建筑排水体制的选择

1. 排水体制

按照污水与废水的关系，建筑内部排水的方式称为排水体制，可分为分流制和合流制两种。分流制是指在建筑内分别设置生活污水，工业废水及雨水管道系统，按质分流排出建筑物；合流制是指生活污(废)水、生产污(废)水及雨水管道系统，组合两种或两种以上污废水合流排出建筑物。

建筑内部排水系统采用分流制还是合流制，应根据污(废)水的性质、污染程度、室外排水体制、综合利用的可能性及水处理要求等确定。

2. 排水体制的选择

(1)下列情况宜采用分流制

① 当城市无污水处理厂时，生活污水一般与生活废水分流排出。

② 当建筑物内有中水系统时，生活污水与生活废水宜分流排出。

③ 当冷却废水量较大且需循环或重复利用时，宜将其设置成单独的排水系统。

④ 当室外为合流制时，而室内污水必须经局部处理后才能排入室外合流制排水管道，应尽量将生活污水与生活废水分流排出。餐饮业、公共食堂、厨房洗涤污水在除油前应与生活污水分流排出。

⑤ 在无生活排水管道时，生活污水与生活废水分流排出，洗浴水可排入工业废水管道。

(2)下列情况建筑的排水应单独排至水处理或回收构筑物，经处理后方可排入建筑物外的排水系统

① 公共饮食业厨房含有大量油脂的洗涤废水。

② 水温超过 40 度的锅炉、水加热器等加热设备的排水。

③ 含有大量机油的汽车修理间洗车台冲洗水。

④ 含有大量病菌或放射性元素超过排放标准的医院污水。

[问一问]

如何确定建筑内部排水系统的排水体制?

⑤ 含酸碱、有毒、有害物质的工业排水。

⑥ 可做中水水源的生活排水。

⑦ 建筑物雨水管道应单独设置，在缺水或严重缺水地区，宜设置雨水储存池。

建筑内部排水体制的选择应为室外污水处理及综合利用提供便利条件，尽量做到清、污分流，减少含有有害物质和有用物质污水的排放量，以保证污水处理构筑物的处理效果，以及有用物质的回收和综合利用。

（三）建筑排水系统的组成

建筑内部排水系统的任务是通畅地排除使用后的污水或废水，管线力求简短，排水管道要安装正确牢固，不渗不漏，保持水封，使管道正常运行。一个完善的建筑内排水系统主要由下列部分组成：

1. 卫生器具或生产设备

［想一想］
存水弯有什么作用？

卫生器具是建筑内排水系统的起点，接纳各种污水后经过存水弯和器具排水管流入横支管。建筑内的卫生器具具有内表面光滑、不渗水、耐腐蚀、耐冷热、便于清洁、经久耐用等性质。

2. 排水管道

排水管因所处部位与作用不同有器具排水管、横支管、立管、埋设在地下的总干管和室外的排出管等。

(1)器具排水管

器具排水管，亦称排水支管，是为连接卫生器具和横支管之间的一段短管，除坐式大便器以外，其间还应包括水封装置。

(2)排水横支管

排水横支管的作用是把各卫生器具排水管流来的污水排至立管，横支管应具有一定的坡度。

(3)排水立管

排水立管接受来自各横支管的污水，然后再排至排出管，为了保证污水畅通，立管管径不得小于50mm，也不应小于任何一根接入的横支管的管径。

(4)排水干管

排水干管是连接两根或两根以上排水立管的总横支管。

(5)排出管

排出管是室内排水立管或干管与室外排水检查井之间的连接管段，它接受来自一根或几根立管的污水并排至室外排水管网，排出管的管径不得小于与其连接的最大立管的管径，连接几根立管的排出管，其管径应由水力计算确定。

3. 通气系统

通气管不但能将室内排水管道中产生的有毒气体和臭气排到大气中去，并能保持排水管系的压力波动小，保护卫生器具存水弯内的存水不致因压力波动而被抽吸或喷溅。建筑内排水系统的通气管有以下几种类型：

(1)伸顶通气管

对于层数不多的建筑，在排水横支管不长、承担的卫生器具数不多的情况下，采取将排水立管上部延伸出屋顶的通气措施，排水立管上部称为伸顶通气管，是最简单、最基本的通气方式。

伸顶通气管的管径一般与排水立管管径相同或小一级，并应高出屋面 0.3m 以上，大于当地最大积雪厚度，以防止积雪盖住通气口。

[想一想]

设置各种通气管的作用是什么？

(2)器具通气管

器具通气管是指一端与卫生器具存水弯出口相连，另一端在卫生器具顶缘以上 0.15m 处与通气立管相连的通气管段，具有控制噪声的功效，使用于对卫生标准和安静要求较高的排水系统，如高级宾馆等建筑。

(3)环形通气管

环形通气管是指在多个器具的排水横支管上，从最始端卫生器具的下游端接至通气立管的那一段通气管。它适用于横支管上担负卫生器具数量较多的公共卫生间或盥洗间，其一根支管连接 4 个及 4 个以上卫生器具，且与立管的距离超过 12m，或一根支管连接的大便器在 6 个或 6 个以上。

(4)主通气立管

主通气立管是指为连接环形通气管和排水立管，并为排水支管和排水主管内空气流通而设置的垂直管道。

(5)副通气立管

副通气立管是指仅与环形通气管连接，以使排水横支管内空气流通而设置的通气管道。

(6)专用通气管

专用通气管是指仅于排水主管连接，为污水主管内空气流通而设置的垂直通气管道，适用于立管总负荷超过允许排水负荷时，起平衡立管内正负压的作用。

(7)结合通气管

结合通气管，又称共轭管，是指排水立管与主通气立管的连接管段。结合通气管的作用为：当上部横支管排水，水流向下流动时，水流前方空气被压缩，通过它释放被压缩的空气至通气立管。

4. 清通设备

为了疏通排水管道，在排水系统内设检查口、清扫口和检查井。

(1)检查口

设在排水立管上及较长的水平管段上，为一带有螺栓盖板的短管，清通时将盖板打开。立管上除建筑最高层及最低层必须设置外，可每隔两层设置一个，若为两层建筑，可在底层设置。检查口的设置一般距地面 1m，并应高于该层卫生器具上边缘 0.15m。

(2)清扫口

当悬吊在楼板下面的污水横管上有 2 个及 2 个以上的大便器或 3 个及 3 个以上的卫生器具时，应在横管的起端设置清扫口。

(3)检查井

对于不散发有毒气体或大量蒸汽的工业废水的排水管道，在管道拐弯、变径处和坡度改变及连接支管处，可在建筑物内设检查井。在直线管段上，排除生产废水时，检查井距离不宜大于 30m；排除生产污水时，检查井的距离不宜大于 20m。对于生活污水排水管道，在建筑物内不宜设置检查井。

排出管与室外排水管道连接处，应设检查井。室外排水管拐弯、变径处应设检查井，检查井中心至建筑物外墙的距离不宜小于 3.0m。

5. 抽升设备

在工业与民用建筑的地下室、人防和大型铁道等地下建筑物中，卫生器具的污(废)水不能自流排至室外排水管道，需设置水泵和集水池等局部抽升水泵，将污(废)水抽送到室外排水管道中去。

6. 室外排水管道

自排出管连接的第一个检查井至城市排水管网或工业企业的排水主干管间的排水管段，称为室外排水管道，其作用是将建筑内污水、废水输送到市政或工厂的排水管道中去。

7. 污水局部处理设备

[问一问]

你知道化粪池的作用吗?

当建筑内排出的污水不允许直接排入室外排水管道时，则需设置污水局部处理设备，使污水水质得以初步改善后再排入室外排水管道。

根据污水性质的不同，采用不同的污水局部处理设备，如沉淀池、除油池、化粪池、中和池等。

(四)建筑内排水管道的布置与敷设

1. 排水管道的布置原则

建筑物内部的排水管道的布置与敷设是影响人们生活和生产的重要因素之一，因此，应遵循以下原则：

(1)排水通畅，水力条件好。

(2)使用安全可靠，防止污染，不影响室内环境卫生。

(3)管线简单，工程造价低。

(4)施工安装方便，易于维护管理。

(5)占地面积小、美观。

另外，还要同时兼顾给水管道、热水管道、供热通风管通、燃气管道、电力照明线路、通信线路及电视电缆等的布置和敷设要求。

2. 排水管道的布置与敷设要求

(1)不散发有害气体或大量蒸汽的生产和生活污水，在下列情况下，可采用有盖或无盖的排水沟排除：

① 污水中含有大量悬浮物或沉淀物需经常冲洗；

② 生产设备排水支管很多，用管道连接困难；

③ 生产设备排水点的位置不固定；

④ 地面需要经常冲洗。

(2)室内排水沟与室外排水管道连接处，应设水封装置。

(3)下列设备和容器不得与污废水管道系统直接连接，应采取间接排水的方式：

① 生活饮用水贮水箱（池）的泄水管和溢流管；

② 厨房内食品制备及洗涤设备的排水；

③ 医疗灭菌消毒设备的排水；

④ 蒸发式冷却器、空气冷却塔等空调设备的排水；

⑤ 贮存食品或饮料的冷藏间、冷藏库房的地面排水和冷风机溶霜水盘的排水。

(4)设备间接排水宜排入邻近的洗涤盆。如不可能时，可设置排水明沟、排水漏斗或容器。间接排水口最小空气间隙，宜按表5-1确定。

(5)间接排水的漏斗或容器不得产生溅水、溢流，并应布置在容易检查、清洁的位置。

(6)排水管道一般应地下埋设或在地面上楼板下明设，如建筑或工艺有特殊要求时，可在管槽、管道井、管沟或吊顶内暗设，但应便于安装和检修。

(7)排水管道不得布置在遇水引起燃烧、爆炸或损坏的原料、产品和设备上面。

表5-1　间接排水口最小空气间隙

间接排水管管径(mm)	排水口最小空气间隙(mm)
≤25	50
32～50	100
>50	150

[注]饮料用贮水箱的间接排水口最小空气间隙，不得小于150mm。

(8)架空管道不得敷设在生产工艺或卫生有特殊要求的生产房内，以及食品和贵重商品仓库、通风小室和变配电间内。

(9)排水管道不得布置在食堂、饮食业的主副食操作烹调的上方。当受条件限制不能避免时，应采取防护措施。

(10)排水管道不得穿过沉降缝、烟道和风道，并不得穿过伸缩缝。当受条件限制必须穿过时，应采取相应的技术措施。

(11)排水埋地管道，不得布置在可能受重物压坏处或穿越生产设备基础。在特殊情况下，应与有关专业协商处理。

(12)排水立管应设在靠近最脏、杂质最多的排水点处。

(13)生活污水立管不得穿越卧室、病房等对卫生、安静要求较高的房间，并不宜靠近与卧室相邻的内墙。

(14)卫生器具排水管与排水横支管连接时，可采用90°斜三通。

(15)排水管道的横管与横管、横管与立管的连接，宜采用45°三通、45°四通、90°斜三通，也可采用直角顺水三通或直角顺水四通等配件。

(16)排水立管与排出管端部的连接，宜采用两个45°弯头或弯曲半径不小于

4 倍管径的 90°弯头。

(17)排水管应避免轴线偏置,当受条件限制时,宜用乙字管或两个 45°弯头连接。

(18)靠近排水立管底部的排水支管连接,应符合下列要求:

① 排水立管仅设置伸顶通气管时,最低排水横支管与立管连接处距排水立管管底垂直距离,不得小于表 5-2 的规定;

② 排水支管连接在排出管或排水横干管上时,连接点距立管底部水平距离不宜小于 3.0m;

③ 当靠近排水立管底部的排水支管的连接不能满足本条一、二款的要求时,则排水支管应单独排出室外。

(19)排水管与室外排水管道的连接,排出管管顶标高不得低于室外排水管管顶标高。其连接处的水流转角不得小于 90°。当有跌落差并大于 0.3m 时,可不受角度的限制。

表 5-2　最低横支管与立管连接处至立管管底的垂直距离

立管连接卫生器具的层数(层)	垂直距离(m)
≤4	0.45
5～6	0.75
7～12	1.2
13～19	3.0
≥20	6.0

[注]当与排出管连接的立管底部放大一号管径或横干管比之连接的立管大一号管径时,可将表中垂直距离缩小一档。

(20)排水管穿过承重墙或基础处,应预留洞口,且管顶上部净空不得小于建筑物的沉降量,一般不宜小于 0.15m;排水管穿过地下室墙或地下构筑物的墙壁处,应采取防水措施;排水管道外表面如可能结露,应根据构筑物性质和使用要求,采取防结露措施。

本章思考与实训

1. 室外给水系统有哪几部分组成?
2. 城市管网的布置形式有几种?各有什么优缺点?
3. 室外排水系统有哪几部分组成?
4. 排水系统的体制有几种?各有什么优缺点?
5. 室外排水系统的布置与敷设有哪些要求?

6. 建筑给水系统最基本的给水方式有哪几种？各适用于怎样的水源条件及用水特点？

7. 室内给水系统的组成分哪几部分？

8. 室内给水管道的布置有哪些要求？

9. 建筑内部排水系统有哪几部分组成？

10. 何谓排水体制？应如何选择？

第六章 道路与桥梁工程

【内容要点】

1. 道路的分类及组成；
2. 桥梁工程的分类及组成。

【知识链接】

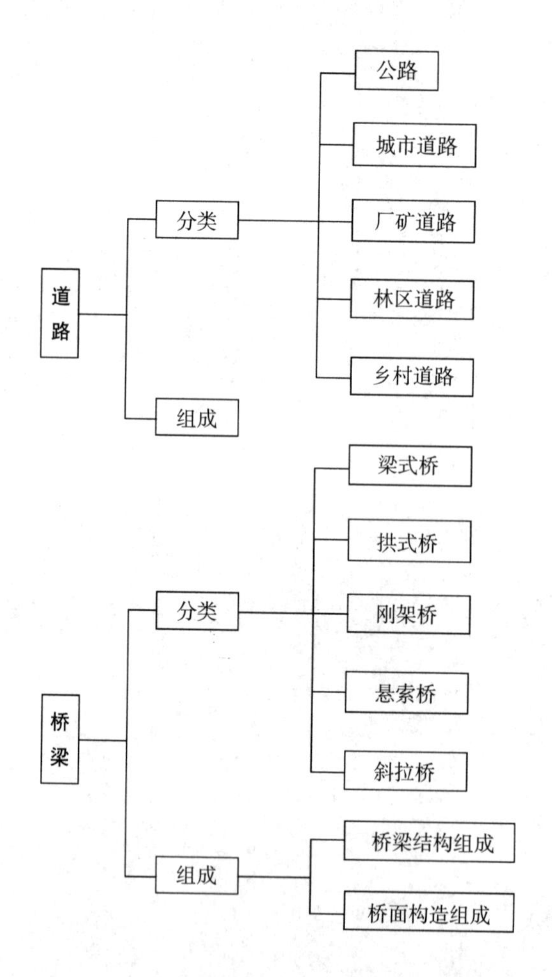

第一节 道路的分类与组成

交通运输系统是由各种运输方式组成的一个综合体系，是由道路运输、铁路运输、水上运输、航空运输和管道运输五大部分所组成，它们共同承担客、货的集散与交流，在技术与经济上又各具特点。其中，铁路运输运量大、连续性较强、成本较低、速度较高，但建设周期相对较长、投资大，需中转，不直达门户；水路运输通过能力高，运量大耗能少，成本低投资省不占农田，但受自然条件限制大，连续性较差、速度慢；航空运输速度快，两点间运距短，但运量小、成本高；管道运输连续性强，安全性好、成本低损耗少，但仅适于油、气、水等货物运输。

道路运输是交通运输的重要组成部分。从广义来说，道路运输是指客、货借助一定的运输工具，沿着道路做有目的的移动过程；从狭义来说，道路运输是指汽车在道路上有目的的移动过程。由于道路运输的广泛性、机动性和灵活性，充分深入到社会生活、生产领域的各个方面，因此从政治、经济、文化、教育、军事到人民群众的衣、食、住、行都和道路运输有密切的关系。

[想一想]

与其他运输方法相比，道路运输有何特点?

道路运输与其他运输比较，具有以下特点：(1)机动灵活；(2)迅速直达；(3)适应性强；(4)投资省、社会效益显著；(5)运输成本高。

一、道路的分类

道路根据所处的位置、交通性质、使用特点可分为公路、城市道路、厂矿道路、林区道路、乡村道路等。

1. 公路

公路是指连接城市与城市、城市与乡村，主要供汽车行驶的且具备一定技术条件和设施的道路。按技术分级可分为高速公路、一级公路、二级公路、三级公路、四级公路五个等级，按行政分级可分为国家干线公路(简称国道)、省级干线公路(简称省道)、县级公路(简称县道)和乡级公路(简称乡道)。

高速公路是一种具有四条以上车道，路中央设有隔离带，分隔双向车辆行驶，互不干扰，全封闭，全立交，控制出入口，严禁产生横向干扰，为汽车专用，设有自动化监控系统，以及沿线设有必要服务设施的道路。四车道高速公路一般能适应按各种汽车折合成小客车的远景设计年限年平均昼夜交通量为2500～55000辆，六车道高速公路为45000～80000辆，八车道高速公路为60000～100000辆。

(1)一级公路

连接重要的政治、经济中心，通往重点工矿区、港口、机场，专供汽车分道行驶并部分控制出入的公路。一般能适应按各种汽车折合成小客车的远景设计年平均昼夜交通量为1500～30000辆。

(2)二级公路

连接重要政治、经济中心或大工矿区、港口、机场等地的公路。一般能适应按各种汽车折合成中型载重汽车的年平均昼夜交通量为3000～7500辆。

(3)三级公路

沟通县以上城市的公路。一般能适应按各种车辆折合成中型载重汽车的远景设计年限年平均昼夜交通量为1000～4000辆。

(4)四级公路

沟通县、乡、镇、村的公路。双车道四级公路一般能适应按各种汽车折合成中型载重汽车的远景设计年限年平均昼夜交通量为1500辆以下，单车道为200辆以下。

公路等级应根据公路网的规划，从全局出发，按照公路的使用任务、功能和远景交通量综合确定。一条公路，可根据交通量等情况分段采用不同的车疲乏数或不同的公路等级。

高速公路和一级公路使用年限为20年，二级公路为15年，三级公路为10年，四级公路一般为10年，也可根据实际情况适当调整。

国家干线公路是指国家公路网中，具有全国性政治、经济、国防意义，并经确定为国家干线的公路；省级干线公路是指省公路网中，具有全省性政治、经济、国防意义，并经确定为省级干线的公路；县级公路是指具有全县性政治、经济意义，并经确定为县级的公路；乡级公路是指修建在乡村、农场，主要为乡村行人、各种运输工具通行的道路。

需要特别指出的是改革开放以后，随着我国国民经济的迅猛发展，高速公路也得到迅速的发展。目前，我国已建成的高速公路总里程已居世界第三位，仅次于美国和加拿大。

[问一问]

你知道我国高速公路的命名规则吗？

中国国家高速公路网采用放射线与纵横网格相结合布局方案，由7条首都放射线、9条南北纵线和18条东西横线组成，简称为“7918”网，总规模约8.5万公里，其中主线6.8万公里，地区环线、联络线等其他路线约1.7万公里。高速公路的造价高，占地多，但是从经济效益与成本比较看，高速公路的经济效益还是很显著的。高速公路具有以下特点：

① 车速高

车速是提高公路运输效率的一个重要因素。高速公路由于速度提高，使得行驶时间缩短，从而带来巨大的社会效益和经济效益，对经济、军事、政治都有十分重要的意义。

② 通行能力大

高速公路路面宽、车道多，可容车流量大，通行能力大，根本上解决了交通拥挤与阻塞问题。据统计，一般双车道公路的通行能力约为5000～6000辆/d，而一条四车道高速公路的通行能力可达34000～50000辆/d，六车道和八车道可达70000～100000辆/d。可见高速公路的通行能力比一般公路高出几倍乃至几十倍。

③ 行车安全

行车安全是反映交通质量的根本标志。因为高速公路有严格的管理系统，全程采用先进的自动化交通监控手段和完善的交通设施，全封闭、全立交、无横向干扰，因此交通事故大幅度下降。据国外资料统计，与普通公路相比，美国下降56%，英国下降62%，日本下降89%。另外高速公路的线形标准高、路面坚实平整、行车平稳，乘客不会感到颠簸。

④ 降低运输成本

高速公路完善的道路设施条件使主要行车消耗——燃油与轮胎消耗、车辆磨损、货损及事故赔偿损失降低，从而使运输成本大幅度降低。

⑤ 带动了沿线经济发展

高速公路的高能、高效、快速通达的多功能作用，使生产与流通、生产与交换周期缩短，速度加快，促进了商品经济的繁荣发展。实践表明，凡在高速公路沿线，都会兴起一大批新兴工业、商贸城市，其经济发展速度远远超过其他地区，这被称为高速公路的“产业信息带”。

高速公路沿线设施包括安全设施、服务设施、高速公路交通控制与管理设施以及高速公路的绿化等，这些设施是保证车辆高速安全行驶，提供驾乘人员方便舒适的交通条件，高速公路交通指挥调度及环境美化与保护的必不可少的组成部分。

[做一做]

列举你所熟悉的高速公路沿线设施有哪些？

安全设施一般包括标志（如警告、限制、指示标志等）、标线（用文字或图形来指示行车的安全设施）、护栏（有刚性护栏、半刚性护栏、柔性护栏等）、隔离设施（如金属网、常青绿篱等）、照明及防眩设施（为保证夜间行车的安全所设置的照明灯、车灯灯光防眩板等）、视线诱导设施（为保证司机视觉及心理上的安全感，所设置的全线设置轮廓标等）、公路界碑、里程标和百米标。

服务性设施一般有综合性服务站（包括停车场、加油站、修理所、餐厅、旅馆、邮局、通讯、休息室、厕所、小卖部等）、小型休息点（以加油站为主，附设厕所、电话、小块绿地、小型停车场等）、停车场等。

交通管理设施一般为高速管理人口控制、交通监控设施（如检测器监控、工业电视监控、通讯联系的电话、巡逻电视等）、高速公路收费系统（如收费广场、收费岛、站房、天棚等）。

环境美化设施是保证高速行车舒适和驾驶员在视觉上与心理上协调的重要环节。因此，高速公路在设计、施工、养护、管理的全过程中，除满足工程和交通的技术要求外，还要符合美学规律，经过多次调整、修改，使高速公路与当地的自然风景相协调而成为优美的带状风景造型。

2. 城市道路

城市道路是指城市内部的道路，是城市组织生产、安排生活、搞活经济、物质流通所必需的车辆、行人交通往来的道路，是联结城市各个功能分区和对外交通的纽带。我国城市道路根据其所在道路系统中的地位、交通功能以及对沿线建筑物的服务功能及车辆、行人进出频度，建设部颁布的《城市道路设计规范》，把城市道路分为快速路、主干路、次干路及支路四类。

(1)快速路

快速路主要设置在特大城市或大城市，负担城市主要客、货运交通，有较高车速和大的通行能力，是联系城市各主要功能分区及过境交通服务。快速路采用分向、分车道、全立交和控制进、出口。

(2)主干路

主干路是联系城市中功能分区（如工业区、生活区、文化区等）的干路，是城市内部的大动脉，并以交通功能为主，担负城市的主要客、货运交通。主干路沿线两侧不宜修建过多的行人和车辆入口，否则会降低车速。

(3)次干路

次干路为市区内普通的交通干路，配合主干路组成城市干道网，起联系各部分和集散作用，分担主干路的交通负荷。次干路兼有服务功能，允许两侧布置吸引人流的公共建筑，并应设停车场。

(4)支路

支路是城市中数量较多的一般交通道路。支路为次干路与街坊路的连接线，解决局部地区交通，以服务功能为主。部分主要支路可设公共交通线路或自行车专用道，支路上不宜有过境交通。

3. 厂矿道路

厂矿道路是指主要为工厂、矿山运输车辆通行的道路，通常分为场内道路、场外道路和露天矿山道路。场外道路为厂矿企业与国家道路、城市道路、车站、港口相衔接的道路或是连接厂矿企业分散的车间、居住区之间的道路。

4. 林区道路

林区道路是指修建在林区的主要工各种林业运输工具通行的道路。由于林区地形及运输木材的特征，林区道路的技术要求应按专门置顶的离去道路工程技术标准执行。

5. 乡村道路

乡村道路是指修建在乡村、农场，主要供行人及各种农业运输工具通行的道路。

二、道路的组成

道路是按照路线位置和一定技术要求修筑的带状构筑物。其组成包括线形组成和结构组成两部分。

1. 线形组成

道路的中线是一条三维空间曲线，称之为路线。线形就是指道路中线在空间的几何形状和尺寸，也就是通常所指的平、纵、横三维定位设计。道路的几何线形构成道路的骨架。

在道路线形设计中，为了便于确定道路中线的位置、形状和尺寸，我们需要从路线平面、路线纵断面和路线横断面三个方面来研究。道路中线在水平面上的投影称为路线平面，反映路线在平面上的形状、位置和尺寸的图形称为路线平面图。用一条曲线沿着道路中线竖直剖切展成的平面称为路线纵断面，道路中线上任一点法线方向剖面图称为路线横断面，见图 6-1。

[想一想]

道路的结构组成包括哪几个部分？

2. 结构组成

(1)路基

路基是支承路面的基础，是由土、石材料按照一定尺寸、结构要求建筑成的带状土工结构物。一条道路的使用品质不仅同道路的线形和路面的质量有关，同时也与路基的品质有密切的关系。当路基松软不稳定时，在行车荷载的反复作用下，造成路面产生不均匀沉陷，从而影响路面的平整度，导致车速降低、油耗增大，严重的还可造成路基塌方或滑坡，产生重大的交通事故。因此，路基必须

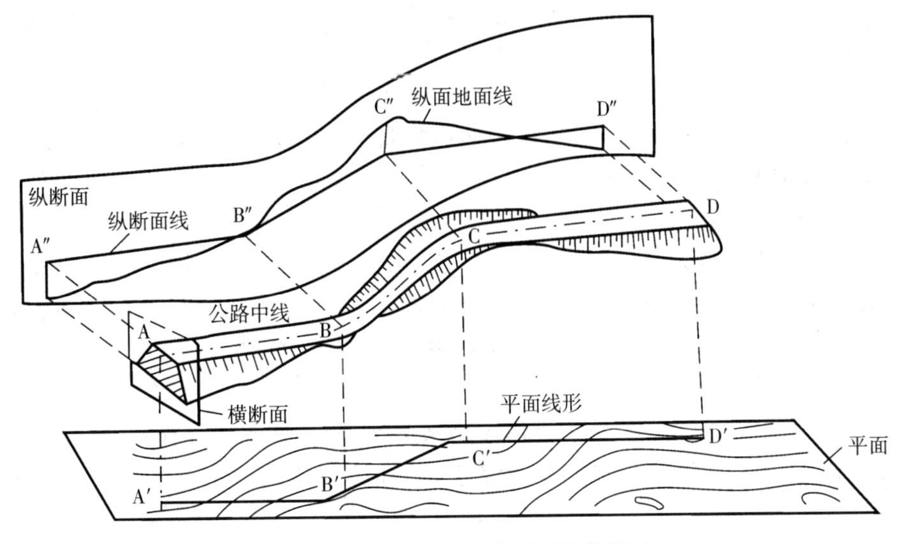

图 6-1　道路的平面、纵断面及横断面

具有足够的强度和稳定性。道路路基分为路堤、路堑和半填半挖式路基三种。路基的结构、尺寸用横断面表示。

(2)路面

路面是用各种坚硬材料分层铺筑于路基顶面的层状结构物，以供汽车安全、迅速和舒适地行驶。铺筑路面常用的材料有：沥青、水泥、碎石、黏土、砂、石灰及其他工业废渣等。路面结构可分为面层、基层和垫层三部分。

路面的面层直接承受行车荷载产生的轮压力和大气温、湿度变化等自然因素的破坏作用，并将行车的轮压力扩散至基层。由于面层直接承受行车轮压力和温、湿度变化等自然因素的作用，因此通常采用强度高(抗剪切、抗弯拉能力强)、耐磨、抗冻性良好的粒料掺入热稳定性和水稳定性好的结合料来铺筑。有时，为了使面层具有足够的抗磨损能力，也可在面层上另行加铺专门的粒料磨耗层，从而形成双层面层。

路面的基层是路面的主要承重层，视需要也可由几层组成。由于路基不直接承受车辆荷载和自然因素的作用，因而对材料的要求可以略低于面层，但仍需要具有一定的强度、刚度和稳定性。特别是当面层采用较薄的黑色路面时，其基层更需具有足够的强度和水稳性，否则基层会在面层传来的轮压力作用下产生过大的变形，从而造成薄面层的拉裂。

[问一问]
路拱有何作用?

在车流量较大的道路上多采用在碎石、三渣层上再加铺沥青贯入式来作为基层，或称之为联结层，然后进行沥青混凝土路面的铺筑。

在气候、水文条件不良的路段，为了提高路基的水稳性，改善路面的工作状态，常在基层下面，土路基的上面，再加设垫层。例如设置在碎石或三渣基层下，潮湿土路基上的炉渣、砂砾排水层，就可称之为垫层。

为了有利于路面横向排水，把路面做成中间高两面低的形式，俗称路拱。

(3)桥涵

桥涵包括桥梁与涵洞。桥梁是为道路跨越河流、山谷、人工障碍物而建造的构筑物；涵洞是为宣泄水流而设置的横穿路堤的小型排水构筑物，是道路的横向排水系统之一。

(4)隧道

隧道是道路穿越山岭、地下或水底而修筑的构筑物。隧道在道路中能缩短里程，保证道路行车的平顺性。

[做一做]

了解一下你所在城市道路的排水系统。

(5)排水系统

排水系统是指为确保路基稳定，免受自然水侵蚀而设置的排水构造物。排水系统按其排水方向的不同，可分为纵向排水和横向排水。纵向排水系统有：边沟、截水沟和排水沟等；横向排水系统有：涵洞、路拱、渡槽等。

(6)防护工程

道路的防护工程主要是指为加固路基边坡，确保路基稳定而修建的人工的构筑物。常见的防护工程有护坡、填石路堤、导流堤、挡土墙等。

(7)交通服务设施

道路交通的服务设施是指为了确保道路沿线交通安全、畅顺、舒适而设置的安全设施、交通管理设施、服务和环境保护设施。具体包括：交通标志、标线；护栏、护墙、护柱；中央分隔带、隔音墙、隔离墙；照明设施；加油站、停车场；养护管理房屋、绿化美化设施等。

第二节　桥梁的基本组成

道路路线遇到江河湖泊、山谷深沟以及其他线路(铁路或公路)等障碍时，为了保持道路的平直和连续性，就需要建造专门的人工构筑物——桥梁来跨越障碍。

一、桥梁的结构组成

1. 桥跨结构

桥跨结构又称桥孔结构、上部结构，是在线路中跨越障碍物的结构物，它的作用是承受车辆荷载，并通过支座传递给桥梁墩台，是主要的承重结构。

2. 支座系统

支座系统连接上部的桥跨结构和下部的桥墩、桥台，它的主要作用是支承上部结构并将荷载传递给桥梁墩台。

3. 桥墩、桥台

桥墩、桥台又称下部结构，是支承上部结构并将荷载传递给地基的建筑物。桥台是设置在两侧，而桥墩设置在桥台的中间。

4. 墩、台基础

墩、台基础是保证桥墩、桥台的安全，埋置在土层之中，使桥上全部荷载传递给地基的结构物。

桥梁的基本组成参见图 6－2。

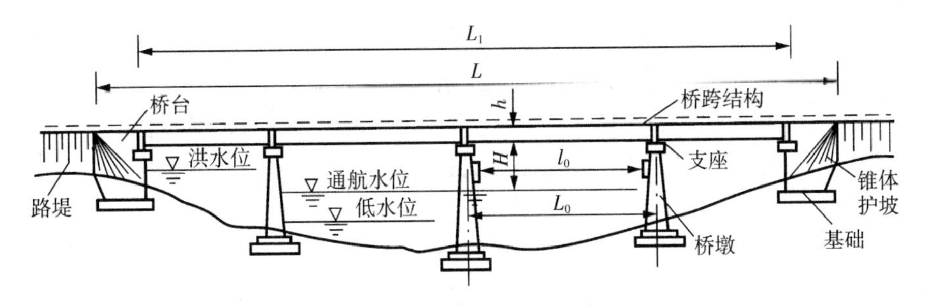

图 6－2　桥梁的基本组成

[查一查]
图6－2中的几个水位是如何确定的?

二、桥梁的桥面构造组成

1. 桥面铺装(或称行车道铺装)

桥面铺装的平整、耐磨、不翘曲、不渗水是保证行车舒适的关键,特别在钢箱梁上铺设沥青路面的技术要求甚严。

2. 排水系统

应能迅速排除桥面积水,并使渗水的可能性降至最小限度。此外,城市桥梁排水系统应保证桥下无滴水和结构上无漏水现象。

3. 栏杆(或防撞栏杆)

它既是保证安全的构造措施,又是利于观赏的最佳装饰件。

4. 伸缩缝

位于桥跨上部结构之间或桥跨上部结构与桥台端墙之间,以保证结构在各种因素作用下的变位。为使桥面上行车顺适、不颠簸,桥面上要设置伸缩缝构造。尤其是大桥或城市桥的伸缩缝,不仅要结构牢固,外观光洁,而且要经常扫除掉入伸缩缝中的垃圾泥土,以保证它的功能作用。

5. 灯光照明

在现代城市中,大跨径桥梁通常是一个城市的标志性建筑,大都装置了灯光照明系统,构成了城市夜景的重要组成部分。

第三节　桥梁的分类

一、按基本结构体系分类

1. 梁式桥

梁式桥是一种在竖向荷载作用下无水平反力的桥梁结构。一般采用与之装配式钢筋混凝土和预应力混凝土简支梁,其跨度常在20m以下,后者一般也不超过50m,见图6－3。

2. 拱式桥

拱式桥的主要承重结构是拱圈或拱肋,其主要受力特点是在竖向荷载作用下能在拱的两端支承处产生竖向反力和水平方向的推力,并且正是这个推力的

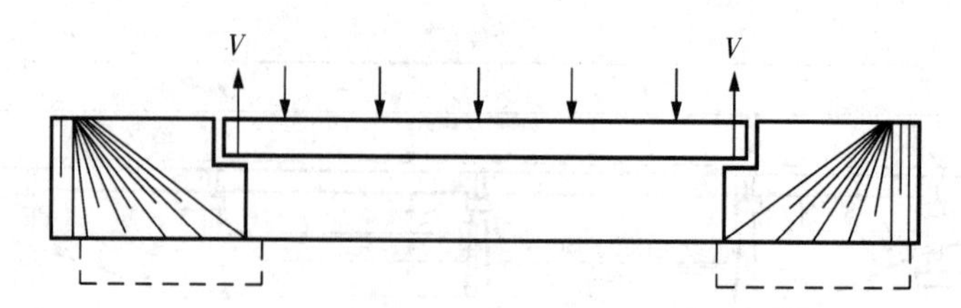

图 6-3　梁式桥

存在显著地降低了荷载所引起的拱圈内的弯矩。因此，与同跨径的梁式桥相比，拱截面的弯矩和变形要小得多。由于拱桥主要承受压力，故可用砖、石、混凝土等抗压性能良好的材料建造。大跨度拱桥则可用钢筋混凝土或钢材建造，可承受发生的力矩。拱桥按结构可分为实腹拱、空腹拱、桁架拱、无铰拱、双铰拱、三铰拱等，见图 6-4。

[想一想]

为什么拱桥可用砖、石建造？

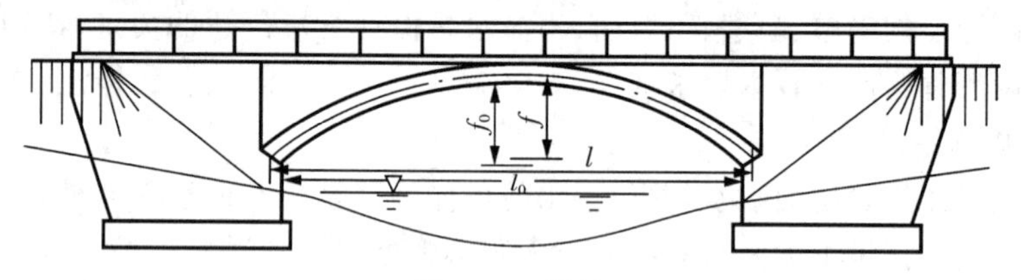

图 6-4　拱桥

3. 刚架桥

刚架桥又称刚构桥，是指桥跨结构（主梁）和墩台（立柱）整体相连的桥梁。由于主梁与立柱之间是刚性连接，在竖向荷载的作用下，在主梁端部产生负弯矩，这样就可以减少跨中的正弯矩，跨中截面尺寸也就随之减少。而立柱除要承受压力外，还要承受弯矩，在柱脚处还要承受水平推力。按结构形式可分为门式刚构桥、斜腿刚构桥、T 形刚构桥和连续刚构桥。

(1)门式刚构桥

其腿和梁垂直相交呈门形构造，可分为单跨门构、双悬臂单跨门构、多跨门构和三跨两腿门桥。前三种跨越能力不大，适用于跨线桥，要求地质条件良好，可用钢和钢筋混凝土结构建造。三跨两腿门构桥，在两端设有桥台，采用预应力混凝土结构建造时，跨越能力可达 200 多米。

(2)斜腿刚构桥

桥墩为斜向支撑的刚构桥，腿和梁所受的弯矩比同跨径的门式刚构桥显著减小，而轴向压力有所增加；同上承式拱桥相比不需设拱上建筑，使构造简化。桥型美观、宏伟，跨越能力较大，适用于峡谷桥和高等级公路的跨线桥，多采用钢和预应力混凝土结构建造。如安康汉江桥（铁路桥），腿趾间距 176m，1982 年建成。见图 6-5。

图 6-5　安康汉江桥（斜腿刚构桥）

(3)T 形刚构桥

图 6-6　乌龙江桥(T 形刚构桥)

是在简支预应力桥和大跨钢筋土箱梁桥的基础上,在悬臂施工的影响下产生的。其上部结构可为箱梁、桁架或桁拱,与墩固结而成 T 型,桥型美观、宏伟、轻型,适用于大跨悬臂平衡施工,可无支架跨越深水急流,避免下部施工困难或中断航运,也不需要体系转换,施工简便,见图 6-6。

(4)连续刚构桥

分主跨为连续梁的多跨刚构桥和多跨连续一刚构桥,均采用预应力混凝土结构,有两个以上主墩采用墩梁固结,具有 T 形刚构桥的优点。但与同类桥(如连续梁桥、T 形刚构桥)相比:多跨刚构桥保持了上部构造连续梁的属性,跨越能力大,施工难度小,行车舒顺,养护简便,造价较低,如广东洛溪桥。多跨连续一刚构桥则在主跨跨中设铰,两侧跨径为连续体系,可利用边跨连续梁的重量使 T 构做成不等长悬臂,以加大主跨的跨径。

4. 悬索桥

悬索桥,又名吊桥,指的是以通过索塔悬挂并锚固于两岸(或桥两端)的缆索(或钢链)作为上部结构主要承重构件的桥梁。其缆索几何形状由力的平衡条件决定,一般接近抛物线。从缆索垂下许多吊杆,把桥面吊住,在桥面和吊杆之间常设置加劲梁,同缆索形成组合体系,以减小活载所引起的挠度变形。

悬索桥的构造方式是 19 世纪初被发明的,现在许多桥梁使用这种结构方式。现代悬索桥,是由索桥演变而来。适用范围以大跨度及特大跨度公路桥为主,当今大跨度桥梁大都采用此结构。

悬索桥通常由悬索、索塔、锚碇、吊杆、桥面系等部分组成。悬索桥的主要承重构件是悬索,它主要承受拉力,一般用抗拉强度高的钢材(钢丝、钢绞线、钢缆等)制作。由于悬索桥可以充分利用材料的强度,并具有用料省、自重轻的特点,因此悬索桥在各种体系桥梁中的跨越能力最大,跨径可以达到 1000m 以上。我国 2005 年建成的润扬长江公路大桥南汊悬索桥主跨 1490m,是目前中国第一、世界第三的特大跨径悬索桥。

按照桥面系的刚度大小,悬索桥可分为柔性悬索桥和刚性悬索桥。柔性悬索桥的桥面系一般不设加劲梁,因而刚度较小,在车辆荷载作用下,桥面将随悬索形状的改变而产生 S 形的变形,对行车不利,但它的构造简单,一般用作临时性桥梁。刚性悬索桥的桥面用加劲梁加强,刚度较大。加劲梁能同桥梁整体结构承受竖向荷载。除以上形式外,为增强悬索桥刚度,还可采用双链式悬索桥和斜吊杆式悬索桥等形式,但构造较复杂。

[查一查]

上网搜索国内外比较著名的悬索桥。

悬索桥是特大跨径桥梁的主要形式之一,除苏通大桥、香港昂船洲大桥这两座斜拉桥以外，其他的跨径超过1000m以上的都是悬索桥。如用自重轻、强度很大的碳纤维作主缆，理论上其极限跨径可超过8000m。

相对于其他桥梁结构悬索桥具有轻盈、灵活的特点，可以使用比较少的材料建造比较大的跨度，可以在水深或急的河流上建造。但由于悬索桥的刚度小，坚固性不强，在大风情况下必须暂时中断交通，也不宜作为重型铁路桥梁。

【例1】 西堠门大桥是连接舟山本岛与宁波的舟山连岛工程五座跨海大桥中技术要求最高的特大型跨海桥梁，主桥为两跨连续钢箱梁悬索桥，主跨1650m，是目前世界上最大跨度的钢箱梁悬索桥，全长在悬索桥中居世界第二、国内第一，但钢箱梁悬索长度为世界第一。设计通航等级3万吨、使用年限100年。见图6-7。

图6-7 西堠门大桥

【例2】 世界十大悬索桥(见表6-1)

表6-1 世界十大悬索桥一览表

序号	桥名	主跨(米)	国家	竣工时间
1	日本明石海峡大桥(Akashi Kaikyo Bridge)	1991	日本	1998
2	舟山西堠门大桥	1650	中国	2009
3	丹麦大贝尔特桥(大带桥)(Great Belt Bridge)	1624	丹麦	1996
4	润扬长江公路大桥	1490	中国	2005
5	英国亨伯桥(Humber Bridge)	1410	英国	1981
6	江阴长江公路大桥	1385	中国	1999
7	香港青马大桥	1377	中国	1997
8	维拉扎诺桥(Verrazano Narrows Bridge)	1298	美国	1964
9	旧金山金门大桥(Golden Gate Bridge)	1280	美国	1937
10	武汉阳逻公路长江大桥	1280	中国	2007

5. 斜拉桥

[做一做]
比较悬索桥和斜拉桥的优缺点。

斜拉桥又称斜张桥，是将主梁用许多拉索直接拉在桥塔上的一种桥梁，是由承压的塔，受拉的索和承弯的梁体组合起来的一种结构体系。斜拉桥的结构体系可看作是拉索代替支墩的多跨弹性支承连续梁，梁体内弯矩减小，从而降低建筑高度，减轻了结构重量，节省了材料。

斜拉桥作为一种拉索体系，比梁式桥的跨越能力更大，是大跨度桥梁的最主要桥型。斜拉桥是由许多直接连接到塔上的钢缆吊起桥面，斜拉桥由索塔、主梁、斜拉索组成。索塔型式有A型、倒Y型、H型、独柱，材料有钢和混凝土的。斜拉索布置有单索面、平行双索面、斜索面等。第一座现代斜拉桥始建于1955年的瑞典，跨径为182m。目前世界上建成的最大跨径的斜拉桥为中华人民共和国的苏通大桥，主跨径为1088m，于2008年6月30日正式通车使用。

斜拉桥是我国大跨径桥梁最流行的桥型之一。目前为止建成或正在施工的斜拉桥共有30余座，仅次于德国、日本，而居世界第三位。而大跨径混凝土斜拉桥的数量已居世界第一。

斜拉桥的钢索一般采用自锚体系。近年来，开始出现自锚和部分地锚相结合的斜拉桥，如西班牙的鲁纳(Luna)桥，主桥440m；我国湖北郧县桥，主跨414m。地锚体系把悬索桥的地锚特点融于斜拉桥中，可以使斜拉桥的跨径布置更能结合地形条件，灵活多样，节省费用。

一般说，斜拉桥跨径300～1000m是合适的，在这一跨径范围，斜拉桥与悬索桥相比，斜拉桥有较明显优势。德国著名桥梁专家F. leonhardt认为，即使跨径1400m的斜拉桥也比同等跨径悬索桥的高强钢丝节省二分之一，其造价低30%左右。

斜拉桥的结构刚度要比悬索桥大，在相同的荷载作用下，结构的变形要小，抵抗风振的能力也比悬索桥好。斜拉桥是可以进行内力调整，也可以改变桥梁的刚度。如检查发现斜拉索失效，则可以更换，而悬索桥则无法办到。

[问一问]

你知道苏通大桥有哪几个世界之最吗？

【例3】 苏通大桥位于江苏省东部的南通市和苏州(常熟)市之间，是交通部规划的黑龙江嘉荫至福建南平国家重点干线公路跨越长江的重要通道，也是江苏省公路主骨架网“纵一”——赣榆至吴江高速公路的重要组成部分，是我国建桥史上工程规模最大、综合建设条件最复杂的特大型桥梁工程。总长8206m，其中主孔跨度1088m，列世界第一；主塔高度300.4m，列世界第一；斜拉索的长度577m，列世界第一；群桩基础平面尺寸113.75m×48.1m，列世界第一。见图6-8。

图6-8　苏通大桥

【例 4】 世界十大斜拉桥(见表 6-2)。

表 6-2 世界十大斜拉桥

序号	桥名	主跨(米)	国家	竣工时间
1	苏通长江公路大桥	1088	中国	2008
2	香港昂船洲大桥	1018	中国	2008
3	日本多多罗桥	890	日本	1999
4	法国诺曼底大桥	856	法国	1995
5	南京长江三桥	648	中国	2005
6	南京长江二桥	628	中国	2001
7	武汉白沙洲长江大桥	618	中国	2001
8	青州闽江大桥	605	中国	2001
9	上海杨浦大桥	602	中国	1993
10	上海徐浦大桥	590	中国	1997

二、按其他方法分类

1. 按用途划分

有公路桥、铁路桥、公路铁路两用桥、农用桥、人行桥、渡槽桥及其他专用桥梁等。

2. 按承重结构所使用的材料划分

有木桥、钢桥、圬工桥(包括砖、石、混凝土桥)、钢筋混凝土和预应力混凝土桥。

3. 按跨越障碍的性质划分

有跨河桥、跨线桥(立体交叉)、高架桥和栈桥。高架桥一般是指跨越深沟峡谷以代替高路堤的桥梁。为将车道升高至周围地面以上并使下面的空间可以连通或作其他用途(如堆栈、店铺)而修建的桥梁,称为栈桥。

4. 按上部结构的行车道位置划分

分为上承式桥、中承式桥和下承式桥。桥面布置在主要承重结构以上者为上承式桥,桥面布置在主要承重结构以下者为下承式桥,桥面布置在桥垮结构中者为中承式桥。

5. 按全长和跨径不同划分

可划分为特殊大桥、大桥、中桥和小桥。根据《公路桥面设计通用规范》(JTJ012—98)规定,划分见表 6-3。

表 6-3 桥涵分类表

桥涵分类	多孔跨径总长 L(m)	单孔跨径 l(m)
特殊大桥	$L \geqslant 500$	$l \geqslant 100$
大桥	$L \geqslant 100$	$l \geqslant 40$
中桥	$30 < L < 100$	$30 < l < 100$
小桥	$8 \leqslant L \leqslant 30$	$8 \leqslant l \leqslant 30$
涵洞	$L < 8$	$l < 8$

本章思考与实训

1. 高速公路沿线有哪些设施？
2. 道路的结构组成有哪几个部分？
3. 请简述我国高速公路网的布局方案。
4. 上网查一查舟山连岛工程五座跨海大桥的相关资料。

第七章 土木工程施工

【内容要点】

1. 基础的分类及结构形式；
2. 土石方工程常用机械及其使用环境；
3. 钢筋混凝土工程施工工艺流程。

【知识链接】

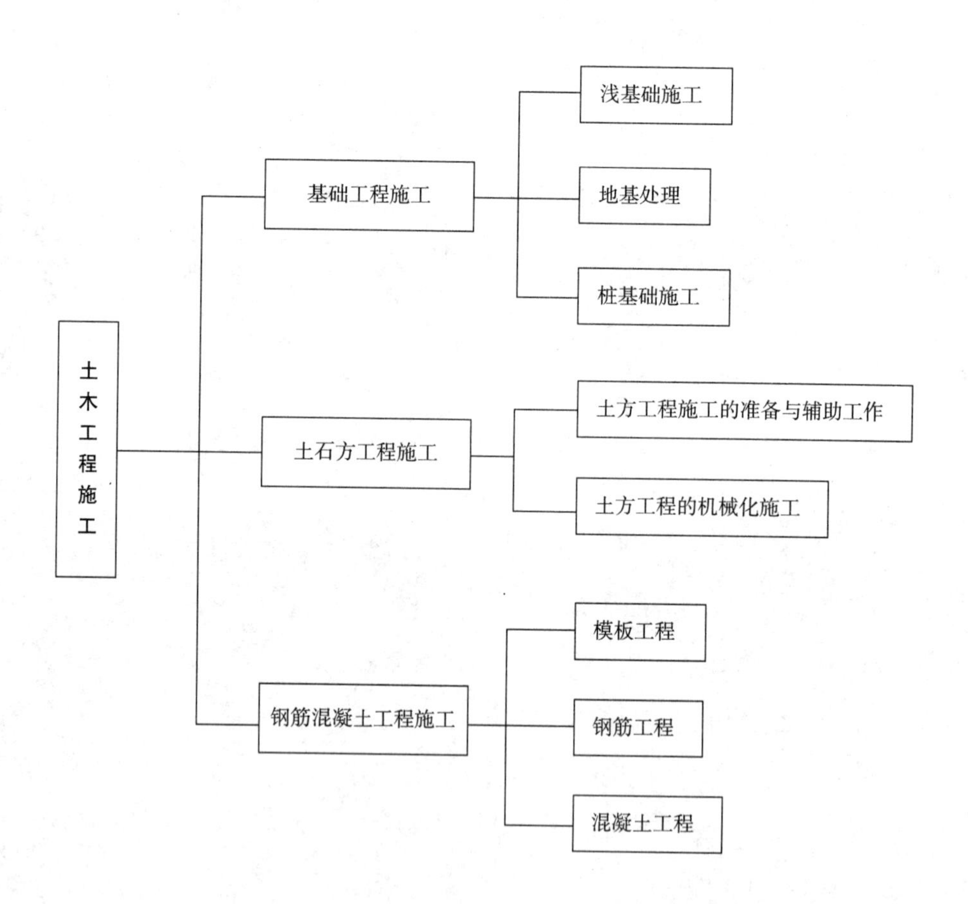

第一节　基础工程施工

基础是指将建筑物荷载传递给地基的下部结构，只需普通的施工程序就能建造起来的基础，称作天然地基上的浅基础；若浅基础不能强度和稳定性，需进行地基的加固处理，在处理后的地基上建造的基础，称作人工地基上的浅基础；当以上两种基础形式均不能满足结构的荷载要求时，应考虑相对埋深大、需借助特殊的施工手段的基础形式，这种基础称作深基础。

基础按构造形式不同有条形基础、独立基础、杯形基础、桩基础、伐式基础、箱型基础等；按材料不同可分为钢筋混凝土（混凝土）、基础、砖基础等。

一、浅基础施工

（一）浅基础类型

［想一想］

什么是刚性角？是否所有基础形式都受刚性角限制？

浅基础按照受力状态不同分为刚性基础（指用抗压极限强度比较大，而抗剪、抗拉极限强度较小的材料所建造的基础，见图 7－1(a)）和柔性基础（抗压、抗剪、抗拉极限强度都较大的材料所建造的基础，见图 7－1(b)）两类。刚性基础是用混凝土、毛石混凝土、毛石（或块石）、砖等建成，这类基础主要承受压力，不配置受力钢筋，但基础的宽高比（如图 7－1(a)所示的 b_1/h_1、b_2/h_2、b_3/h_3）或刚性角 α 有一定限制，即基础的挑出部分（每级的宽高比）不能太大。柔性基础是用钢筋混凝土建成，需配置受力钢筋，基础的宽度可不受宽高比的限制。建筑基础一般采用条形基础（墙下条基）或独立基础（常用于混合结构的砖墩及钢筋混凝土柱基）。

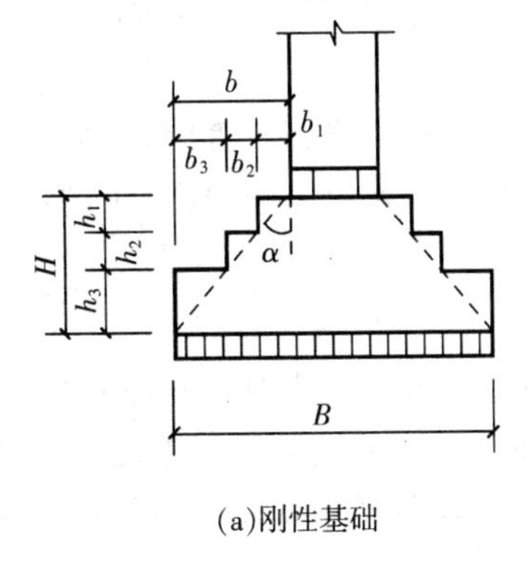

(a)刚性基础

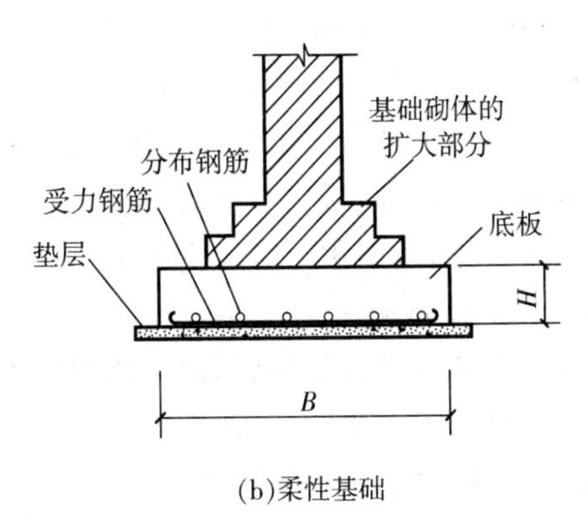

(b)柔性基础

图 7－1　基础

α—刚性角；B—基础宽度；H—基础高度

（二）浅基础施工

1. 砌石基础施工

(1)毛石基础

是用不规则石块和砂浆砌筑而成（图 7－2）。一般在山区建筑中用得较多。

用于砌筑基础的毛石块体大小一般以宽和高为200～300mm，长为300～400mm较为合适。砌筑用的砂浆常用M5水泥砂浆，灰缝厚度宜为20～30mm。

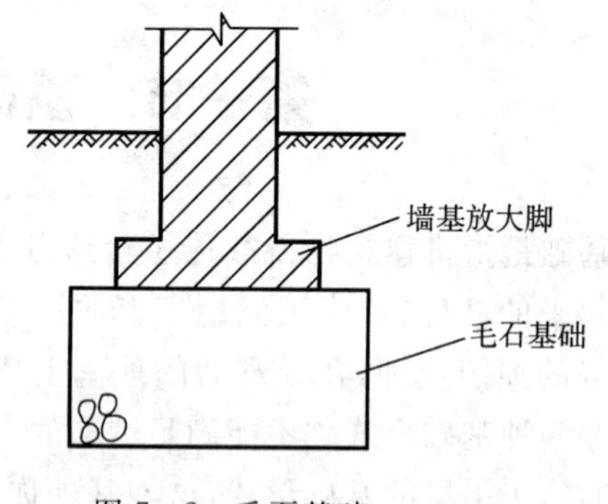

图7-2 毛石基础

施工时，基槽先清好基底或打好底夯，放出基础轴线、边线，然后在适当的位置立上皮数杆，拉上准线。先砌转角处的角石，再砌里外两面的面石，最后砌中间部分的腹石，腹石要按石形状交错放置，使石块的缝隙最小。

砌筑时，第一层应先坐浆，选较大的且较平整的石块铺平，并使平整的一面着地。砌第二层以上时，每砌一块石，应先铺好砂浆，再铺石块。上下两层石块的竖缝要互相错开，并力求顶顺交错排列，避免通缝。毛石基础的临时间断处，应留阶梯形斜槎，其高度不应超过1.2m。每砌完一层，必须校对中心线，检查有无偏斜现象，如发现超出施工验收规范要求时(一般为20mm)，应立即纠正。每日砌筑高度不宜超过1.2m。砌体砂浆要求密实饱满，组砌方法应正确，墙面每0.7㎡内，应设置一块丁石(拉结石)，同皮的水平中距不得大于2.0m。

(2)料石基础

是指基础所用石料经过加工，按其加工的平整程度分为细料石、半细料石、粗料石和毛料石。砌筑施工所用的料石宽度、厚度均不宜小于200mm，长度不宜大于厚度的4倍。砌筑料石砌体时，料石应放置平稳。砂浆铺设厚度细料石不宜大于8～10mm，半细料石不宜大于13～15mm，粗料石、毛料石不宜大于26～28mm。料石基础砌体的第一皮应用于砌层坐浆砌筑。阶梯形料石基础，上级阶梯的料石应至少压砌下级阶梯的1/3。

料石砌体应上下错缝搭砌，砌体厚度等于或大于两块料石宽度时，如同皮内全部采用顺砌，每砌两皮后，应砌一皮丁砌层；如同皮内采用丁顺组砌，丁砌石应交错放置，其中距不应大于2m。

2. 砖基础施工

[做一做]

写出砖砌大放脚的做法。

砖基础是由垫层、基础砌体的扩大部分(俗称大放脚)和基础墙三部分组成。一般适用于土质较好，地下水位较低(在基础底面以下)的地基上。基础墙下砌成台阶形的基础砌体的扩大部分，有二皮一收的不等高式(等高式)(图7-3(a))和一皮一收与二皮一收的间隔式(图7-3(b))两种。每次收进时，两边各收1/4砖长(即约60mm)。

施工时先在垫层上弹出墙轴线和基础砌体的扩大部分边线，然后在转角处、丁字交接处、十字交接处及高低踏步处立基础皮数杆。皮数杆应立在规定的标高处，因此，立皮数杆时要进行抄平。砌筑前，应先用干砖试摆(俗称排脚)，以确定排砖方法和错缝的位置。砖砌体的水平灰缝厚度和竖向灰缝宽度控制在8～

12mm，砌体砂浆必须密实饱满，水平灰缝的砂浆饱满度不得低于80%。

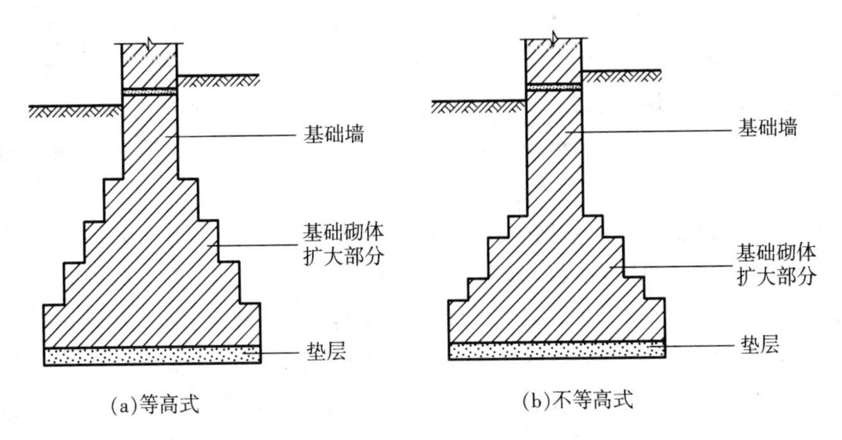

图7-3　砖基础

砌筑时，砖基础的砌筑高度是用皮数杆来控制的。砌大放脚时，先砌好转角端头，然后以两端为标准拉好线进行砌筑。砌筑不同深度的基础时，应先砌深处，后砌浅处，在基础高低处要砌成踏步形式，踏步长度不小于1m，高度不大于0.5m。基础中若有洞口、管道等，砌筑时应及时按要求正确留出或预埋。砌体的组砌方法应正确，不应有连续4皮砖的通缝。

3. 混凝土及毛石混凝土基础施工

混凝土及毛石混凝土基础(图7-4)一般用于层数较多(3层以上)的房屋，在地基土质潮湿或地下水位较高的情况下尤其合适。

基槽经过检验，弹出基础的轴和边线，即可进行基础施工，基础混凝土应分层浇注，并振捣密实。

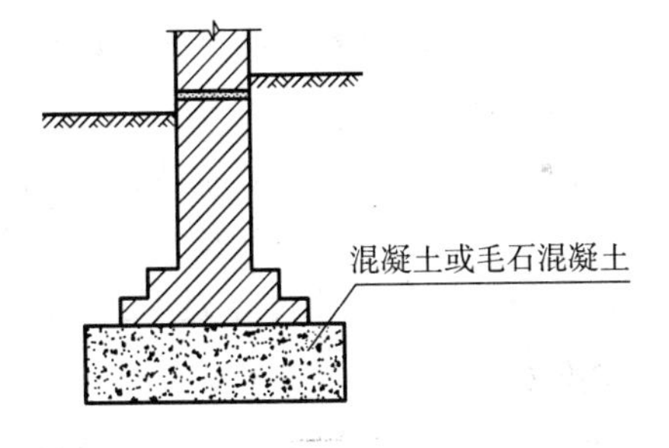

图7-4　混凝土及毛石混凝土基础

对于阶梯形基础，每一阶内应再分浇注层，并应注意边角处混凝土的密实。基础一般应连续浇捣完毕，不能分开浇注。如基础上有插筋时，在浇捣过程中要保证插筋位置不能移动。

在浇注基础混凝土时，为了节约水泥，可加入不超过基础体积25%的毛石，此时的基础称为毛石混凝土基础。毛石必须清洁，强度好，投石时，注意毛石周围应包裹有足够多的混凝土，以保证基础毛石混凝土的强度。

4. 钢筋混凝土基础施工

建筑中常用的形式为钢筋混凝土条形基础，主要用于混合结构房屋的承重墙下，由素混凝土垫层、钢筋混凝土底板、大放脚墙基组成。如地基土质较好且又较干燥时，也可不用垫层，而将钢筋混凝土底板直接置于土层上(原土须夯实)。

钢筋混凝土条形基础的主筋(即主要受力钢筋)沿墙体轴线横向放置在基础

[想一想]

施工中如何保证混凝土保护层厚度?

底面，直径一般为 $\phi6 \sim \phi8$，分布筋沿墙体轴线纵向布置(放置在横向主筋的上面)。混凝土保护层可采用 35mm(设垫层时)或 70mm(没有垫层时)。基础干硬后(如不设垫层，则原槽土须夯实)，即可进行弹线、绑扎钢筋等工作。要用预先制好的小水泥砂浆块垫起钢筋(水泥块的厚度即为混凝土所需的保护层厚度)。安装模板时，应先检查核对纵横轴线和标高是否正确。基础上有插筋时，应保证插筋的位置正确。

在混凝土强度能保证基础表面不变形及棱角完整时，方可拆除基础模板，一般在气温 20℃ 以上时，两天后即可拆除。拆除后经过基础质量检查，确认质量合格后，应尽快进行基础回填土，以免影响场地平整、材料准备和给后续施工工作带来不便，同时又可利用土壤作基础混凝土的自然养护。基础、管沟回填土时要两边同时进行，避免基础或管道在单侧土压力作用下产生偏移或侧向变形移动。回填土最好高出自然地面 50mm 以上，以免积水。回填时要求回填土应有一定的密实性，如无具体时，应使回填后不致产生较大的下沉陷落。

5. 地基局部处理

在地基施工中往往发现地基局部出现岩石、土洞、松软土坑等情况，一般可按下列方法处理：

(1)岩石

当基底有局部岩石或旧墙基、树根等地下障碍物时，应尽量挖出然后夯填。如果无法挖除或遇局部坚硬岩石可在其上设一道钢筋混凝土过梁，或在其上作一道土与砂混合物的软性垫层，厚度为 300～500mm，以调整沉降。

(2)松软土坑

将土坑中的松土挖出，回填与基土压缩性相近的土或用灰土(灰土比为 3∶7)分层夯实。每层厚度不大于 200mm。如果土坑较大可将基础加深；如果土层较深，可用钢筋混凝土梁架过，也可采用局部换土，回填碎石层的方法。

(三)垫层施工

为使基础与地基有较好的接触面，把基础承受的荷载比较均匀地传给地基，常常在基础底部设置垫层。按地区不同，目前常用的垫层材料有：灰土、碎砖(或碎石、卵石)合土、砂或砂石以及低强度等级的混凝土等。

在基坑(槽)土方开挖完成以后，应尽快进行垫层施工，以免基坑(槽)开挖后受雨水浸泡或冻害，影响地基的承载能力。

垫层施工以前，应再次检查基坑(槽)的位置、尺寸、标高是否符合设计要求，坑(槽)壁是否稳定，基槽底部如被雨雪或地下水浸软时，还必须将浸软的土层挖去，或夯填厚 100mm 左右的碎石(或卵石)，然后才可以进行垫层施工。

基坑(槽)的垫层可以采用灰土垫层、砂垫层和砂石垫层以及混凝土垫层。

二、地基处理

建筑物或构筑物的天然地基不能满足其承载能力、失稳和沉降要求时，须采用适当的地基处理，以保证结构的安全与正常使用。

地基处理的方法很多，本节介绍最常用的地基处理方法——换填法。

换填法适用于淤泥、淤泥质土、湿陷性黄土、素填土、杂填土地基及暗沟、暗塘的浅层处理。换填法是先将基础底面以下一定范围内的软弱土层挖去，然后回填强度较高、压缩性较低、无侵蚀性的材料，如粗砂、碎石等，再分层夯实，作为地基的持力层。换填层的作用在于可以提高地基的承载力，并通过垫层的应力扩散作用，减少垫层下天然土层所承受的压力，因而减少基础的沉降量。如在下卧软土层中采用透水性较好的垫层（如砂垫层），软土层中的水分可以通过它较快地排出去，能够有效地缩短沉降稳定时间。换土垫层法就地取材，不需要特殊的机械设备，施工简便，既能缩短工期，又能降低造价，对解决荷载较大的中小型建筑物的地基问题比较有效，因此应用较为普遍。下面以砂垫层为例，介绍换填法施工。

1. 垫层厚度及宽度的确定

［想一想］

砂垫层适用的厚度范围？

砂垫层设计，主要是确定砂垫层的厚度和宽度。砂垫层的厚度应根据垫层底部软弱土层的承载力来确定，即当上部荷载通过砂垫层按一定的扩散角传至下卧土层时，下卧土层顶面所受的总压力不应超过其容许承载力。当垫层材料为中砂、粗砂或碎石时，扩散角可取30°；对其他较细的材料，扩散角为22°。一般砂垫层的厚度为1～2m。如果厚度小于500mm，砂垫层的作用不明显；如果厚度大于3m，则施工比较困难，也不经济。

2. 基础垫层的施工

砂垫层的宽度，一方面要满足应力扩散的要求，另一方面要防止垫层向两边软弱土层挤出。垫层底部宽度与垫层厚度按下式确定

$$B'=B+2H\cdot\tan\theta \tag{7-1}$$

式中 B——基础宽度；

H——垫层厚度；

θ——扩散角。

垫层底宽确定后，按照基坑的坡度往上延伸至基底面，得 B，即垫层上口宽，如图 7-5 所示。

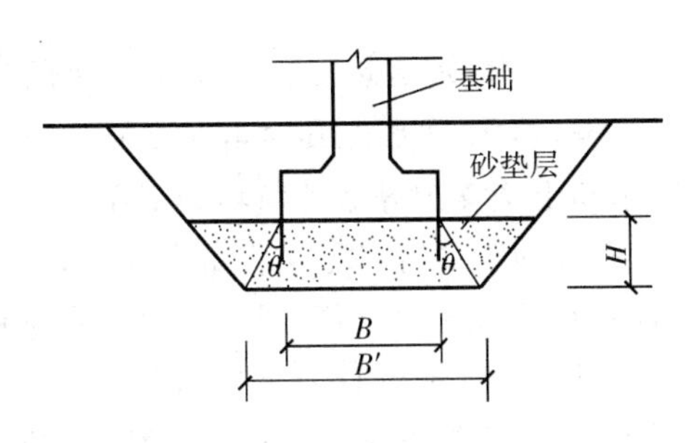

图 7-5　砂垫层示意图

垫层施工时应注意验槽，注意保护好基坑底及侧壁土的原状结构，以免降低软土的强度，在垫层的最下一层，宜先铺设150～200mm厚的粗砂后夯实。当采用碎石垫层时，也应在软土上先铺一层砂垫层。

砂垫层的施工关键是如何使砂垫层密实，以达到设计要求。在施工时，应分层铺设、分层夯实，每层的铺设厚度不应超过规范的规定。捣实砂层应注意不要扰动基坑底部和四侧的原状土。每铺好一层垫层，经密实度检验合格后方可进

行上一层的垫层施工。

砂和砂石地基的质量检查,应按规范建议的环刀取样法或贯入测定法进行。

[想一想]

桩基础有哪几种施工方式?

三、桩基础施工

桩基础是用承台或梁将沉入土中的桩联系起来,以承受上部结构的一种常用的基础形式,当天然地基土质不良,不能满足建筑物对地基变形和强度方面的要求时,常常采用桩基础将上部建筑物的荷载传递到深处承载力较大的土(岩)层上,以保证建筑物的稳定和减少其沉降量。同时,当软弱土层较厚时,采用桩基础施工,可省去大量的土方开挖、支撑、排(降)水设施,一般均能获得良好的经济效果。因此,桩基础在建筑工程中应用广泛。

按桩的传力和作用性质,桩可分为端承桩和摩擦桩两种。端承桩是穿过上部软弱土层而达到下部持力层(岩石、砾石、砂层或坚硬土层)上的桩,上部结构荷载主要由桩尖阻力来平衡。摩擦桩是把建筑物的荷载传布在桩四周土中及桩尖下土中的桩,其大部分荷载靠桩四周表面与土的摩擦力来支承。

按桩身的材料来分有木桩、混凝土桩、钢筋混凝土桩、预应力钢筋混凝土桩和钢桩等。按桩的截面形状可分为实心桩和空腹桩。按桩的施工方式,又可分为预制桩和灌注桩两大类。预制桩是在工厂或施工现场制成的各种材料和形式的桩,然后用沉桩设备将桩沉入(打、压、振)土中。灌注桩是在施工现场的桩位上用机械或人工成孔,然后在孔内灌注混凝土或钢筋混凝土而成。

钢筋混凝土预制桩(含预应力钢筋混凝土桩)施工速度快,适用于穿透的中间层较软弱或夹有不厚的砂层、持力层埋置深度及变化不大、地下水位高、对噪声及挤土影响无严格限制的地区;灌注桩适用于严格限制噪声、振动、挤土影响、持力层起伏较大的地区。

第二节　土石方工程施工

土石方工程是建筑工程施工中主要的分部工程之一,它包括土(或石)方的开挖、运输、填筑、平整与压实等主要施工过程,以及场地清理、测量放线、施工排水、降水和土壁支护等准备与辅助工作。

土石方施工的特点是工程量大面广,往往一个建设项目的场地平整、建筑物(构筑物)及设备基础、项目区域内的道路与管线的土石方施工,施工面积可达数十平方公里,工程量以百万立方米计。土石方工程施工多为露天作业,受气候、地形、水文、地质等影响,难以确定的因素较多,有时施工条件极为复杂。土石方工程施工有时受条件所限采取人工开挖,工人劳动强度较大。因此,施工前必须做好准备工作,制订出合理的施工方案,以达到降低劳动强度,加快施工进度和节省施工费用的目的。在开工前应做好场地清理、地面水的排除和测量放线等准备工作,施工中,及时做好施工排水与土壁支撑、边坡防护以及测量控制点的设置与保护等工作,以确保工程质量,防止塌方等意外事故的发生。

一、土方工程施工的准备与辅助工作

（一）场地平整的施工准备工作

（1）在组织施工前，施工单位应充分了解施工现场的地形、地貌，掌握原有地下管线或构筑物的竣工图、土石方施工图以及工程、水文地质、气象条件等技术资料，做好平面控制桩位及垂直水准点位的布设及保护工作，施工时不得随便搬移和碰撞。

[问一问]
场地平整的准备工作有哪些？

（2）场地清理。将施工区域内的建筑物和构筑物、管道、坟墓、沟坑等进行清理。对影响工程质量的树根、垃圾、草皮、耕植土和河塘淤泥等进行清除。

（3）地面水排除。在施工区域内设置排水设施，一般采用排水沟、截水沟、挡水土坝等，临时性排水设施应尽量与永久性排水设施结合考虑。应尽可能利用自然地形来设置排水沟，使水直接排至场外或流向低洼处。沟的横断面可根据当地实际气象资料，按照施工期内的最大排水量确定，一般不小于500mm×50mm，纵向排水坡度一般不应小于0.3%，平坦地区不小于0.2%，沼泽地区不小于0.1%，排水沟的边坡坡度应根据土质和沟深确定，一般为1∶0.7～1∶1.5，岩石边坡可以适当放陡。

在山区施工时，应在较高一侧的山坡上开挖截水沟，沟壁、沟底应防止渗漏。在低洼地区施工时，除开挖排水沟外，必要时应在场地周围或需要的地段修筑挡水堤坝，防止水流入施工区。

（4）修建临时道路、临时设施。主要道路应结合永久性道路一次修筑，临时道路除路面宽度要能保证运输车辆正常通行外，最好能在每隔30～50m的距离设一会车带。路基夯实后再铺上碎石面层即可，但在施工过程中随时注意整平，以保证道路通畅。现有城市市区要求进行文明施工，为保证施工场地内的泥土不被车辆轮胎带入市区道路造成城市环境污染，场地内一般可以用低标号混凝土打一层混凝土地面等方法进行硬化地面施工。

（5）如果土石方工程的施工期中有雨季或冬季施工，尚应在编制施工组织设计时充分考虑雨、冬季土石方工程施工的保证安全、质量与进度的措施。如雨季中的防洪、土方边坡稳定，冬季施工中的冻土开挖、冬期填方等。

（二）施工降水

基槽（坑）开挖时，常常有可能遇到水的侵袭，使施工条件恶化。严重时土壤被水泡软后，使基槽（坑）壁土体坍落、基底土壤承载能力降低，影响土壤的强度和稳定性。因此无论在基槽（坑）的开挖前和开挖中，都必须做好排水工作，使土方开挖和基础施工处于干燥状态，直到基础工作完成，回填土施工完毕为止。

[想一想]
施工降水主要分为哪两类？

为防止地面水流入基槽（坑），一般可利用挖出的土在槽（坑）边筑成土坝，并根据现场地形，在施工现场挖临时排水沟或截水沟，将地面水引至低洼区或河沟中。当基底面标高处于地下水位以下时，则必须采取人工降水措施，降水的方法有集水井降水法和井点降水法。

1. 集水井降水法

集水井降水法也称明排水法，使用较为广泛。采用集水井降水法时，根据现场土质条件，应保持开挖边坡的稳定。当边坡坡面上有地下水渗出时，应在渗水处设置过滤层，防止土粒流失，并应设置排水沟，将水引出坡面，以免水流冲刷土坡面而造成塌方。基槽（坑）挖到接近地下水位时，沿槽（坑）底部四周或中央开挖排水沟（沟底比挖土面约低 300mm），排水沟纵向坡度一般不小于 2‰～5‰，并根据地下水量大小、基坑平面形状及水泵的抽水能力，确定集水井的间距和位置（一般集水井每隔 20～40m 设置），集水井的直径或宽度一般为 0.6～0.8m，深度应随挖土的加深而加深，并保持低于挖土工作面 0.7～1.0m，集水井壁可用竹、木等简易加固，使水顺排水沟流入集水井（坑）中，然后用水泵抽出流入集水井中的水。为防止地基土结构遭受破坏，集水坑应与基础底边有一定的距离。当基坑挖到设计标高后，坑底应低于基底 1～2m，并铺设碎石滤水层，以免在抽水时将泥沙抽出，以致造成基底土壤结构破坏。

2. 井点降水法

[想一想]

井点降水常用哪几种方式?

井点降水法也称为人工降低地下水位法，是地下水位较高的地区工程施工中的重要措施之一。基坑开挖前，预先在基坑四周埋设一定的管（井），利用抽水设备，从井点管中将地下水不断抽出，使地下水位降低到拟开挖的基坑底面，因而能克服流沙现象、稳定边坡、降低地下水对支护结构的水平压力、防止坑底土的隆起、加快土的固结、提高地基土的承载能力，并能使位于天然地下水位以下的基础工程能在较干燥的施工环境中进行施工。采用人工降低地下水位，可适当改陡边坡，减少挖土方量，但在降水过程中，基坑附近的地基土壤会有一定的沉降，施工时要严加注意，防止地基沉降给周围建筑物带来不利影响。

井点降水法有轻型井点、喷射井点、电渗井点、管井井点和深井井点。可以根据土层的渗透系数、要求降低水位的深度、工程特点及设备情况，做技术经济比较后再确定。其中轻型井点应用较为广泛。

各种降水方法的适用范围可参见表 7－1。

表 7－1　地下水控制方法适用条件

<table>
<tr><th colspan="2">方法名称</th><th>土　类</th><th>渗透系数
(m/d)</th><th>降水深度
(m)</th><th>水文地质特征</th></tr>
<tr><td colspan="2">集水明排</td><td rowspan="3">填土、粉土、黏性土、砂土</td><td>7<20.0</td><td><5</td><td rowspan="3">上层带水或水量不大的潜水</td></tr>
<tr><td rowspan="3">降
水</td><td>真空井点</td><td>0.1～20.0</td><td>单级<6
多级<20</td></tr>
<tr><td>喷射井点</td><td>0.1～200</td><td><20</td></tr>
<tr><td>管　井</td><td>粉土、砂土、碎石土、可溶岩、破碎带</td><td>1.0～200.0</td><td>>5</td><td>含水丰富的潜水、承压水、裂隙水</td></tr>
<tr><td colspan="2">截　水</td><td>黏性土、粉土、砂土、碎石土、岩溶岩</td><td>不限</td><td>不限</td><td></td></tr>
<tr><td colspan="2">回　灌</td><td>填土、粉土、砂土、碎石土</td><td>0.1～200</td><td>不限</td><td></td></tr>
</table>

(三)土方边坡与土壁支护

为了防止塌方,保证施工安全,当挖方深度(或填方高度)超过一定限度时,则其边沿应放坡。或者设置临时支撑以保证土壁的稳定。

1. 土方边坡

土方边坡的坡度以其挖方深度(或填方高度)H 与底宽 B 之比表示(图7-6)。

[问一问]

边坡是否可以做成直立形式?应该注意什么?

$$边坡坡度=\frac{H}{B}=\frac{1}{B/H}=1:m \quad (7-2)$$

式中 $m=B/H$,称为边坡系数。

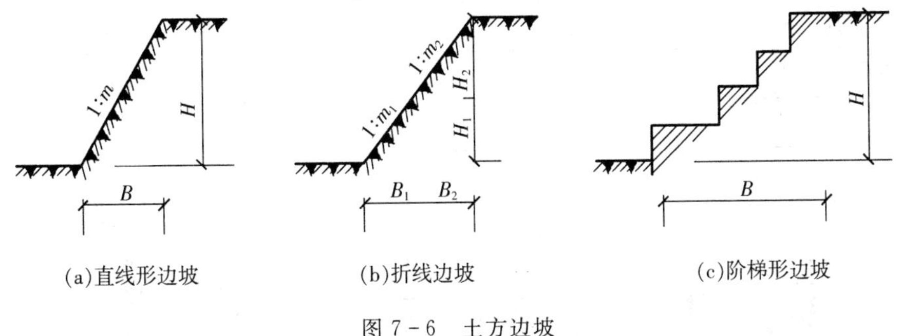

(a)直线形边坡 (b)折线边坡 (c)阶梯形边坡

图 7-6 土方边坡

边坡可以做成直线形边坡、折线边坡或阶梯形边坡等。

当土质均匀、无地下水位的影响,且开挖后敞露时间不长时,其挖方边坡可做成直立边壁不放坡(也不加支撑),但挖方深度不宜超过表 7-2 的规定。

表 7-2 直立壁不加支撑的挖土深度 (m)

密实、中密的砂土和碎石类土(充填物为砂土)	1.00
硬塑、可塑的轻亚黏土及亚黏土	1.25
硬塑、可塑的黏土和碎石类土(充填物为黏性土)	1.50
坚硬的黏土	2.00

当挖方深度超过上述条款规定时,则应作成直立壁加支撑或按表 7-3 的规定放坡。

2. 土壁支撑

[想一想]

三种土壁支撑各适用于何种情况?

在基坑或沟槽开挖时,如地质条件和周围环境允许,采用放坡开挖当然是比较经济的。但在建筑稠密的地区,因场地限制不能放坡时,或为了缩小施工面、减少土方量,可采用设置支撑的方法施工,以保证施工安全,并减少对邻近已有建筑物的不利影响。开挖较窄的沟槽或基坑,多用横撑式土壁支撑。常用的横撑式支撑根据挡土板的不同,分断续式水平挡土板支撑(图 7-7(a)),连续式水平挡土板支撑(图 7-7(b)),连续式垂直挡土板支撑(图 7-7(c))。断续式水平挡土板支撑适用于湿度小且挖土深度小于 3m 的黏性土;连续式水平挡土板支撑适用于松散、湿度大的土壤，挖土深度可达 5m；连续式垂直挡土板撑用于松散和湿度很高的土，挖土深度不限。

表 7-3　深度在 5m 内的基坑(槽)、管沟边坡的最陡坡度(不加支撑)

土的类别	边坡坡度(高∶宽)		
	坡顶无荷载	坡顶有静载	坡顶有动载
中密的砂土	1∶1.00	1∶1.25	1∶1.50
中密的碎石类土(充填物为砂土)	1∶0.75	1∶1.00	1∶1.25
硬塑的轻亚黏土	1∶0.67	1∶0.75	1∶1.00
中密的碎石类土(充填物为黏性土)	1∶0.50	1∶0.67	1∶0.75
硬塑的亚黏土、黏土	1∶0.33	1∶0.50	1∶0.67
老黄土	1∶0.10	1∶0.25	1∶0.33
软土(经井点降水后)	1∶1.00	—	—

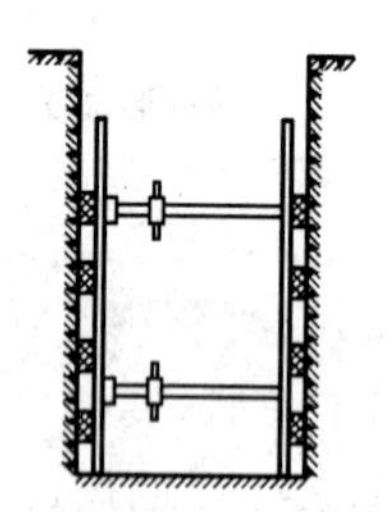

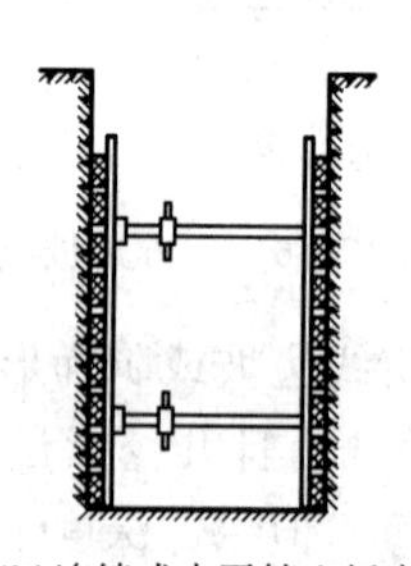

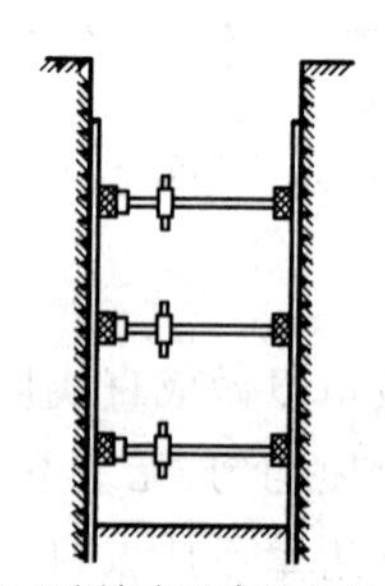

(a)断续式水平挡土板支撑　(b)连续式水平挡土板支撑　(c)连续式垂直挡土板支撑

图 7-7　横撑式支撑

二、土方工程的机械化施工

土方工程量大面广、劳动繁重，且露天作业，人工挖土不仅劳动量大、劳动强度大，而且效率低、成本高。因此，除了一些小型基坑(槽)、管沟和少量零星土方工程外，尽量采用机械化施工。主要施工机械有推土机、铲运机、单斗挖掘机、多斗挖掘机、装载机等。

(一)土方机械的选择与机械配合

1. 土方机械的选择

土方机械的选择，通常应根据工程特点和技术条件提出几种可行方案，然后进行技术经济分析比较，选择效率高，综合费用低的机械进行施工，一般选用土方施工单价最小的机械。在大型建设项目中，土方工程量很大，而当时现有的施工机械的类型及数量常常有一定的限制，此时必须将现有机械进行统筹分配，以使得施工费用最小。一般可以线性规划的方法来确定土方施工机械的最优分配方案。

现综合介绍选择土方施工机械的要点：

当地形起伏不大，坡度在20°以内，挖填平整土方的面积较大，土的含水量适当，平均运距短(一般在1km以内)时，采用铲运机较为合适。如果土质坚硬或冬季冻土层厚度超过100～150mm时，必须由其他机械辅助翻松再铲运。当一般土的含水量大于25%时，或坚硬的黏土含水量超过30%时，铲运机要陷车，必须将水疏干后再施工。

[想一想]

土方机械与车辆的配合应以什么为主导？

地形起伏大的山区丘陵地带，一般挖土高度在3m以上，运输距离超过1000m，工程量较大且集中，一般可采用正(反)铲挖掘机配合自卸汽车进行施工，并在弃土区配备推土机平整场地。当挖土层厚度在5～6m以上时，可在挖土段的较低处设置倒土漏斗，用推土机将土推入漏斗中，并用自卸汽车在漏斗下装土并运走。漏斗上口尺寸为3.5m左右，由钢框架支承，底部预先挖平以便装车，漏斗左右及后侧土壁应加以支护。也可以用挖掘机或推土机开挖土方并将土方集中堆放，再用装载机把土装到自卸汽车上运走。

开挖基坑时，如土的含水量较小，可结合运距长短，挖掘深度，分别选用推土机、铲运机或正铲(或反铲)挖掘机配以自卸汽车进行施工。当基坑深度在1～2m，基坑不太长时，可采用推土机；长度较大，深度在2m以内的线状基坑，可用铲运机；当基坑较大，工程量集中时，可选用正铲挖掘机。如地下水位较高，又不采用降水措施，或土质松软，可能造成机械陷车时，则采用反铲、拉铲或抓铲挖掘机配以自卸汽车施工较为合适。移挖作填以及基坑和管沟的回填，运距在60～100m以内时可用推土机。

2. 土方机械与运土车辆的配合

当挖掘机挖出的土方需用运土车辆运走时，挖掘机的生产率不仅取决于本身的技术性能，而且还决定于所选的运输机具是否与之协调。由于施工现场工作面限制、机械台班费用等原因，一般应以挖土机械为主导机械，运输车辆应根据挖土机械性能配套选用。

[问一问]

1个机械台班是什么意思？

挖掘机的数量可以根据土方工程量大小和工期要求按下式计算：

$$N=\frac{Q}{P}\times\frac{1}{TCK}\quad(台)\tag{7-3}$$

式中 Q——土方工程总量；

P——挖掘机的生产率，m^3/台班；

T——施工工期，d；

C——每天工作班数；

K——时间利用系数，取0.8～0.9。

为了使主导机械挖掘机充分发挥生产能力，应使运土车辆的载重量与挖掘机的斗容量保持一定的倍数关系，需有足够数量的车辆以保证挖掘机连续工作。从挖掘机方面考虑，汽车的载重量越大越好，可以减少等车待装时间，运土量大；从汽车方面考虑，载重量小，台班费便宜然而数量增加，载重量大，台班费贵但车辆数量小。一般情况下载重量宜为每斗土重的3～5倍。自卸汽车的数目N'应

保证挖掘机连续工作，可由下式确定

$$N'=\frac{T'}{t_1} \tag{7-4}$$

式中 T'——运输车辆工作循环延续时间，min；

t_1——运输车辆每次装车时间，min。

(二)土方的填筑与压实

为了保证填方工程的质量，满足强度、变形和稳定性方面的要求，既要正确选择填土的材料，又要合理选择填筑和压实的方法。

1. 土料的选择

填方土料的选择应符合设计要求，如设计无要求时，应符合下列规定：

碎石类土、砂土(使用细、粉砂时应取得设计单位同意)和爆破石渣，可用作表层以下的填料；含水量符合压实要求的黏性土，可用作各层填料；碎块草皮和有机质含量大于8%的土，仅用于无压实要求的填方；淤泥和淤泥质土一般不能用作填料，但在软土或沼泽地区经过处理使含水量符合压实要求后，可用于填方中的次要部位；含盐量符合表7-4中规定的盐渍土一般可以使用，但填料中不得含有盐晶、盐块或含盐植物的根茎。

表7-4 盐渍土按含盐程度分类

盐渍土名称	土层中的平均含盐量(质量比)/%			可用性
	氯盐渍土及亚氯盐渍土	硫酸盐渍土及亚硫酸盐渍土	碱性盐渍土	
弱盐渍土	0.5～1.0	0.3～0.5		可用
中盐渍土	1.0～5.0①	0.5～2.0①	0.5～1.0②	可用
强盐渍土	5.0～8.0①	2.0～5.0①	1.0～2.0②	可用且采取措施
过盐渍土	>8.0	>5.0	>2.0	可用

[注] ①其中硫酸盐含量不超过2%方可使用；②其中易溶碳酸盐含量不超过0.5%方可使用。

[想一想]
土料选择应注意哪些？

碎石类土或爆破石渣用作填料时，其最大粒径不得超过每层铺填厚度的2/3(当使用振动碾时，不得超过每层铺填厚度的3/4)。铺填时，大块料不应集中，且不得填在分段接头或填方于山坡连接处。如果填方区内有打桩或其他特殊工程时，块石填料的最大粒径不应超过设计要求。

2. 基底的处理

填方基底的处理，应符合设计要求。如设计无要求时，应符合下列规定：

(1)基底上树墩及主根应拔除，坑穴应清除积水、淤泥和杂物等，并应在回填时分层夯实；

(2)在建筑物和构筑物地面下的填方或厚度小于0.5m的填方，应清除基底上的草皮和垃圾；

(3)在土质较好的平坦地区(地面坡度不陡于1/10填方时,可不清除基底上的草皮,但应割除长草；

(4)在稳定山坡上填方时,当山坡坡度为1/10～1/5时,应清除基底上的草皮；当坡度陡于1/5时,应将基底挖成阶梯形,阶宽不小于1.0m；

(5)如果填方基底为耕植土或松土时,应将基底碾压密实；

(6)在水田、沟渠、池塘上进行填方时,应根据实际情况采用排水疏干、挖除淤泥或抛填块石、砂砾、矿渣等方法处理后,再进行填土。

3. 填筑要求

填土前,应对填方基底和隐蔽工程进行检查和中间验收,并做好隐蔽工程记录。开工前,应根据工程特点、填料厚度和压实遍数、施工条件等合理选择压实机具,并确定填料含水量控制范围、铺土厚度和压实遍数等施工参数。

[想一想]

隐藏工程是什么意思?

对于重要的填方或采用新型压实机具时,上述参数应由填土压实试验确定。

填土施工应接近水平地分层填土、压实。压实后测定土的干密度,检验其压实系数和压实范围符合设计要求后,才能填筑上层。填土应尽量采用同类土填筑。如采用不同填料分层填筑时,上层宜填筑透水性较小的填料,下层宜填筑透水性大的填料;填方基土表面应做成适当的排水坡度,边坡不得用透水性较小的填料封闭,以免填方内形成水囊。如因施工条件限制,上层必须填筑透水性较大的填料时,应将下层透水性较小的土层表面做成适当的排水坡度或设置盲沟。

挡土墙后的填土,应选用透水性较好的土或在黏性土中掺入石块作填料;分层夯填,确保填土质量,并应按设计要求做好滤水层和排水盲沟;在季节性冻土地区,挡土墙后的填料宜采用非冻胀性填料。

填料为红黏土时,其施工含水量宜高于最优含水量2%～4%,填筑中应防止土料发生干缩、结块现象,填方压实宜使用中、轻型碾压机械。

填方应按设计要求预留沉降量,如设计无要求时,可根据工程性质、填方高度、填料种类、压实系数和地基情况等与业主单位共同确定(沉降量一般不超过填方高度的3%)。

填方施工应从场地最低处开始水平分层整片回填压实;分段填筑时,每层接缝处应做成斜坡形状,辗迹重叠0.5～1.0m。上、下接缝应错开不小于1.0m,且接缝部位不得在基础下、墙角、柱墩等重要部位。

在回填基坑(槽)或管沟时,应注意填土前清除沟槽内的积水和有机杂物;待基础或管沟的现浇混凝土达到一定强度后,不致因填土而受影响时,方可回填;基坑(槽)或管沟回填应在相对两侧或四周均匀同时分层进行,以防基础和管道在土压力作用下产生偏移或变形。回填管沟时,为防止管道中心线位移或损坏管道,应用人工先在管子周围填土夯实,并应从管道两边同时进行,直到管顶以上。在不损坏管道的情况下,方可采用机械回填和压实。

4. 填土的压实方法

填土的压实方法有碾压、夯实和振动3种,如图7-8所示。此外,还可利用运土机械等压实。碾压法主要用于大面积的填土，如场地平整、大型建筑物的室内填土等。对于小面积填土，宜选用夯实法压实；振动压实法主要用于压实非黏性土。

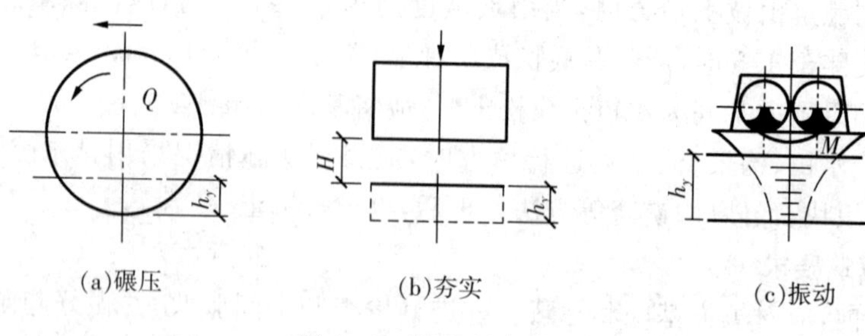

(a)碾压　(b)夯实　(c)振动

图 7-8　填土压实方法

碾压机械有平滚碾、羊足碾和振动碾。平滚碾是应用最为广泛的一种碾压机械，可压实砂类土和黏性土。羊足碾适用于压实黏性土，羊足碾是在滚轮表面装有许多羊足形滚压件，用拖拉机牵引，其单位面积压力大，压实效果、压实深度均较平碾高。振动碾是一种兼有振动作用的碾压机械，主要适用于碾压填料为爆破石渣、碎石类土、杂填土或轻亚黏土的大型填方。

按碾轮重量，平滚碾分为轻型(5t 以下)、中型(8t 以下)和重型(10t)3 种。轻型平滚碾压实土层的厚度不大，但土层上部可变得较密实，当用轻型平滚碾初碾后，再用重型平滚碾碾压，就会取得较好的效果。如直接用重型平滚碾碾压松土，则形成强烈的起伏现象，其碾压效果较差。

[想一想]

平滚碾分几种？其中重型碾碾压前应注意什么？

用碾压法压实填土时，铺土应均匀一致，碾压遍数要一样，碾压方向以从填方区的两边逐渐推向中心，每次碾压应有 150～200mm 的重叠。碾压机械在压实填方时，应控制行驶速度，一般不应超过下列规定，否则会影响压实效果：平碾 2km/h、羊足碾 3km/h、振动碾 2km/h。

夯实机械有夯锤、蛙式打夯机等。夯锤是借助于起重机悬挂重锤进行夯土的夯实机械，质量不小于 1500kg，落距为 2.5～4.5m，夯土影响深度为 0.6～1.0m，适用于夯实砂性土、湿陷性黄土、杂填土以及含有石块的填土。蛙式打夯机体积小、操作轻便等优点，适用于基坑(槽)、管沟以及各种零星分散、边角部位的小型填方的夯实工作。对于密实度要求不高的大面积填方，在缺乏碾压机械时，可采用推土机、拖拉机或铲运机结合行驶、推(运)土、平土施工过程来压实土料。而对于松填的特厚土层亦可采用重锤夯、强夯等方法。

振动法是将重量锤放在土层的表面或内部，借助于振动设备使重锤振动，土壤颗粒即发生相对位移达到紧密状态。此法用于振实非黏性土效果较好。

近年来，又将碾压和振动结合而设计和制造了振动平碾、振动凸块碾等新型压实机械，振动平碾适用于填料为爆破碎石渣、碎石类土、杂填土或粉土的大型填方，振动凸块碾则适用于粉质黏土或黏土的大型填方。当压实爆破石渣或碎石类土时，可选用 8～15t 重的振动平碾，铺土厚度为 0.6～1.5m，先静压、后振压，碾压遍数应由现场试验确定，一般为 6～8 遍。

在填方区采用机械施工时，应保证边缘的压实质量。对不要求修整边坡的填方工程，边缘应超宽填0.5m；对设计要求边坡整平拍实时，可只宽填0.2m。

5. 影响填土压实的因素

填土压实质量与许多因素有关，其中主要影响为压实功、土的含水量以及每层铺土厚度。

[问一问]

影响压实度的主要因素？

(1)实功的影响

填土压实后的密度与压实机械在其上所施加的功有一定关系(图7-9)。当土的含水量一定，在开始压实时，土的密度急剧增加。等到接近土的最大干密度时，压实功虽然增加很多，而土的密度则变化很小。因此，实际施工时，应根据不同的土料以及要求压实的密实程度和不同的压实机械来决定填土压实的遍数，亦可参考表7-5。

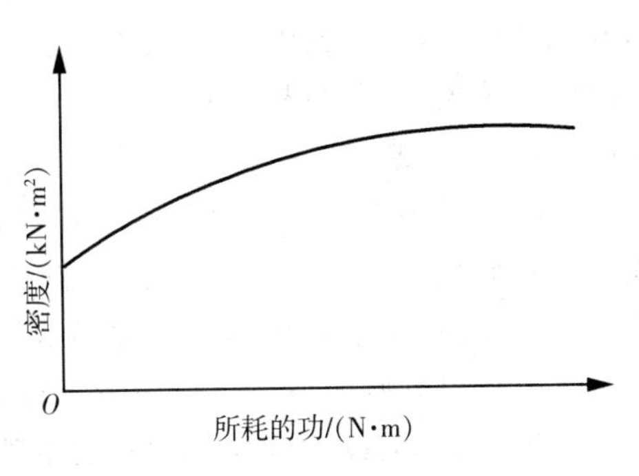

图7-9 土的密度和压实功的关系示意图

表7-5 填方每层的铺土厚度和压实遍数

压实机具	每层铺土厚度/mm	每层压实遍数/遍
平 碾	200～300	6～8
羊足碾	200～350	8～16
蛙式打夯机	200～250	3～4
人工打夯	不大于200	3～4

(2)含水量的影响

在同一压实功的条件下，填土的含水量对压实质量有直接影响(图7-10)。较为干燥的土，由于土颗粒之间的摩阻力较大，因而不易压实；当含水量过大，超过一定限度时，土颗粒间孔隙由水填充而呈饱和状态，也不能被压实。只有当土含水量适当，土颗粒间的摩阻力由于适当水的润滑作用而减小时，土才易被压实。图7-10所示曲线最高点的含水量称为填土压实的最佳含水量。土在这种含水量条件下，使用同样的压实功进行压实，所得到的密度最大。为了保证填土在压实过程中的最佳含水量，当土过湿时，应予以翻松、晾晒、均匀掺入同类干土(或吸水性填料)等措施；如含水量偏低，可采

[想一想]

什么是最佳含水率？

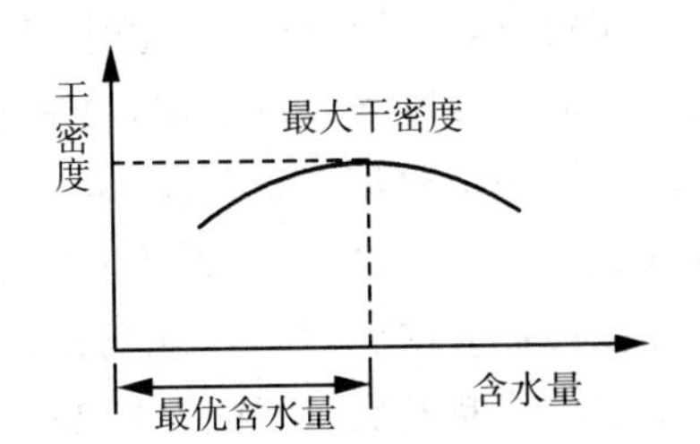

图7-10 土的密度与含水量的关系示意图

用预先洒水润湿、增加压实遍数等措施。

(3)铺土厚度的影响

土在压实功的作用下,其应力随深度加深逐渐减小,超过一定深度后,则土的压实程度和未压实前相差极微。各种压实机械的影响深度与土的性质和含水量有关。铺得过厚,要压很多遍才能达到规定的密实程度,铺得过薄也会增加机械的总压实遍数。因此,填土压实时每层铺土厚度的确定应根据所选用的压实机械和土的性质,在保证压实质量的前提下,使填方压实机械的功耗最小。一般铺土厚度可按表 7-5 参考选用。

(4)填土压实的质量检查

[想一想]

什么压实系数?

填土压实后要达到一定的密实度要求。填土密实度以压实系数(设计规定的施工控制干密度与最大干密度之比)表示。不同的填方工程,设计要求的压实系数不同,一般的场地平整,其压实系数为 0.9 左右,对地基填土为 0.91～0.97,具体取值视结构类型和填土部位而定。填方施工前,应先求得现场各种土料的最大干密度,然后乘以设计规定的压实系数,求得施工控制干密度,作为检查施工质量的依据。压实后土的实际干密度应大于或等于设计控制干密度。

填方压实后的密实度应在施工时取样检查,基坑(槽)、管沟回填,每层按长度每 20～50m 取样一组;室内填土每层按 100～500m^2 取样一组;场地平整填土,每层按 400～900m^2 取样一组。目前一般采用环刀法取样测定土的实际干密度和含水量。

第三节　钢筋混凝土工程施工

混凝土结构工程是将钢筋和混凝土两种材料,按设计要求浇注成各种形状的构件和结构。混凝土系由水泥、粗细骨料、水和外加剂按一定比例拌和而成的混合物,在模板内成型硬化后形成的人造石。混凝土的抗压强度大,但抗拉强度低(约为抗压强度的 1/10),受拉时容易产生断裂现象。为此,则在构件的受拉区配上抗拉强度很高的钢筋以承受拉力,使构件既能受压,亦能受拉。这种结构也称为钢筋混凝土结构。

钢筋和混凝土这两种不同性质的材料,之所以能共同工作,主要是由于混凝土硬化后紧紧握裹钢筋,钢筋又受混凝土保护不致锈蚀;而钢筋与混凝土的线膨胀系数又相接近,当外界温度变化时,不会因胀缩不均而破坏两者间的黏结。但能否保证钢筋与混凝土共同工作,关键仍在于施工。

混凝土结构工程具有耐久性、耐火性、整体性和可塑性好,节约钢材,可就地取材等优点,因而在土木工程结构中被广泛采用并占主导地位。但混凝土结构工程也存在自重大,抗裂性差,现场浇注受气候影响等缺点。随着新材料、新技术和新工艺的不断发展,上述一些缺点正逐步得到改善。如预应力混凝土工艺技术的出现和发展,提高了混凝土构件的刚度、抗裂性和耐久性,减小了构件的截面和自重,节约了材料,更加拓宽了混凝土结构的应用领域。

混凝土结构工程包括模板工程、钢筋工程和混凝土工程，其施工工艺流程如图 7－11 所示。

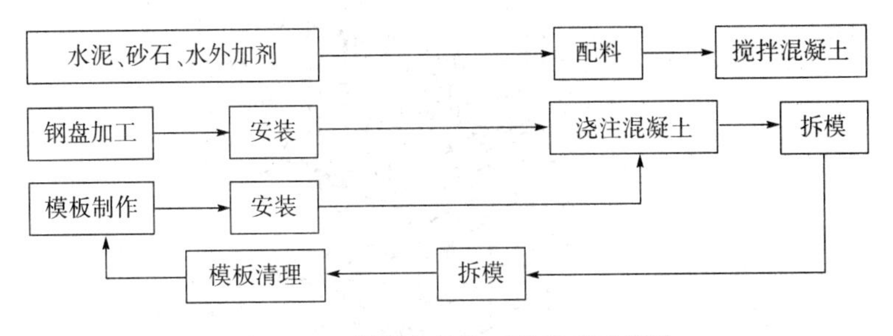

图 7－11　混凝土结构工程施工工艺图

一、模板工程

模板是新浇混凝土成型用的模型，它包括模板和支撑系统两部分。模板的种类较多，构造各异，就其所用的材料不同，可分为木模板、竹模板、钢模板、塑料模板和铝合金模板等等。

模板及其支撑系统必须满足下列要求：

(1)保证工程结构和构件各部分形状尺寸和相互位置的正确；

(2)具有足够的承载能力、刚度和稳定性，以保证施工安全；

(3)构造简单，装拆方便，能多次周转使用；

(4)模板的接缝不应漏浆；

(5)模板与混凝土的接触面应涂水质隔离剂以利脱模。严禁隔离剂玷污钢筋与混凝土接搓处。

模板工程量大，材料和劳动力消耗多，正确选择材料形式和合理组织施工，对加快施工进度和降低造价意义重大。

(一)框架结构模板

框架结构中常用的模板有阶梯形基础模板(图 7－12)、柱模板(图 7－13)或梁、楼板模板(图 7－14)以及支撑系统等。

[想一想]

常见模板有哪些种类?

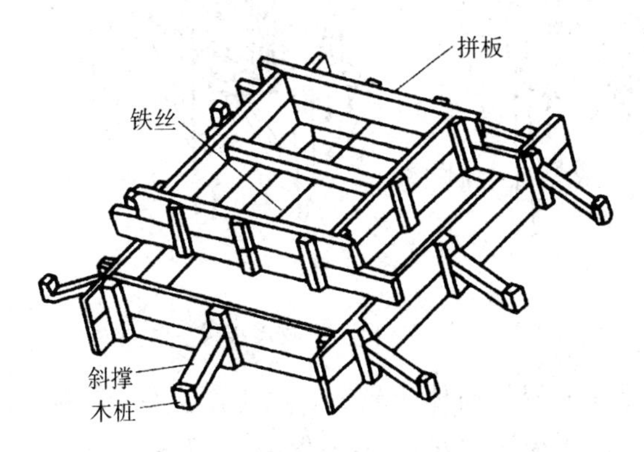

图 7－12　阶梯形基础模板

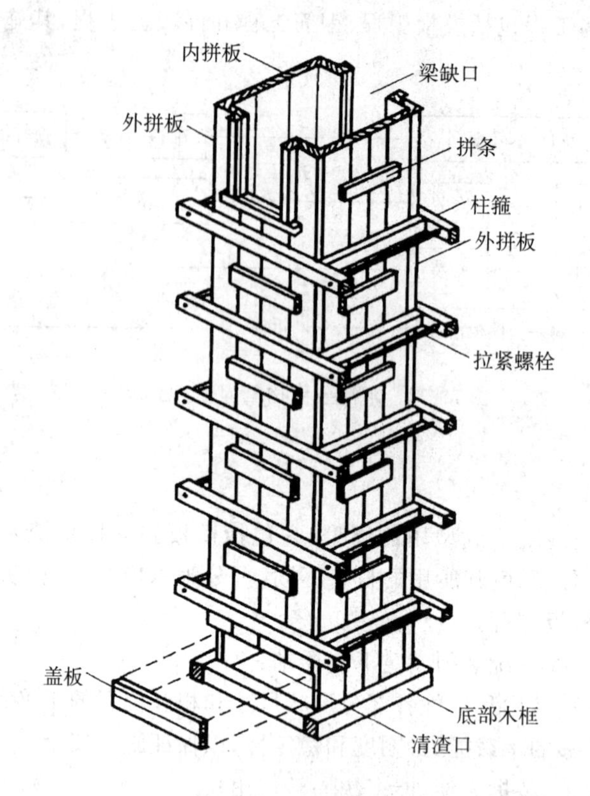

图 7-13　柱子模板

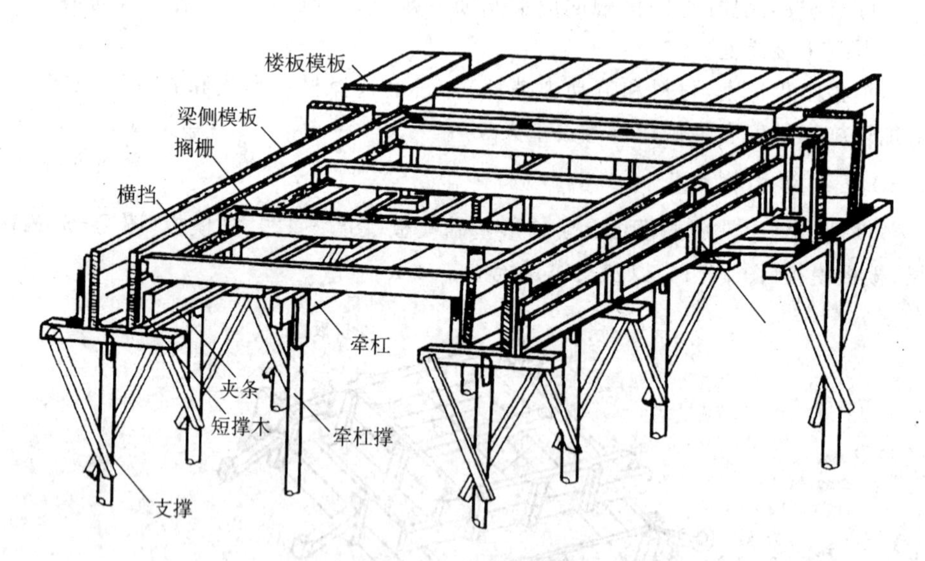

图 7-14　梁及楼板模

基础的特点是高度较小而体积较大。如土质良好，阶梯形基础的最下一级可不用模板而进行原槽浇注。安装时，要保证上、下模板不发生相对位移。如有杯口，还要在其中放入杯口模板。

柱子的特点是断面尺寸不大而高度较高，因此柱子模板主要是解决垂直度及抵抗侧压力问题。柱模板底部开有清渣口以清理垃圾，模板外设有抵抗侧压力的柱箍，柱模板顶部根据需要开有与梁模板连接的缺口。

梁模板由底模板和侧模板组成。底模板承受垂直荷载，下面有伸缩式支撑，可调整高度，底部应支撑在坚实的地面或楼面上，下垫木板。在多层房屋施工中，应使上、下层支柱对准在同一条竖直线上。当层高大于5m时，宜选用桁架支模（图7-15）或多层支架支模。梁侧模板承受混凝土侧压力，底部用钉在支撑顶部的夹条夹住，顶部可由支撑楼板模板的搁栅顶住，或用斜撑顶住。

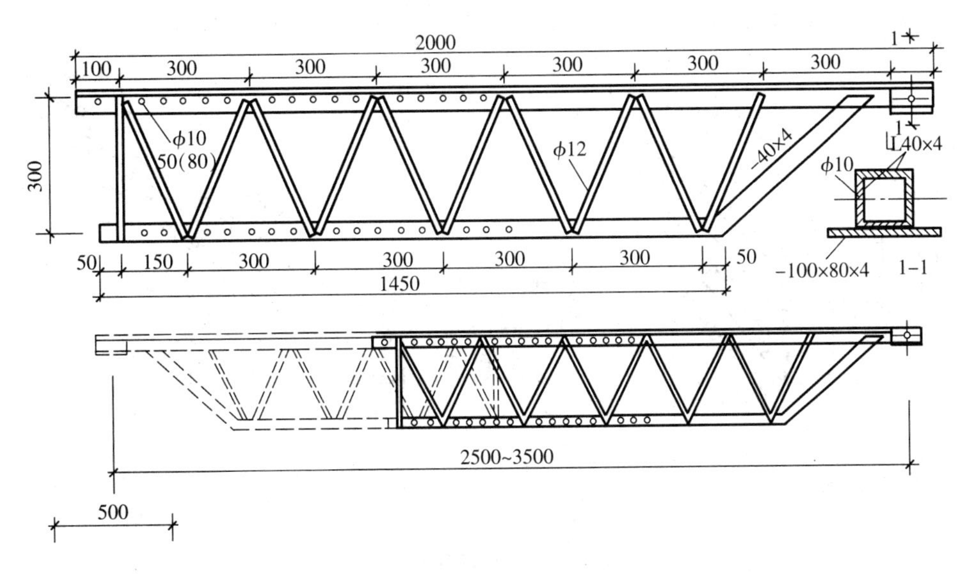

图7-15　支撑桁架

梁跨度等于或大于4m时，底模板应起拱；当设计无具体要求时，起拱的高度宜为跨长的1/1000～3/1000。楼板模板多用定型模板或胶合板，它支撑在搁栅上，搁栅支撑在梁侧模板外的横挡上。

［想一想］

底模板为什么要起拱？

由于木材的缺乏，现多用工具式的组合钢模板代替木模板，它由边框、面板和纵横肋组成。面板为2.3～2.8mm厚的钢板；边框多与面板一次轧成，高55mm；纵横肋为55mm高、3mm厚的扁钢。主要类型有平面板块（代号P）、阳角模板（代号Y）、阴角模板（代号E）和连接角模（代号J）4种（图7-16）。考虑我国的模数制，并便于工人手工安装，目前我国应用的板块长度为1500mm、1200mm、900mm、750mm、600mm和450mm六种。板块的宽度为300mm、250mm、200mm、150mm和100mm五种。可以横竖拼接，组拼成以50mm晋级的任何尺寸的模板。如出现不足50mm的空缺，则用木方补缺。

板块的代号为P，以宽度和长度尺寸组成4位数字表示其规格，如宽300mm、长1500mm的板块，其代号为P3015。

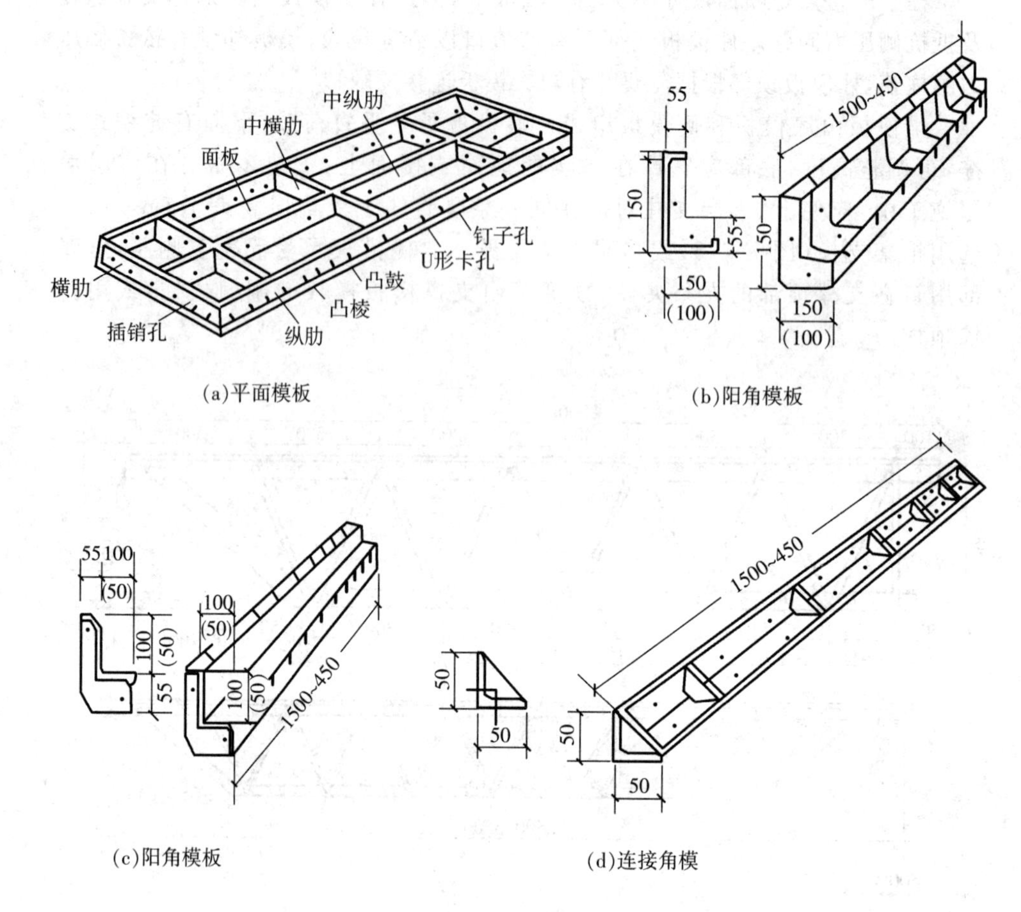

图 7－16　钢模板类型

(二)大模板

[想一想]

大模板有哪些优点?

大模板是一种大尺寸的工具式模板,一般是一块墙面用一块大模板。其特点是:便于机械化施工,可减轻劳动强度;模板装卸快,操作简便;不需脚手架;混凝土表面质量好,不需进行抹灰;模板可多次周转使用,但一次投资大。大模板是目前我国剪力墙和筒体体系高层建筑施工用得较多的一种模板,已形成一种工业化建筑体系。我国采用大模板施工的结构体系有:

(1)内外墙皆用大模板现浇;

(2)内墙用大模板现浇,外墙板为预制挂板;

(3)内墙用大模板现浇,外墙用砖砌筑(仅用于多层房屋)。

一块大模板由面板、加劲肋、竖楞、支撑桁架、稳定机构及附件组成(图 7－17)。

面板要求平整、刚度好,常用钢板或胶合板制作。钢面板一般为 3～5mm 厚,可重复使用 200 次以上。胶合板面板常用七层胶合板或九层胶合板,板面用树脂处理,可重复使用 50 次以上。胶合板面板还可做出线条或凹凸浮雕图案,使墙面一次成型而省去抹灰。

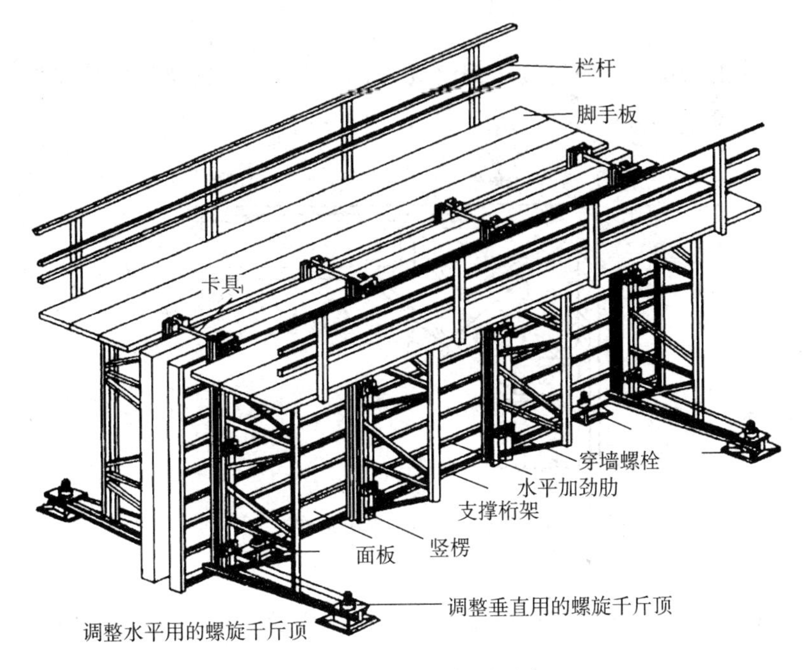

图 7-17　大模板构造示意

加劲肋的作用是固定面板，把混凝土侧压力传递给竖楞。加劲肋一般用∟65角钢或[65 槽钢，间距一般为 300～500mm。

竖楞是穿墙螺栓的固定支点，承受传来的水平力和垂直力，一般用背靠背的两个[65 或[80 槽钢，间距为 1～1.2m。

大模板的连接方案有 3 种：

1. **大角模**

大角模是将两块平模组成 L 形模板，每一平模部分的平面尺寸约为 1/2 扇墙的尺寸(图 7-18)。为便于拆模，在交角处设有合页，拆模时收紧花篮螺丝，使角模转动，即可拆模。

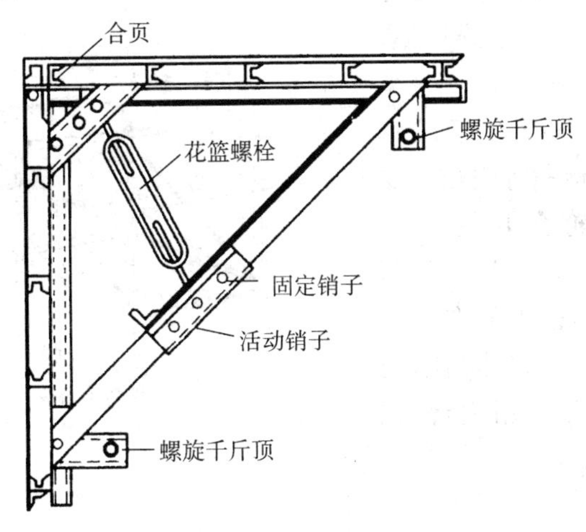

图 7-18　大角模阴角构造

2. 小角模

小角模由两块平模与连接角钢组成(图 7-19)。角钢与平模的连接用合页或螺栓。

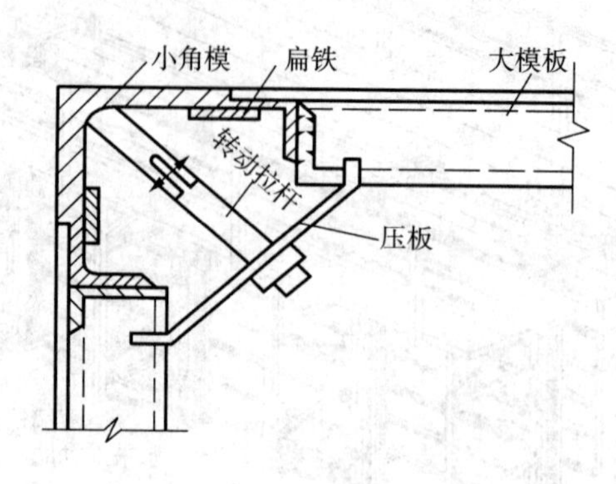

图 7-19　小角模阴角构造

3. 筒子模

筒子模是四面墙板模板用钢架联成整体而成的大型模板,连接钢架多为伸缩式,便于拆装。

大模板板面须喷涂脱模剂以利脱模。向大模板内浇注混凝土应分层进行,在门窗口两侧应对称均匀下料和捣实,防止固定在模板上的门窗框移位。待新浇注的混凝土强度达到 $1N/mm^2$ 方可拆除大模板,待混凝土强度大于 $4N/mm^2$ 时方能吊楼板于其上。

(三)其他模板

随着建筑新技术、新材料的发展,新型模板不断出现。除上述者外,目前常用的还有下述几种:

1. 台模(飞模、桌模)

[想一想]

台模一般用于什么构件的施工?

台模是一种大型工具式模板,主要用于浇注楼板,一般是一个房间一块台模。按台模的支承形式分为支腿式(图 7-20)和无支腿式两类。前者又有伸缩式支腿和折叠式支腿之分;后者悬架于墙上或柱顶,故也称悬架式。台模由面板(胶合板或钢板)、支撑框架和檀条等组成。支腿底部一般带有轮子,以便移动。浇注后待混凝土达到规定强度,落下台面,将台模推出放在临时挑台上,再用起重机整体吊运至其他施工段。也可不用挑台,推出墙面后直接吊运。

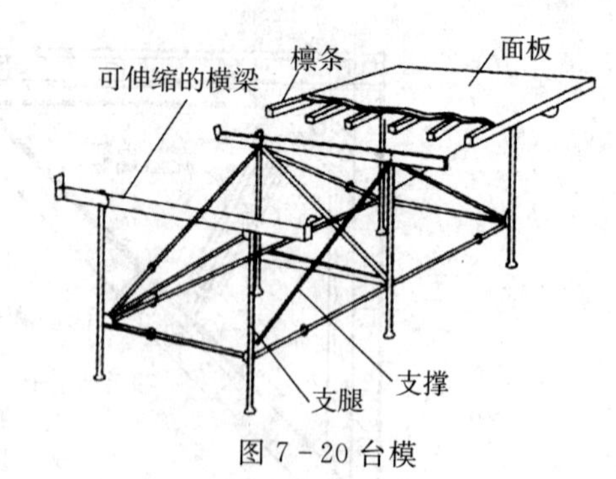

图 7-20 台模

2. 隧道模

隧道模是用于同时浇注墙体和楼板的大型工具式模板,能一个开间一个开间地整体浇注，故建筑物的整体性好，施工进度快，但一次性投资大，需要较大起重量的起重机。

隧道模有全隧道模和双拼式隧道模(图7-21)两种。前者自重大，目前逐渐少用。后者用两个半隧道模对拼而成，两个半隧道模的宽度可以不同，再增加一块插板，可以组合成各种开间需要的宽度。

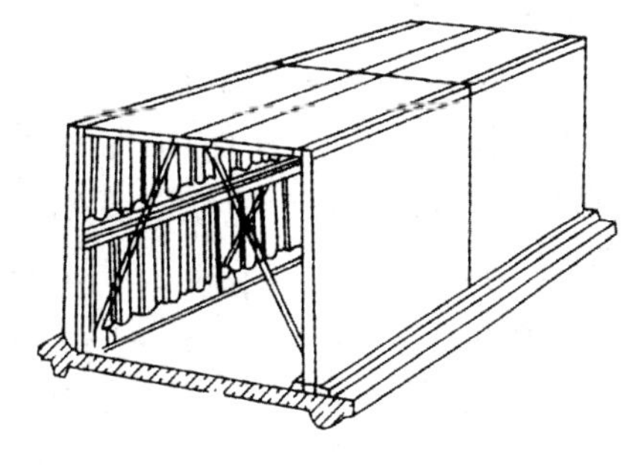

图7-21 隧道模

3. 永久式模板

永久式模板在施工时起模板作用，而浇注混凝土后又是结构本身组成部分的预制板材，可省去顶棚的抹灰。目前常用的有波形金属板材(亦称压延钢板)、预应力混凝土薄板和玻璃纤维水泥模板等。预应力混凝土薄板安装在墙或梁上，下设临时支撑，然后在其上绑扎钢筋浇注混凝土形成叠合楼板，施工简便，整体性、抗震性好，是一种有发展前途的模板。此外还有各种玻璃钢模板、塑料模板、提模、艺术模板和各种专门用途的模板等。

(四)模板拆除

在模板的施工设计阶段，就应考虑模板的拆除时间及拆除顺序，以加速模板的周转，减少模板用量。现浇结构的模板及其支架拆除时的混凝土强度，应符合设计要求；当设计无具体要求时，应符合下列规定：

[想一想]

模板拆除时应按什么顺序进行?

1. 侧模

应在混凝土强度能保证其表面及棱角不因拆模而受损坏时，方可拆除。

2. 底模

应在与结构同条件养护的试块达到底模拆除时的混凝土强度要求的规定，方可拆除。

3. 拆模顺序

应按一定顺序进行，一般应遵循先支后拆、后支先拆、先拆非承重部位，后拆承重部位以及自上而下的原则。重大复杂模板的拆除，应事先制定拆除方案。已拆除模板及其支架的结构，在混凝土强度符合设计混凝土强度等级的要求后，方可承受全部使用荷载；当施工荷载所产生的效应比使用荷载的效应更不利时，必须经过核算，加设临时支撑。

模板拆除时还应注意施工安全，防止模板脱落伤人。

二、钢筋工程

(一)钢筋的种类与验收

[问一问]

钢筋进场必须符合哪些程序?

钢筋的种类很多，建筑工程中常用的钢筋按化学成分，可分为碳素钢钢筋和普通低合金钢钢筋。碳素钢钢筋按其含碳量多少又可分低碳钢钢筋(含碳量小于0.25%)、中碳钢钢筋(含碳量为0.25%～0.60%)和高碳钢钢筋(含碳量大于

0.60%，一般不宜用在建筑工程中)。普通低合金钢钢筋是在低碳钢和中碳钢中加入某些合金元素(如钛、钒、锰等，其含量一般不超过总量的3%)冶炼而成，可提高钢筋的强度，改善其塑性、韧性和可焊性。

钢筋按轧制外形可分为光面钢筋和变形钢筋(螺纹、人字纹及月牙纹)。

按生产加工工艺可分为热轧钢筋、冷轧钢筋、热处理钢筋及钢丝、钢绞线等。

按供应方式，为便于运输，ϕ6～ϕ10的钢筋卷成圆盘，称盘圆钢筋；大于ϕ12的钢筋轧成6～12m长一根，称为直条钢筋。

热轧钢筋按强度分为HPB235、HRB335、HRB400和RRB400四种级别，冷轧带肋钢筋分为LL550、LL650、LL800三种级别，而且级别越高强度及硬度越高，其塑性逐渐降低。

常用的钢丝有刻痕钢丝、碳素钢丝和冷拔低碳钢丝三类，而冷拔低碳钢丝又分为甲级和乙级，一般皆卷成圆盘。

钢绞线是由2根、3根或7根高强钢丝捻制在一起经过低温回火处理后制成的。

钢筋进场应有出厂质量证明书或试验报告单，每捆(盘)钢筋均应有标牌，并按品种、批号及直径分批验收。每批热轧钢筋重量不超过60t，钢绞线为20t。验收内容包含钢筋标牌和外观检查，并按有关规定取样进行机械性能试验。

[想一想]

钢筋进场后如何检验其是否合格?

做机械性能试验时应从每批外观尺寸检查合格的钢筋中任选两根，每根取两个试件分别进行拉力试验(包括屈服强度、抗拉强度和伸长率的测定)和冷弯或反弯次数试验。如有一项试验结果不符合规定，则应从同一批钢筋中另取双倍数量的试件重新作上述4项试验，如果仍有一个试件不合格，则该批钢筋为不合格品，应不予验收或降级使用。

钢筋在加工使用中如发现机械性能或焊接性能不良，还应进行化学成分分析，检验其有害成分如硫(S)、磷(P)和砷(As)的含量是否超过规定范围。

钢筋进场后在运输和储藏时，不得损坏标志，并应根据品种、规格按批分别挂牌堆放，并标明数量。

(二)钢筋的连接

钢筋连接有3种常用的连接方法：焊接连接、机械连接和绑扎连接，现在绑扎连接已经很少在现场使用，这里仅介绍对焊接连接和机械连接。

1. 钢筋焊接

规范规定轴心受拉和小偏心受拉杆件中的钢筋接头，均应焊接。普通混凝土中直径大于22mm的钢筋和轻骨料混凝土中直径大于20mm的Ⅰ级钢筋及直径大于25mm的Ⅱ、Ⅲ级钢筋的接头，均宜采用焊接。

钢筋的焊接质量与钢材的可焊性、焊接工艺有关。改善焊接工艺是提高焊接质量的有效措施。风力超过4级时，应有挡风措施。环境温度低于-20℃时不得进行焊接。常用的焊接方法有闪光对焊、电弧焊、电渣压力焊和点焊等。

(1)闪光对焊

闪光对焊广泛用于钢筋纵向连接及预应力钢筋与螺丝端杆的焊接。对焊具有成本低、质量好、功效高和对各种钢筋均能适用的特点，因而得到普遍应用。

钢筋闪光对焊的原理如图 7-22 所示，将两段钢筋在对焊机两电极中接触对接，通过低电压的强电流，接触点很快熔化并产生金属蒸气飞溅，形成闪光现象。闪光一开始就移动钢筋，形成连续闪光过程。待接头烧平，闪去杂质和氧化膜白热熔化时，随即进行加压顶锻并断电，使两根钢筋对焊成一体。在焊接过程中，由于闪光的作用，使空气不能进入接头处，又通过挤压，把已熔化的氧化物全部挤出，因而接头质量得到保证。

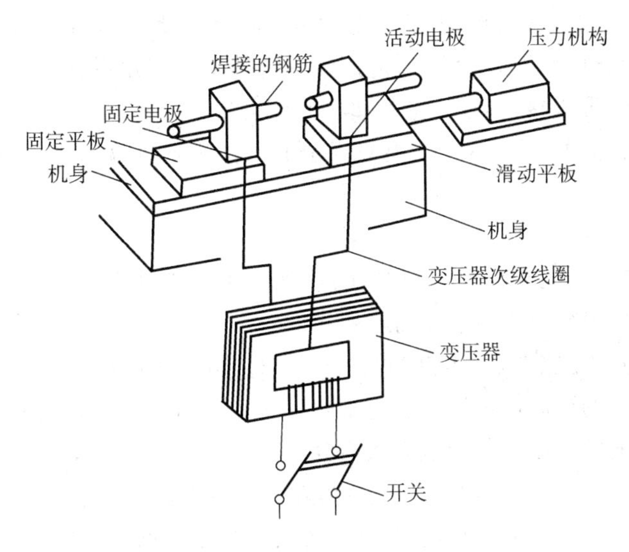

图 7-22　钢筋闪光对焊原理

上述是"连续闪光焊"的焊接过程，适宜焊接直径 25mm 以内的钢筋。对于粗钢筋宜采用"预热闪光焊"和"闪光—预热—闪光焊"，增加一个预热时间，先使大直径钢筋预热后再连续闪光烧化进行加压顶锻。

钢筋闪光对焊后，除对接头进行外观检查(无裂纹和烧伤，接头弯折不大于 4°和接头轴线偏移不大于 0.1d 也不大于 2mm)外，还应按《钢筋焊接及验收规程》JGJ18—96 的规定进行抗拉试验和冷弯试验。

(2)电弧焊

电弧焊是利用弧焊机使焊条与焊件之间产生高温电弧，使焊条和电弧燃烧范围内的焊件熔化凝固后便形成焊缝或接头。电弧焊广泛用于钢筋接头、钢筋骨架焊接、钢筋与钢板的焊接及各种钢结构焊接。

[想一想]

电弧焊是什么工作原理?

钢筋焊接的接头形式有：搭接焊接接头(单面焊缝或双面焊缝)、帮条焊(单面焊缝或双面焊缝)和坡口焊接头(平焊或立焊)。帮条焊与搭接焊的焊缝长度应符合相关的尺寸要求，帮条应与被焊钢筋同级别、同直径。

焊条的种类很多，钢筋焊接应根据钢材等级和焊接接头形式选择焊条。焊接接头除进行外观检查外，亦需抽样作拉伸试验。如对焊接质量有怀疑，还可进行非破损检验(x 射线、γ 射线和超声波探伤等)。

(3)电渣压力焊

电渣压力焊用于柱、墙、烟囱和水坝等现浇混凝土结构中竖向或斜向(倾斜度在4∶1范围内),直径14～40mm的Ⅰ、Ⅱ级钢筋的连接,不得用于梁、板等构件中水平钢筋的连接。电渣压力焊分自动与手工电渣压力焊两种,与电弧焊比较,它工效高、成本低,在土木工程施工中应用较普遍。

电渣压力焊是利用电流通过渣池产生的电阻热将钢筋端部熔化,然后施加压力使钢筋焊接在一起,施焊时先将钢筋端部约120mm范围内的铁锈除尽,将固定夹具夹牢在下部钢筋上,并将上部钢筋扶直对中夹牢于活动夹具中。再装上药盒并装满焊药,接通电源,用手柄使电弧引弧。稳定一定时间,使之形成渣池并使钢筋熔化(稳弧)。使熔化量达到一定数量时断电并用力迅速顶锻,以排除夹渣和气泡,形成接头,使之饱满、均匀、无裂纹。

电渣压力焊的接头,亦应按规程规定的方法进行外观检查和抽取试件进行拉伸试验。

[问一问]

电阻焊是什么工作原理?

(4)电阻点焊

电阻点焊主要用于钢筋的交叉连接,如用来焊接的钢筋网片、钢筋骨架等。它生产效率高,节约材料,应用广泛。

电阻焊的工作原理是,当钢筋交叉点焊时,由于接触点只有一点,且接触电阻较大,在通电的瞬间电流产生的全部热量都集中在一点上,因而使金属受热而熔化,同时在电极加压下使焊点金属得到焊合。

焊点应有一定的压入深度。点焊热轧钢筋时,压入深度为较小钢筋直径的30%～45%;点焊冷拔低碳钢丝时,压入深度为较小钢筋直径的30%～35%。焊点应按规程要求进行外观检查和强度试验。

[做一做]

列表比较几种钢筋连接方式的特点。

2. 钢筋机械连接

钢筋机械连接有挤压连接和锥螺纹连接,是近年来大直径钢筋现场连接的主要方法。具有操作简单,连接速度快,无明火作业,不污染环境,可全天候施工等特点。

(1)钢筋挤压连接

钢筋挤压连接亦称钢筋套筒冷压连接,属于机械连接。它是将需要连接的变形钢筋插入特制钢套筒内,利用挤压机使钢套筒产生塑性变形,使它紧紧咬住变形钢筋以实现连接。它适用于竖向、横向及其他方向的较大直径变形钢筋的连接。目前我国应用的钢筋挤压连接技术,有钢筋径向挤压和钢筋轴向挤压两种。

① 钢筋径向挤压连接

钢筋径向挤压连接是利用挤压机径向挤压钢套筒,使套筒产生塑性变形,套筒内壁变形嵌入钢筋变形处,由此产生抗剪力来传递钢筋连接处的轴向力(图7-23)。

径向挤压连接适用于直径20～40mm的带肋钢筋的连接,特别适用于对接头可靠性和塑性要求较高的场合。

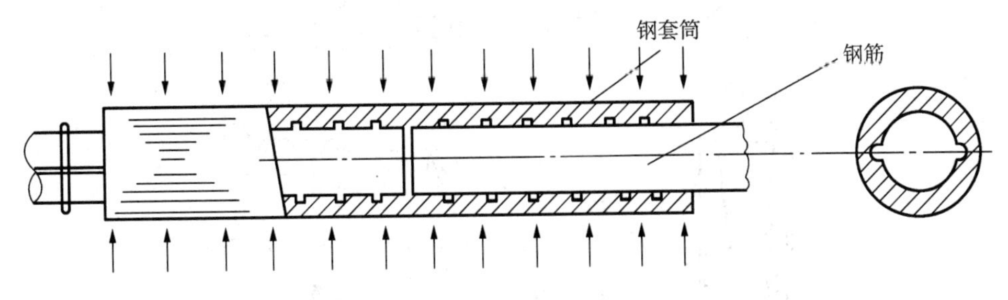

图 7－23　钢筋径向挤压连接原理图

钢筋挤压连接的工艺参数，主要是压接顺序、压接力和压接道数。压接顺序应从中间逐道向两端压接。压接力以套筒与钢筋紧紧咬合为好。压接道数一般每端压接 4 道。为提高压接速度、减少现场作业，一般采取预先压接一半钢筋接头，运至工地就位后再压接另一半钢筋接头的方法。

［想一想］
机械连接是否适用于小直径钢筋的连接?

② 钢筋轴向挤压连接

轴向挤压连接，是用挤压机和压模对钢套筒和插入的两根钢筋沿其轴线方向进行挤压，使钢套筒产生塑性变形与变形钢筋咬合而进行连接(图 7－24)。

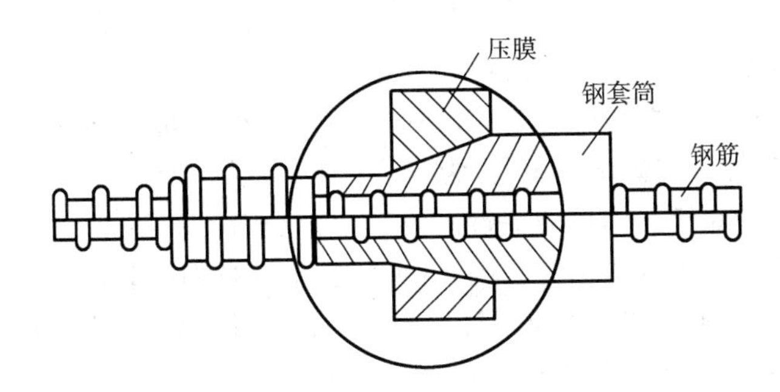

图 7－24　钢筋轴向挤压连接原理图

它用于同直径或相差一个型号直径的有肋钢筋连接。为加快连接速度，也采用预先压接半个钢筋接头，运往作业地点就位后再压接另半个钢筋接头。

上述两种挤压接头的检验，在外观检查的基础上，还需分批抽样进行机械性能检验。

(2)钢筋锥螺纹套筒连接

这种连接的钢套筒内壁在工厂专用机床上加工有锥螺纹，钢筋的对接端头亦在钢筋套丝机上加工有与套筒相对应的锥螺纹。连接时，经对螺纹检查无油污和损伤后，先用手旋入钢筋，然后用扭矩扳手紧固至规定的扭矩即完成连接(图 7－25)。

锥螺纹套筒连接方法适用于Ⅱ、Ⅲ级，直径为 16～40mm 的同径、异径钢筋的连接。这种钢筋连接全靠机械力保证，无明火作业，施工速度快，可连接多种钢筋，而且对后施工的钢筋混凝土结构可不需预留锚固筋，是有发展前途的一种钢筋连接方法。

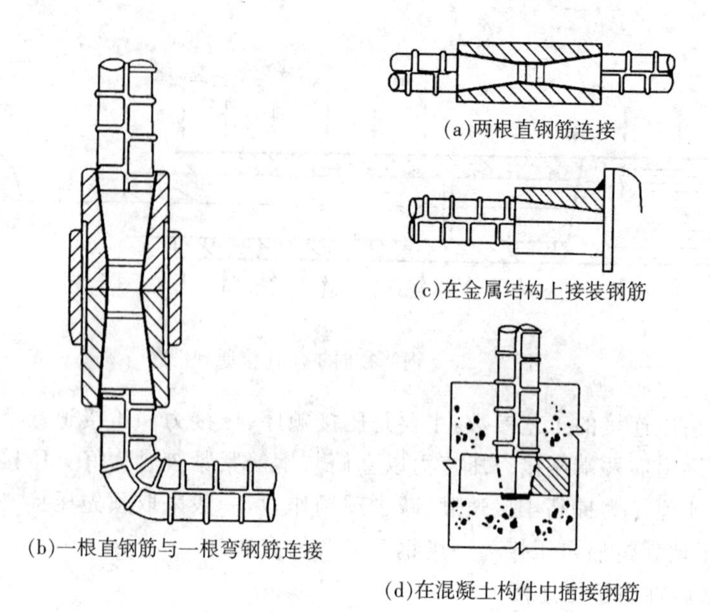

图 7-25 钢筋锥螺纹套管连接示意图

(三)钢筋配料及代换

1. 钢筋配料

钢筋的配料就是根据施工图纸,分别计算出各根钢筋切断时的直线长度,也称为下料长度,然后编制配料单,作为申请加工的依据。

下料长度是配料计算中的关键。由于结构受力上的要求,大多数钢筋需在中间弯曲和两端弯成弯钩,如图 7-26 所示。钢筋弯曲时,其外壁伸长,内壁缩短,而中心线长度不改变。但是设计图中注明的尺寸不包括端弯钩长度,它是根据构件尺寸、钢筋形状及保护层的厚度等按外包尺寸进行计算的。显然外包尺寸大于中心线长度,它们之间存在一个差值,称为"量度差值",在计算钢筋下料长度时必须从外包尺寸中将其扣除,才能确保按钢筋的轴线实际长度准确下料。钢筋的下料长度可按下式计算:

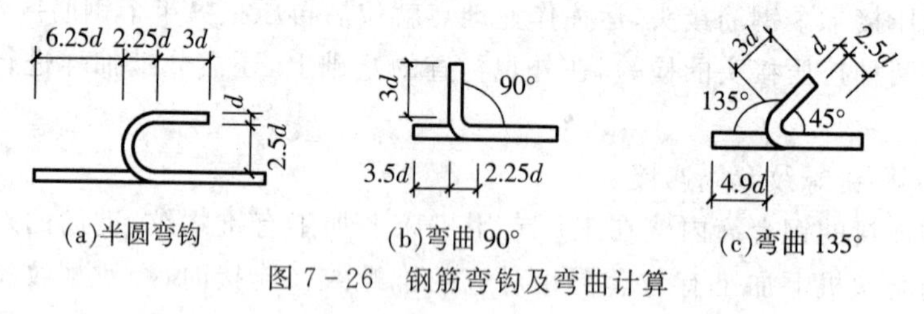

图 7-26 钢筋弯钩及弯曲计算

钢筋下料长度=外包尺寸+弯钩增加长度-量度差值

箍筋下料长度=箍筋周长+箍筋调整值

钢筋的量度差值及箍筋调整值可参阅有关资料。

2. 钢筋代换

施工中如供应的钢筋品种和规格与设计图纸不符时,在征得设计单位同意后，可以进行代换。代换时，必须充分了解设计意图和代换钢筋的性能；必须满足规范中所规定的钢筋间距、锚固长度、最小钢筋直径、根数等要求；对重要受力构件，不宜用Ⅰ级光圆钢筋代替变形钢筋；钢筋代换后，其用量不宜大于原设计用量的5%，亦不低于2%。

[想一想]

钢筋代换应该符合哪些条件?

钢筋代换的方法有以下3种：

(1)当结构是按强度控制时，可按强度相等的原则进行代换，称为“等强代换”

$$A_{s1}f_{y1}=A_{s2}f_{y2} \quad (7-12)$$

式中 As_1、f_{y2}——原设计钢筋的计算面积和设计强度；

As_2、f_{y2}——拟代换钢筋的计算面积和设计强度。

(2)当构件按最小配筋率控制时，可按钢筋面积相等的原则代换，称为“等面积代换”，即：

$$A_{s1}=A_{s2} \quad (7-13)$$

(3)当结构构件按裂缝宽度或抗裂性要求控制时，钢筋的代换需进行裂缝及抗裂性验算。

钢筋代换后，有时由于受力钢筋直径加大或根数增多，而需要增加排数，则构件截面的有效高度 h_0 减小，截面强度降低，此时需验算截面强度。

三、混凝土工程

混凝土工程包括混凝土的运输、浇注、养护及质量检查等。

(一)混凝土的运输

1. 混凝土运输的要求

混凝土自搅拌机中卸出后，应及时运至浇注地点，为保证混凝土的质量，对混凝土运输的基本要求是：

(1)在运输过程中应保持混凝土的均匀性。避免分层离析、泌水、砂浆流失和坍落度变化等现象发生。

匀质的混凝土拌和物，为介于固体和液体之间的弹塑性体，其中的骨料，在内摩阻力、黏着力和重力共同作用下处于平衡状态。在运输过程中，由于运输的颠簸振动作用，黏着力和内摩阻力下降，重骨料在自重作用下向下沉落，水泥浆上浮，形成分层离析现象。这对混凝土质量是有害的。为此，运输工具要选择适当，运输距离要限制，以防止分层离析。如已产生离析，在浇注前要进行二次搅拌。

(2)应使混凝土在初凝之前浇注完毕。应以最少的转运次数和最短时间将混凝土从搅拌地点运至浇注现场。混凝土从搅拌机卸出后到浇注完毕的延续时间不宜超过表7-6的规定。

(3)保证混凝土的浇注量尤其是在不允许留施工缝的情况下，混凝土运输必须保证浇注工作能连续进行。为此，应按混凝土最大浇注量和运距来选择运输机具。一般运输机具的容积是搅拌机出料容积的倍数。

表 7-6　混凝土从搅拌机中卸出到浇注完毕的延续时间　(min)

混凝土强度等级	气温	
	不高于 25℃	高于 25℃
不高于 C30	120	90
高于 C30	90	60

2. 运输机具

混凝土运输分水平和垂直运输两种情况。

(1)水平运输机具

水平运输机具主要有手推车、机动翻斗车、自卸汽车、混凝土搅拌运输车和皮带运输机。

混凝土搅拌运输车为长距离运输混凝土的有效工具。在运输过程中车载搅拌筒可以慢速转动进行拌和,以防止混凝土离析。当运输距离较远时,可将干料装入搅拌筒,在到达使用地点前加水搅拌,到达工地反转卸料。

皮带运输机可综合进行水平、垂直运输,常配以能旋转的振动溜槽,运输连续,速度快,多用于浇筑大坝、桥墩等大体积混凝土。

(2)垂直运输机具

常用垂直运输机具有塔式起重机和井架物料提升机。塔式起重机均配有料斗,可直接把混凝土卸入模板中而不需要倒运。

(3)混凝土泵运输

[想一想]

泵送混凝土有什么特别要求?

混凝土泵是一种有效的混凝土运输和浇注工具,它以泵为动力,沿管道输送混凝土,可以一次完成水平和垂直运输,将混凝土直接输送到浇注地点。大体积混凝土和高层建筑施工中皆已普遍应用。混凝土泵主要有挤压泵和活塞泵,而以液压活塞泵应用较多。

活塞泵常用液压双缸式,由料斗、液压缸、分配阀、Y 形输送管、冲洗设备和液压系统等组成(图 7-27)。

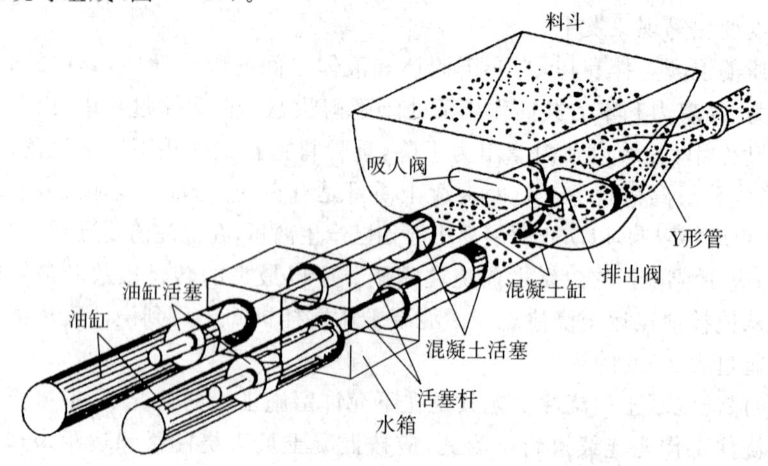

图 7-27　液压式混凝土泵的工作原理图

工作时，两个缸体交替进料和出料，因而能连续稳定地排料。不同型号的混凝土泵，其排量不同，水平运距和垂直运距亦不同。常用型号混凝土泵的混凝土排量 30～90m³/h，水平运距 200～900m，垂直运距 50～300m。目前我国已能一次垂直泵送 382m，更高的高度可用接力泵送。常用的混凝土输送管为钢管、橡胶和塑料软管，直径为 75～200mm，每段长约 3m。

泵送混凝土工艺对混凝土的配合比提出了要求：碎石最大粒径与管道内径之比宜为 1∶3，卵石可为 1∶2.5，高层建筑宜为 1∶4～1∶3，以免堵塞。砂宜用中砂，砂率宜控制在 40%～50%。

水泥用量不宜过少，否则泵送阻力增大。最小水泥用量宜为 3mkg/m²。混凝土的坍落度宜为 80～180mm。采用泵送混凝土要求混凝土的供应必须保证混凝土泵能连续工作；输送管线宜直，转弯宜缓，接头应严密；泵送结束后应及时把残留在缸体内和输送管内的混凝土清洗干净。

(二)混凝土浇筑

混凝土浇筑要保证混凝土的均匀性和密实性，要保证结构的整体性、尺寸准确和钢筋、预埋件的位置正确，新旧混凝土结合良好。

[做一做]

讲述混凝土浇筑的过程。

1. 混凝土浇筑前的准备工作

(1)检查模板及其支架，应确保标高、位置尺寸正确，强度、刚度及严密性满足要求，模板中的垃圾应清除干净。

(2)检查钢筋及预埋件的级别、直径、数量、排放位置及保护层厚度是否满足设计和规范要求，并做好隐蔽工程验收记录。

(3)做好施工组织和技术、安全交底工作。

2. 混凝土浇筑的一般要求

(1)混凝土的自由下落高度

浇注混凝土时，混凝土自高处倾落的自由高度不应超过 2m，在竖向结构中限制自由倾落高度不宜超过 3m，否则应沿串筒、斜槽、溜管或振动溜管下料，以防止混凝土因自由下落高度过大而产生离析。

(2)混凝土的分层浇注

混凝土浇筑应分层进行以使混凝土能够振捣密实，在下层混凝土初凝之前，上层混凝土应浇筑振捣完毕。混凝土浇筑层的厚度应符合表 7－7 的规定。

[想一想]

为什么要控制混凝土浇筑层的厚度？

表 7－7 混凝土浇筑层厚度

项次	捣实混凝土的方法		浇注层的厚度
1	插入式振捣		振捣器作用长度的 1.25 倍
2	表面振动		200
3	人工捣固	在基础、无筋梁或配筋稀疏的结构中	250
		在梁、墙板、柱结构中	200
		在配筋密集的结构中	150

（续表）

项次	捣实混凝土的方法		浇注层的厚度
4	轻骨料混凝土	插入式振捣器	300
		表面振动（振动时需加荷）	200

(3)混凝土浇筑的间歇时间

混凝土浇筑工作应尽可能连续作业，如上、下层混凝土浇筑必须间歇，其间歇的最长时间（包括运输、浇注和间歇的全部延续时间）不得超过表7-8的规定。当超过时，应按留置施工缝处理。

表7-8　混凝土运输、浇注和间歇的允许时间　(min)

混凝土强度等级	气温	
	不高于25℃	高于25℃
不高于C30	210	180
高于C30	180	150

(4)施工缝的留设与处理

[想一想]

留设施工缝的目的是什么？施工缝处继续施工时应采取什么处理措施？

如因技术上的原因或设备、人力的限制，混凝土不能连续浇注，中间的间歇时间超过允许时间，则应事先确定在适当位置留置施工缝。由于该处新旧混凝土结合力较差，是构件中的薄弱环节，故施工缝宜留在结构受力（剪力）较小且便于施工的部位。柱应留水平缝，梁、板应留垂直缝。

根据施工缝留设的原则，柱子的施工缝宜留在基础顶面、梁或吊车梁牛腿的下面、吊车梁的上面，无梁楼盖柱帽的下面。高度大于1m的混凝土梁的水平施工缝，应留在楼板底面以下20～30mm处。单向板的施工缝，可留在平行短边的任何位置处。对于有主次梁的楼板结构，宜顺着次梁方向浇注，施工缝应留在次梁跨度的中间1/3范围内，墙可留在门洞口过梁跨中1/3范围内，也可留在纵横墙的交接处。

在施工缝处继续浇注混凝土时，应待混凝土的抗压强度不小于1.2N/mm^{2}才可进行。浇注前应清除松动石子，将混凝土表面凿毛，并用水冲洗干净，先铺设于混凝土成分相同的水泥砂浆一层，再继续浇注，以保证接缝的质量。

框架结构混凝土的浇注一般按结构层划分施工层和在各层划分施工段分别浇注。一个施工段内每排柱子的浇注应从两端同时开始向中间推进，不可从一端开始向另一端推进，预防柱子模板逐渐受推倾斜使误差积累难以纠正。每一施工层的梁、板、柱结构，先浇注柱子。柱子开始浇注时，底部应先浇注一层厚50～100mm与所浇注混凝土内砂浆成分相同的水泥砂浆，然后浇注混凝土到顶，停歇一段时间（1～1.5h），待混凝土拌和物初步沉实，柱子有一定强度再浇注梁板混凝土。梁板混凝土应同时浇注，只有梁高1m以上时，才可以将梁单独浇注，此时的施工缝留在楼板板面下20～30mm处。楼板混凝土的虚铺厚度应略大于板厚，用表面振动器振实，用铁插尺检查混凝土厚度，再用长的木抹子抹平。

大体积混凝土如水电站大坝、桥梁墩台、大型设备基础或高层建筑的厚大基础底板等，其上有巨大的荷载，整体性、抗渗性要求高，往往不允许留施工缝，要求一次连续浇注完毕。这种大体积混凝土结构浇注后水泥的水化热量大，由于体积大，水化热聚积在内部不易散发，大体积混凝土内部温度显著升高，而表面散热较快，这样形成巨大的内外温差，内部产生压应力，而表面产生拉应力。混凝土的早期强度较低，混凝土的表面就产生许多微裂缝。在混凝土浇筑数日后，水化热已基本散失，在混凝土由高温向低温转化时会产生收缩，但这时受到基底或已浇注混凝土的约束，接触处将产生很大的拉应力，如该拉应力超过混凝土的抗拉强度时，就会产生收缩裂缝，甚至会贯穿整个混凝土块体，形成贯穿裂缝。

[想一想]

大体积混凝土施工时应注意些什么问题?

上述两种裂缝，尤其是后一种裂缝将影响结构的防水性和耐久性，严重时还将影响结构的承载能力。因此在大体积混凝土施工前和施工中应再减少水泥的水化热，控制混凝土的温升，延缓混凝土的降温速率，减少混凝土收缩，改善约束和完善构造设计等方面采取措施加以控制。可以采取的措施有：

① 选用中低热的水泥品种如专用大坝水泥、矿渣硅酸盐水泥，减少放热量。

② 掺加一定量的粉煤灰，以减少水泥用量，减少放热量。

③ 掺加减水剂，降低水灰比，降低水化热。

④ 采用粒径较大、级配良好的石子和中粗砂，必要时投以毛石，以减少拌和用水和水泥用量，吸收热量，降低水化热。

⑤ 采用拌和水中加冰块的方法降低混凝土出机温度和浇注入模温度。

⑥ 预埋冷却水管，用循环水带出内部热量，进行人工导热。

⑦ 采用蓄水养护以及拆模后及时回填，用土体保温延缓降温速率。

⑧ 改善边界约束和加强构造设计以控制裂缝发展。

大体积混凝土浇筑前一定要认真做好施工组织设计。浇注方案(图 7－28)一般分为全面分层、分段分层和斜面分层 3 种。施工时要设置测温装置，加强观测，及时发现问题，采取措施确保浇注质量。

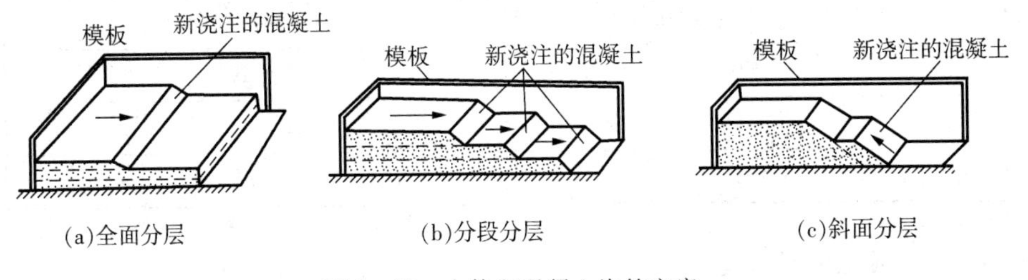

图 7－28　大体积混凝土浇筑方案

(三)混凝土养护

[问一问]

混凝土的养护有几种?各有何优缺点?

混凝土浇捣后之所以能逐渐凝结硬化，主要是水泥水化作用的结果，而水化作用则需要适当温度和湿度条件。如气候炎热，空气干燥，不及时进行养护，混凝土中水分蒸发过快，出现脱水现象，使已形成凝胶体的水泥颗粒不能充分水化，不能转化为稳定结晶，就会在混凝土表面出现片状或粉状剥落，影响混凝土的强度。因此浇注后的混凝土初期阶段的养护非常重要。混凝土浇筑完毕后12h以内就应开始养护；干硬性混凝土和真空吸水混凝土应于混凝土浇筑完毕后立即进行养护。

养护方法有自然养护、蒸汽养护等。所谓自然养护，就是在平均气温高于+5℃的条件下在一定时间内使混凝土保持湿润状态。

自然养护分洒水养护和喷涂薄膜养生液养护两种。

洒水养护即用草帘等将混凝土覆盖，经常洒水使其保持湿润。养护时间长短取决于水泥品种，普通硅酸盐水泥和矿渣硅酸盐水泥拌制的混凝土，不少于7d，掺有缓凝剂和有抗渗要求的混凝土不少于14d。

喷涂薄膜养生液养护适用于不易洒水养护的高耸构筑物和大面积混凝土结构。它是将养生液喷涂在混凝土表面上，溶液挥发后在混凝土表面形成一种塑料薄膜，将混凝土与空气隔绝，阻止其中水分蒸发以保证水化作用的正常进行。

地下建筑或基础，可在其表面涂刷沥青乳液以防止混凝土内水分蒸发。

（四）混凝土质量控制

[谈一谈]
简述如何才能保证混凝土质量。

混凝土的质量检查包括施工中检查和施工后检查。施工后检查主要是对已完成混凝土的外观质量检查及其强度检查，现分述如下。

1. 混凝土施工过程中的检查

在混凝土的拌制和浇注过程中，对所用原材料的品种、数量和规格的检查，每一工作班至少两次；对浇注地点混凝土坍落度的检查，每一工作班至少两次；在每一工作班内，当混凝土配合比由于外界影响有变化时，应及时检查；混凝土的搅拌时间应随时检查。

对于商品（预拌）混凝土，预拌厂除应提供混凝土配合比、强度等资料外，还应在商定的交货地点进行坍落度检查，实测的坍落度与要求坍落度之间的允许偏差应符合表7-9的规定。

表7-9 混凝土实测坍落度与要求坍落度之间的允许偏差

混凝土要求坍落度(mm)	允许偏差(mm)
<50	±10
50～90	±20
>90	±30

2. 混凝土外观检查

混凝土结构构件拆模后，应从外观上检查其表面有无麻面、蜂窝、孔洞、露筋、缺棱掉角或缝隙夹层等缺陷，外形尺寸是否超过允许偏差值，如有应及时加以修正。如偏差超过规范规定的数值，则应采取措施设法处理直至返工。现浇结构允许偏差详见规范GB50204—92中的有关规定。

3. 混凝土的强度检查

混凝土养护后，应对其抗压强度通过留置试块做抗压强度试验判定。

(1)试块取样

混凝土的抗压强度是根据150mm边长的标准立方体试块在标准条件下(20℃±3℃的温度和相对湿度90%以上)养护28d的抗压强度来确定。试块应在混凝土浇筑地点随机取样,不得挑选。

[想一想]

如何测定结构或构件的强度?

(2)试块留置数量

试块的用途包括两个方面,其留置数量也不同。

① 用于结构或构件的强度

留置数量应符合下列规定:

a. 每拌制100盘且不超过100m^3同配合比的混凝土取样不得少于一次;

b. 每工作班拌制的同配合比混凝土不足100盘时,其取样不得少于一次;

c. 对现浇结构其试块的留置尚应符合以下要求:

每一现浇楼层同配合比的混凝土取样不得少于一次;同比的混凝土取样不得少于一次;每次取样应至少留置一组三块标准试件。

② 作为施工辅助用试块

用以检查结构或构件的强度以确定拆模、出池、吊装、张拉及临时负荷的允许时机。此种试块的留置数量,根据需要确定,且应置于欲测定构件同等条件下养护。

(3)抗压强度试验

试验应分组进行,以3个试块试验结果的平均值,作为该组强度的代表值。当3个试块中出现过大或过小的强度值,其一与中间值相比超过15%时,以中间值作为该组的代表值;当过大或过小值与中间值之差均超过中间值的15%时,该组试块不应作为强度评定的依据。

(4)混凝土结构强度验收评定标准

验收应分批进行,每批由若干组试块组成。同一验收批由原材料和配合比基本一致的混凝土所制试块组成。同一验收批的混凝土强度,应以该批内全部试块的强度代表值来评定。

(五)混凝土冬季施工

1. 冬季施工原理

新浇混凝土中的水可分为两部分,一部分是与水泥颗粒起水化作用的水化水,另一部分是满足混凝土坍落度要求的自由水(自由水最终是要蒸发掉的)。水化作用的速度在一定湿度条件下取决于温度,温度愈高,强度增长也愈快,反之愈慢。当温度降至0℃以下时,水化作用基本停止。温度再降至-2℃~-4℃,混凝土内的自由水开始结冰,水结冰后体积增大8%~9%,在混凝土内部产生冻胀应力,使强度很低的水泥石结构内部产生微裂缝,同时削弱了混凝土与钢筋之间的黏结力,从而使混凝土强度降低。为此,规范规定,凡根据当地多年气温资料,室外日平均气温连续5d稳定低于+5℃时,就应采取冬期施工的技术措施进行混凝土施工,并应及时采取气温突然下降的防冻措施。

受冻的混凝土在解冻后,其强度虽能继续增长,但已不能达到原设计的强度等级。试验证明，混凝土遭受冻结带来的危害，与遭冻的时间早晚、水灰比等有关。遭冻时间愈早，水灰比愈大，则强度损失愈多，反之则损失少。

经过试验得知，混凝土经过预先养护达到某一强度值后再遭冻结，混凝土解冻后强度还能继续增长，能达到设计强度的95%以上，对结构强度影响不大。一般把遭冻结后其强度损失在5%以内的这一预养强度值就定义为“混凝土受冻临界强度”。该临界强度与水泥品种、混凝土强度等级有关。我国规范作了规定：对普通硅酸盐水泥和硅酸盐水泥配制的建筑物混凝土，受冻临界强度定为设计混凝土强度标准值的30%；对公路桥涵混凝土，为设计强度标准值的40%；对矿渣硅酸盐水泥配制的建筑物混凝土，定为设计混凝土强度标准值的40%；公路桥涵混凝土，为设计强度标准值的50%；对强度等级为C10或C10以下的混凝土，不得低于$5N/mm^2$。

混凝土冬季施工的原理，就是采取适当的方法，保证混凝土在冻结以前，至少应达到受冻临界强度。

2. 冬季施工方法

混凝土冬期施工方法分为两类：混凝土养护期间不加热的方法和混凝土养护期间加热的方法。混凝土养护期间不加热的方法包括蓄热法和掺外加剂法；混凝土养护期间加热的方法包括电热法、蒸汽加热法和暖棚法。也可根据现场施工情况将上述两种方法综合使用。

(1)蓄热法

蓄热法是利用加热原材料（水泥除外）或混凝土（热拌混凝土）所预加的热量及水泥水化热，再用适当的保温材料覆盖，延缓混凝土的冷却速度，使混凝土在正常温度条件下达到受冻临界强度的一种冬期施工方法。此法适用于室外最低温度不低于－15℃的地面以下工程或表面系数（指结构冷却的表面与全部体积的比值）不大于15的结构。蓄热法具有施工简单、节能和冬期施工费用低等特点，应优先采用。蓄热法宜采用标号高、水化热大的硅酸盐水泥或普通硅酸盐水泥。原材料加热时因水的比热容大，故应首先加热水，如水加热至极限温度而热量尚嫌不足时，再考虑加热砂石。水加热极限温度一般不得超过80℃，如加热温度超过此值，则搅拌时应先与砂石拌和，然后加入水泥以防止水泥假凝。水泥不允许加热，可在使用前1～2d堆放在暖棚内，暖棚温度宜在5℃以上，并注意防潮。

蓄热法养护的三个基本要素是混凝土的入模温度、围护层的总传热系数和水泥水化热值。应通过热工计算调整以上三个要素，使混凝土冷却到0℃时，强度能达到临界强度的要求。

(2)掺外加剂法

[想一想]

冬期混凝土施工时掺入的外加剂有什么作用?

这种方法是在冬期混凝土施工中掺入适量的外加剂，使混凝土强度迅速增长，在冻结前达到要求的临界强度；或降低水的冰点，使混凝土能在负温条件下凝结、硬化。这是混凝土冬期施工的有效、节能和简便的施工方法。

混凝土冬期施工中使用的外加剂有4种类型，即早强剂、防冻剂、减水剂和引气剂，可以起到早强、抗冻、促凝、减水和降低冰点的作用。我国常用外加剂的效用如表7－10所示。

表7－10　常用外加剂的效用

外加剂种类	外加剂发挥的效用					
	早强	抗冻	缓凝	减水	塑化	阻锈
氯化钠	+	+				
氯化钙	+	+				
硫酸钠	+		+			
硫酸钙			+	+	+	+
亚硝酸钠		+				
碳酸钙	+	+				
三乙醇胺	+					
硫代硫酸钠	+					
重铬酸钾		+				
氨水		+	+		+	
尿素		+	+		+	
木素磺酸钙			+	+	+	+

其中氯化钠具有抗冻、早强作用，且价廉易得，但氯盐对钢筋有锈蚀作用，故规范对氯盐的使用及掺量有严格规定。在钢筋混凝土结构中，氯盐掺量按无水状态计算不得超过水泥重量的1%；经常处于高湿环境中的结构、预应力结构均不得掺入氯盐。

外加剂种类的选择取决于施工要求和材料供应，而掺量应由试验确定。目前外加剂多从单一型向复合型发展，新型外加剂不断出现，其效果愈来愈好。

(3)电热法

电热法是利用电流通过不良导体混凝土或电阻丝所发出的热量来养护混凝土。其方法分为电极法和电热器法两类。

电极法即在新浇的混凝土中，每隔一定间距(200～400mm)插入电极(ϕ6～ϕ12短钢筋)，接通电源，利用混凝土本身的电阻，变电能为热能进行加热。加热时要防止电极与构件内的钢筋接触而引起短路。

电热器法是利用电流通过电阻丝产生的热量进行加热养护。根据需要，电热器可制成多种形状，如加热楼板可用板状加热器，对用大模板施工的现浇墙板，则可用电热模板(大模板背面装电阻丝形成热夹层，其外用铁皮包矿渣棉封严)加热等。电热应采用交流电(因直流电会使混凝土内水分分解)，电压为50～110V，以免产生强烈的局部过热和混凝土脱水现象。

当混凝土强度达到受冻临界强度时，即可停止电热。

电热法设备简单，施工方便有效，但耗电大、费用高，应慎重选用，并注意施工安全。

(4)蒸汽加热法

蒸汽加热法是利用低压(不高于0.07MPa)饱和蒸汽对新浇混凝土构件进行加热养护。此法除预制厂用的蒸汽养护窑外，在现浇结构中则有汽套法、毛细管法和构件内部通气法等。用蒸汽加热养护混凝土，当用普通硅酸盐水泥时温度不宜超过80℃，用矿渣硅酸盐水泥时可提高到85℃～95℃。养护时升温、降温速度亦有严格控制，并应设法排除冷凝水。

① 汽套法

汽套法是在构件模板外再加密封的套板，模板与套板的间隙不宜超过150mm，在套板内通入蒸汽加热混凝土。此法加热均匀，但设备复杂、费用大，只适宜在特殊条件下养护混凝土梁、板等水平构件。

② 毛细管法

毛细管法是利用所谓"毛细管模板"，即在模板内侧做成凹槽，凹槽上盖以铁皮，在凹槽内通入蒸汽进行加热。此法用汽少，加热均匀，使用于养护混凝土柱、墙等垂直构件。

③ 构件内部通汽法

构件内部通汽法是在浇注构件时先预留孔道，再将蒸汽送入孔道内加热混凝土。待混凝土达到要求的强度后，随即用砂浆或细石混凝土灌入孔道内加以封闭。

蒸汽加热法需锅炉等设备，消耗能源多、费用高，只有当采用其他方法达不到要求及具备蒸汽条件时，才能采用。

本章思考与实训

1. 天然地基上的浅基础有哪些类型？
2. 如何进行天然地基上的局部处理？
3. 换砂垫层法适用于处理哪些地基？
4. 试述钢筋与混凝土共同工作的原理。
5. 对模板有何要求？设计模板应考虑哪些原则？
6. 定型组合钢模板由哪些部件组成？如何进行组合钢模板的配板设计？
7. 简述大模板的构造及组成。
8. 模板设计应考虑哪些荷载？
9. 现浇结构拆模时应注意哪些问题？
10. 试述钢筋的种类及其主要性能。哪些钢筋属硬钢？哪些属软钢？
11. 钢筋连接方式有哪些？各有什么特点？
12. 如何计算钢筋的下料长度？

13. 如何使混凝土搅拌均匀？为何要控制搅拌机的转速和搅拌时间？

14. 试述搅拌混凝土时的投料顺序。何为“一次投料”和“二次投料”？

15. 混凝土在运输和浇注中如何避免产生分层离析？

16. 试述混凝土浇筑时施工缝留设的原则和处理方法。

17. 混凝土成形方式有几种？如何使混凝土振捣密实？

18. 试述湿度、温度与混凝土硬化的关系。自然养护和加热养护应分别注意哪些问题？

19. 什么是混凝土冬期施工的“临界温度”？冬期施工应采取哪些措施？

20. 试分析混凝土产生质量缺陷的原因及补救方法。如何检查和评定混凝土的质量？

21. 某框架梁设计为4ϕ25，现无此类钢筋，仅有ϕ28与ϕ22的钢筋，已知梁宽为300m，应如何代换？

22. 已知某C25混凝土的实验室配合比为0.59：1：2.116：3.66（水：水泥：砂：石），每立方米混凝土水泥用量为310kg，现测得工地砂含水率为3%，石子含水率为1%，试计算施工配合比。若搅拌机的装料容积为400L，每次搅拌所需各种材料为多少？

第八章 土木工程管理

【内容要点】

1. 施工组织设计的目的和原理；
2. 建设项目的机构组成和管理、控制内容；
3. 建设工程的招标与投标；
4. 建设工程监理的作用。

【知识链接】

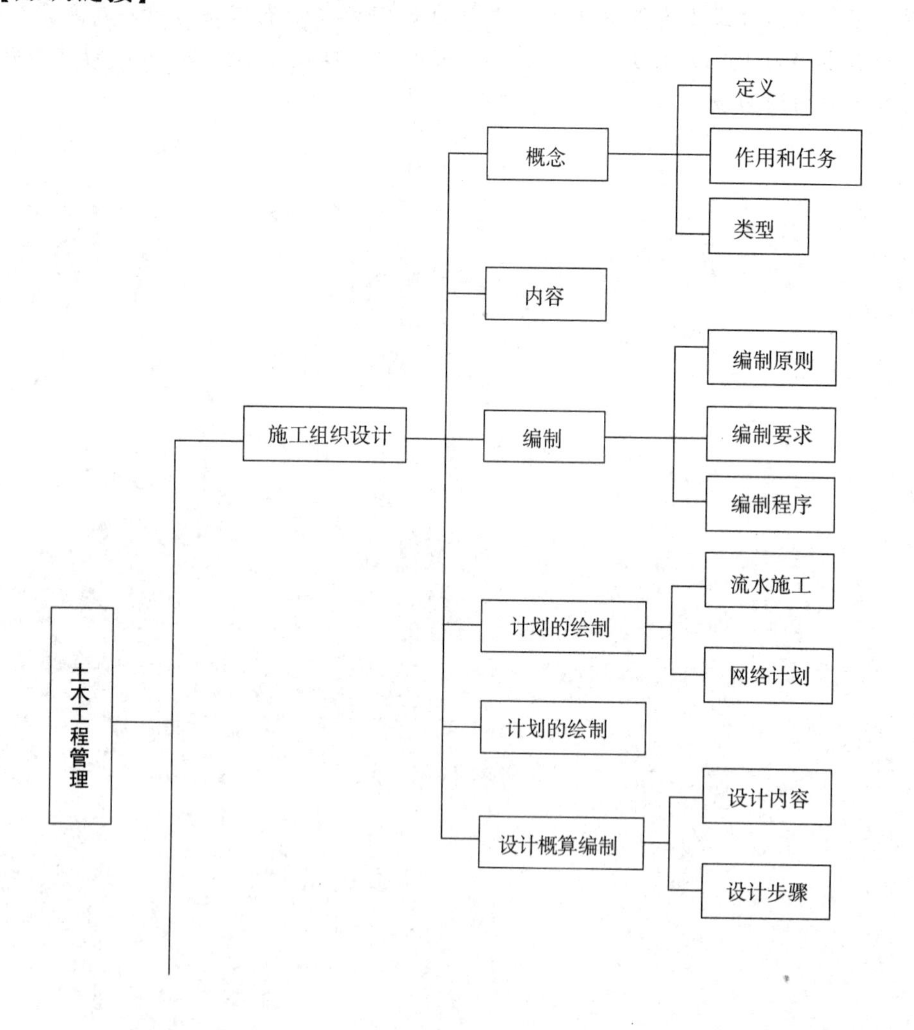

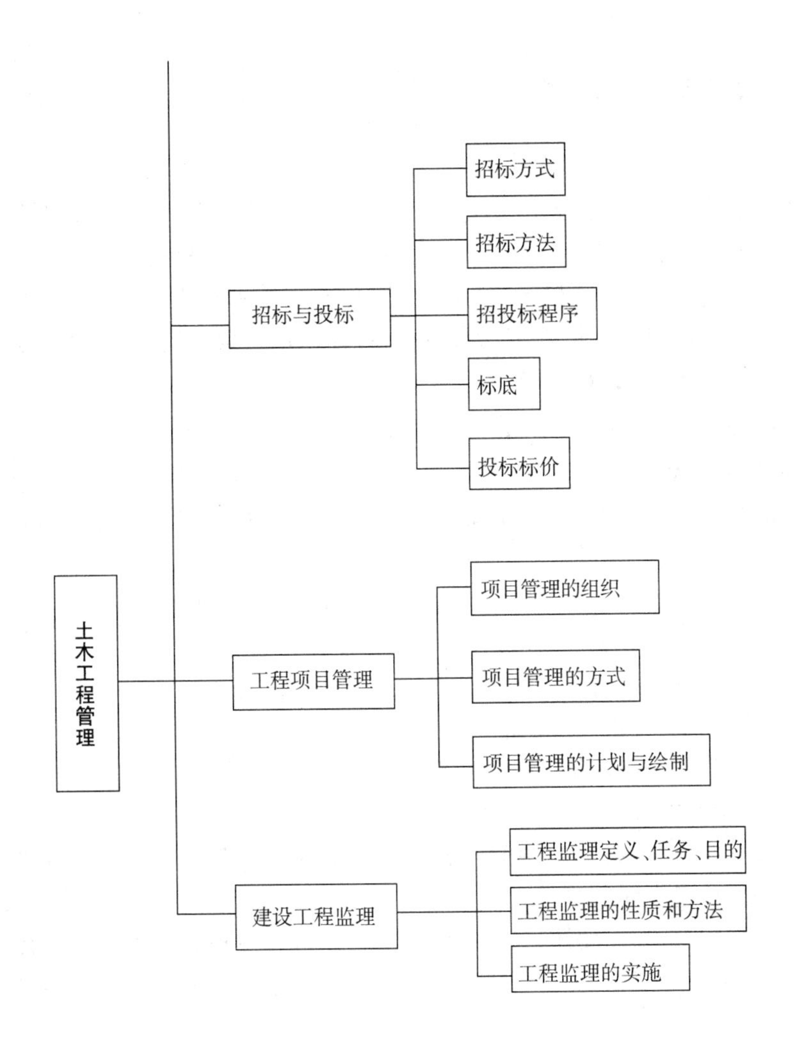

第一节 施工组织设计

土木工程施工是一个复杂的过程，按施工图施工，按规范要求施工，遵从施工工序的先后顺序对保证施工质量是至关重要的。土木工程施工一般可分为施工技术与施工组织两大部分。施工技术是以各工种工程（土方工程、基础工程、混凝土结构工程、结构安装工程、装饰工程等）施工的技术为研究对象，以施工方案为核心，结合具体施工对象的特点，选择最合理的施工方案，决定最有效的施工技术措施。施工组织是以科学编制一个工程的施工组织设计为研究对象，编制出指导施工的施工组织设计，合理地使用人力物力、空间和时间，着眼于各工种工程施工中关键工序的安排，使之有组织、有秩序地完成整个施工过程。

概括起来，施工的研究对象就是研究最有效地建造各类土木工程的理论、方法和有关的施工规律，以科学的施工组织设计为先导，以先进的和可靠的施工技术为基础，保证工程项目高质量地、安全地和经济地顺利建成。

［想一想］
土木工程施工和施工组织设计的关系？

一、施工组织设计概念

(一)施工组织设计定义

施工组织设计是用来指导施工项目全过程各项活动的技术、经济和组织的综合性文件,是施工技术与施工项目管理有机结合的产物。它根据建筑产品及其生产的特点,按照产品生产规律,运用先进合理的施工技术和流水施工基本理论与方法,使建筑工程的施工得以实现有组织、有计划地连续均衡生产,从而达到工期短、质量好、成本低的效益目的。

(二)施工组织设计的任务与作用

1. 施工组织设计的任务

(1)根据建设单位对建筑工程的工期要求以及工程特点,选择经济合理的施工方案,确定合理的施工顺序。

(2)确定科学合理的施工进度计划,保证施工能连续、均衡地进行。

(3)制订合理的劳动力、材料、机械设备等的需要量计划。

(4)制订技术上先进、经济上合理的技术组织保证措施。

(5)制订文明施工安全生产的保证措施。

(6)制订环境保护、防止污染及噪声的保证措施。

2. 施工组织设计的作用

(1)施工组织设计作为投标文件的内容和合同文件的一部分可用于指导工程投标与签订工程承包合同。

[想一想]

为何需要进行施工组织设计?

(2)施工组织设计是工程设计与施工之间的纽带,既要体现建筑工程的设计和使用要求,又要符合建筑施工的客观规律,衡量设计方案施工的可能性和经济合理性。

(3)科学组织建筑施工活动,保证各分部分项工程的施工准备工作及时进行,建立合理的施工程序,有计划有目的地开展各项施工过程。

(4)抓住影响工程进度的关键性施工过程,及时调整施工中的薄弱环节,实现工期、质量、安全、成本和文明施工等各项生产要素管理的目标及技术组织保证措施,提高建筑企业综合效益。

(三)施工组织设计类型

1. 根据编制对象划分

根据基本建设各个不同阶段建设工程的规模、工程特点以及工程的技术复杂程度等因素,可相应地编制不同深度与各种类型的施工组织设计。因此,施工组织设计是一个总名称,一般可分为施工组织总设计、单位工程施工组织设计和分部工程施工作业设计三类。

施工组织设计的分类见图 8-1 所示。

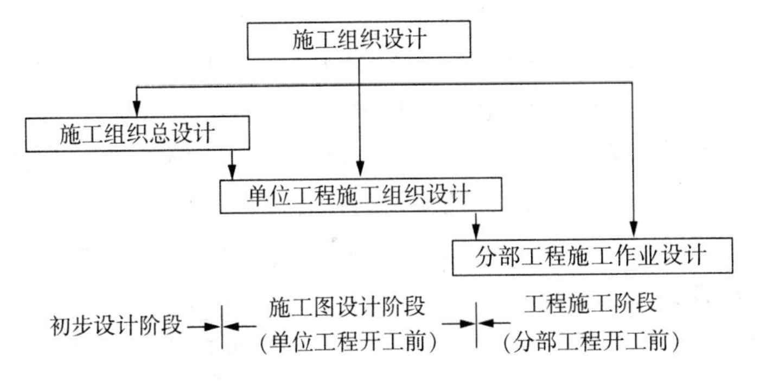

图 8-1　施工组织设计分类图

从图 8-1 可见，单位工程施工组织设计有的是属于施工组织总设计的继续，在施工组织总设计中取其中某一个单位工程在施工图设计阶段作为工程施工前的必要文件，同时也可以是单独的一个单位工程在施工图阶段的文件。

分部工程施工作业设计亦同样，既有单位工程施工组织设计中某项分部工程更深、更细的施工设计，又有单独一个分部工程（例如某构筑物或大型土方工程等）的施工设计。

(1)施工组织总设计

施工组织总设计的对象必然是一个建设项目或一个建筑群体，它是初步设计阶段的文件之一。对建设一个大型工业企业或一个居住建筑群而言，其施工组织总设计是对整个建设工程起战略性、控制性作用的文件。它是指导整个建设项目施工的战略性文件，内容全面、概括，涉及范围广泛。一般是在初步设计或技术设计批准后，由总承包单位会同建设、设计和各分包单位共同编制的，是施工单位编制年度施工计划和单位工程施工组织设计、进行施工准备的依据。

(2)单位工程施工组织设计

单位工程施工组织设计以一个单位工程为编制对象，用来指导其施工全过程各项活动的技术经济、组织、协调和控制的局部性、指导性文件。它是施工单位施工组织总设计和年度施工计划的具体化，是单位工程编制季度、月计划和分部分项工程施工设计的依据。

单位工程施工组织设计依据建筑工程规模、施工条件、技术复杂程度不同，在编制内容的广度和深度上一般可划分为两种类型：单位工程施工组织设计和简单的单位工程施工组织设计（或施工方案）。

单位工程施工组织设计：编制内容全面，一般用于重点的、规模大的、技术复杂的或采用新技术的建设项目。

简单的单位工程施工组织设计（或施工方案）编制内容较简单，通常只包括“一案一图一表”，即编制施工方案、施工现场平面布置图、施工进度表。

(3)分部分项工程施工组织设计

这是对单位工程施工组织设计中的某项分部工程更深入细致的施工设计,只有在技术复杂的工程或大型建设工程中才需编制。例如某钢筋混凝土框架的滑模施工,不可能在单位工程施工组织设计中将有关详细要求都包括进去,而必须在单项滑模施工作业设计中详述滑模的各种构造和设备图、施工工艺、操作方法与规则、垂直运输方法、施工进程、保证质量的措施及安全措施等。

同样,分部工程的施工作业设计是根据单位工程施工组织设计中对该分部工程的约束条件,并考虑其前后相邻分部工程对该分部工程的要求,尽可能为其后的工程创造条件。

2. 根据阶段的不同划分

施工组织设计根据阶段的不同,可分为两类:一类是投标前编制的施工组织设计(简称标前设计),另一类是签订工程承包合同后编制的施工组织设计(简称标后设计)。

(1)标前设计

在建筑工程投标前由经营管理层编制的用于指导工程投标与签订施工合同的规划性的控制性技术经济文件,以确保建筑工程中标、追求企业经济效益为目标。

(2)标后设计

在建筑工程签订施工合同后由项目技术负责人编制的用于指导施工全过程各项活动的技术经济、组织、协调和控制的指导性文件。以实现质量、工期、成本三大目标,追求企业经济效益最大化。

二、施工组织设计的内容

[想一想]

施工组织设计中应包含哪些内容?

各种类型施工组织设计的内容是根据建设工程的范围、施工条件及工程特点和要求来确定的,这是指施工组织设计的深度与广度,但无论是何种类型的施工组织设计,都应该具备以下的基本内容:

1. 建设项目的工程概况和施工条件

每一个施工组织设计的第一部分要将本建设项目的工程情况作简要说明,有如下内容:

工程简况:结构型式,建筑总面积,概(预)算价格,占地面积,地质概况等。

施工条件:建设地点,建设总工期,分期分批交工计划,承包方式,建设单位的要求,承建单位的现有条件,主要建筑材料供应情况,运输条件及工程开工尚需解决的主要问题。

对上述情况要进行必要的分析,并考虑如何在本施工组织设计中作相应的处理。

2. 施工部署及施工方案

施工部署是施工组织总设计中对整个建设项目全局性的战略意图;施工方案是单位工程或分部工程中某项施工方法的分析,例如某现浇钢筋混凝土框架的施工,可以列举若干种施工方案,对这些施工方案耗用的劳动力、材料、机械、费用以及工期等在合理组织的条件下,进行技术经济分析,从中选择最优方案。

3. 施工进度计划

应用流水作业或网络计划技术,根据实际条件,合理安排工程的施工进度计划,使其达到工期、资源、成本等优选。根据施工进度及建设项目的工程量,可提出劳动力、材料、机械设备、构件等的供应计划。

4. 施工总平面图

在施工现场合理布置仓库、施工机械、运输道路、临时建筑、临时水电管网、围墙、门卫等,并要考虑消防安全设施。最后设计出全工地性的施工总平面图或单位工程、分部工程的施工总平面布置图。

5. 保证工程质量和安全的技术措施

这是施工组织设计所必须考虑的内容,结合本工程的具体情况拟订出保证工程质量的技术措施和安全施工的安全措施。

6. 施工组织设计的主要技术经济指标

这是衡量施工组织设计编制水平的一个标准,它包括劳动力均衡性指标、工期指标、劳动生产率、机械化程度、机械利用率、降低成本等指标。

三、施工组织设计的编制

(一)施工组织设计的编制原则及编制要求

1. 编制原则

(1)认真贯彻国家对工程建设的各项方针政策,严格执行工程建设程序。

(2)遵循建筑施工工艺及其技术规律,坚持合理的施工程序和施工顺序。

(3)采用流水施工方法、工程网络计划技术和其他现代管理方法,组织有节奏、均衡和连续的施工。

(4)科学地安排冬季和雨季施工项目,保证全年施工的均衡性和施工顺序。

(5)认真执行工厂预制和现场预制相结合方针,不断提高施工项目建筑工业化程度。

(6)充分利用现有施工机械和设备,扩大机械化施工范围,提高施工项目机械化程度,不断改善劳动条件,提高劳动生产率。

(7)尽量采用先进施工技术,科学地确定施工方案;严格控制工程质量,确保安全施工;努力缩短工期,不断降低工程成本。

(8)尽可能减少施工设施,合理储存建设物资,减少物资运输量;科学地规划施工平面图,减少施工用地。

2. 编制要求

(1)根据工期目标要求,统筹安排,抓住重点

重点工程项目和一般工程项目统筹兼顾,优先安排重点工程的人力、物力和财力,保证工程按时或提前交工。

(2)合理安排施工流程

施工流程的安排既要考虑空间顺序,又要考虑工种顺序。空间顺序解决施

工流向问题，工种顺序解决时间上的搭接问题。在遵循施工客观规律的要求下，必须合理地安排施工顺序，避免不必要的重复工作，加快施工速度，缩短工期。

[问一问]

什么是横道图计划?

(3)科学合理安排施工方案，尽量采用国内外先进施工技术

编制施工方案时，结合工程特点和施工水平，使施工技术的先进性、实用性和经济性相结合，提高劳动生产率，保证施工质量，提高施工速度，降低工程成本。

(4)科学安排施工进度，尽量采用流水施工和网络计划或横道图计划

编制施工进度计划时，结合工程特点和施工技术水平，采用流水施工组织施工，采用网络计划或横道图计划安排进度计划，保证施工连续均衡地进行。

(5)合理布置施工现场平面图，节约施工用地

尽量利用原有建筑物作为临时设施，减少占用施工用地。合理安排运输道路和场地，减少二次搬运，提高施工现场的利用率。

(6)坚持质量、安全同时抓的原则

[想一想]

施工总目标主要由哪几个要素构成?

贯彻质量第一的方针，严格执行施工验收规范和质量检验评定标准，同时建立、健全安全文明生产的管理制度，保证安全施工。

(二)施工组织设计的编制程序

施工组织设计编制程序如图 8-2 所示。

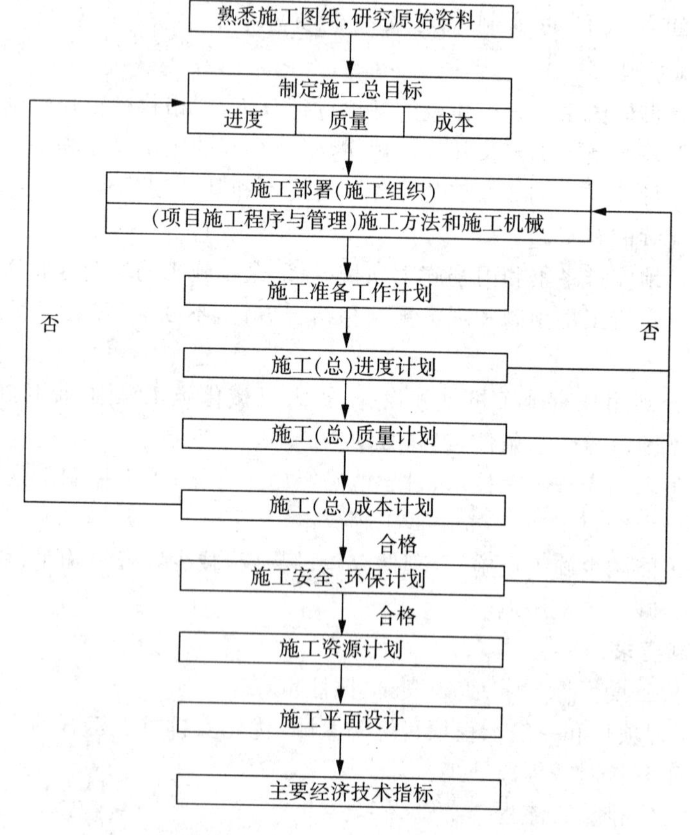

图 8-2　施工组织设计编制程序

1. **施工组织总设计的编制程序**

(1)施工部署主体系统工程和附属、辅助系统工程的施工程序安排;现场施工准备工作计划;主要建筑物的施工方法。

(2)施工总进度计划工程项目的开列;计算建筑物及全工地性工程的工程量;确定各单位工程(或单个建筑物)的施工期限;确定各单位工程(或单个建筑物)开竣工时间和相互塔接关系。

(3)劳动力的主要技术物资需要量计划根据施工总进度计划,编制各施工阶段的劳动力、机具和物资需用计划。

(4)施工总平面图包括各项业务计算;临时房屋及其布置;规划施工供水、供电。

2. **单位工程施工组织设计编制顺序**

(1)分层分段计算工程量。

(2)确定施工方法、施工顺序,进行技术经济比较。

(3)编制施工进度计划。

(4)编制施工机具、材料、半成品以及劳动力需要用量计划。

(5)布置施工平面图,包括临时生产、生活设施,供水、供电、供热管线。

(6)计算技术经济指标。

(7)制定安全技术措施。

施工组织设计编制后,必须按照有关规定,经主管部门审批,以保证编制质量。审批后各项施工活动必须符合组织设计要求,施工各管理部门都要按照施工组织设计规定内容安排工作。共同为施工组织设计的顺利实施,分工协作,尽力尽责。

[想一想]

一份完整的施工组织设计应包括什么内容?

四、施工进度计划的绘制

(一)流水施工

在组织同类项目或将一个项目分成若干个施工区段进行施工时,可以采用不同的施工组织方式,如依次施工、平行施工、流水施工等组织方式。其中,流水施工是组织产品生产的理想方法,也是项目施工最有效的科学组织方法。

流水施工组织方式是将拟建工程项目的整个建造过程分解成若干个施工过程,也就是划分成若干个工作性质相同的分部、分项工程或工序;同时将拟建工程项目在平面上划分成若干个劳动量大致相等的施工段;在竖向上划分成若干个施工层,按照施工过程分别建立相应的专业工作队;各专业工作队按照一定的施工顺序投入施工,完成第一个施工段上的施工任务后,在专业工作队的人数、使用机具和材料不变的情况下,依次地、连续地投到第二、三……直到最后一个施工段的施工,在规定的时间内,完成同样的施工任务;不同的专业工作队在工作时间上最大限度地、合理地搭接起来;当第一个施工层各个施工段上的相应施工任务全部完成后,专业工作队依次地、连续地投入到第二、三……施工层,保证拟建工程项目的施工全过程在时间上、空间上有节奏地连续、均衡地进行生产,直到完成全部施工任务。

流水施工具有以下特点：

(1)科学地利用了工作面，争取了时间，工期比较短。

(2)工作队及其生产工人实现了专业化施工，可使工人的操作技术熟练，更好地保证工程质量，提高劳动生产率。

(3)专业工作队及其生产工人能够连续作业。

(4)单位时间投入施工的资源较为均衡，有利于资源供应组织工作。

(5)为工程项目的科学管理创造了有利条件。

(二)网络计划

网络计划技术是用网络图解模型表达计划管理的一种方法。其原理是应用网络图表达一项计划中各项工作的先后次序和相互关系；估计每项工作的持续时间和资源需要量；通过计算找出关键工作和关键路线，从而选择出最合理的方案并付诸实施，然后在计划执行过程中进行控制和监督，保证最合理地使用人力、物力、财力和时间。

网络图(如图8-3所示)是由箭头和节点组成的，用来表示工作流程有向、有序的网状图。在网络上加注工作时间参数而编成的进度计划，称为网络计划。

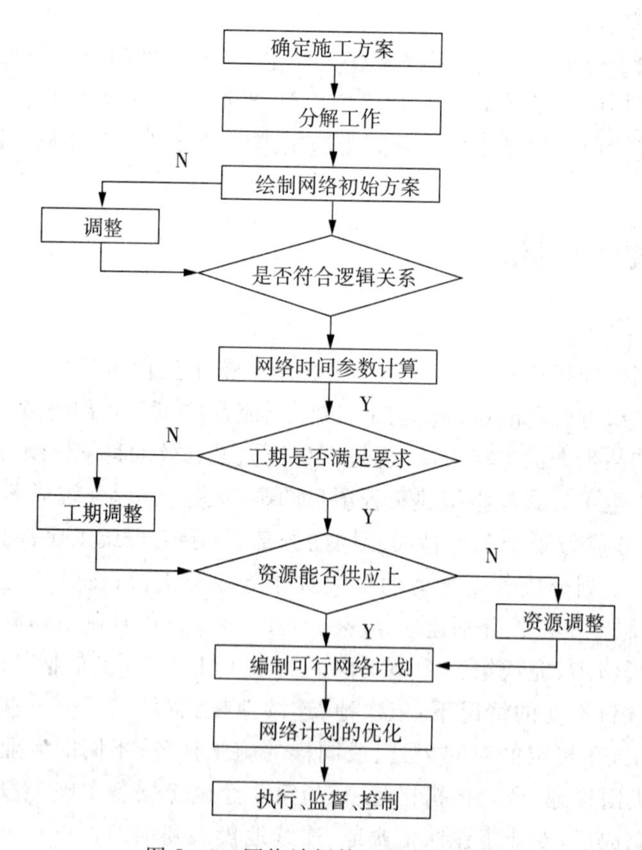

图8-3 网络计划管理程序示意图

五、施工平面图

单位工程施工平面图是一个建筑物或构筑物施工现场的平面规划和空间布置图。它是根据工程的规模、特点和施工现场的条件，按照一定的设计原则，正确地解决施工期间所需的各种暂设工程和其他临时设施等同永久性建筑物和拟建工程之间的合理位置关系。其主要作用表现在：单位工程施工平面图是进行施工现场布置的依据，是实现施工现场有组织、有计划文明施工的先决条件，因此也是施工组织设计的重要组成部分。合理贯彻和执行施工平面布置图，会使施工现场井然有序，施工顺利进行，保证进度，提高效率和经济效益。反之，则造成不良后果。单位工程施工平面图的绘制比例一般为1∶500～1∶20000。

[想一想]

施工平面图中包含哪些内容?

1. 单位工程施工平面图的设计内容

(1)建筑物总平面图上已建的地上、地下一切房屋、构筑物以及其他设施(道路和各种管线等)的位置和尺寸。

(2)测量放线标桩位置、地形等高线和土方取弃地点。

(4)各种加工厂、搅拌站、材料、加工半成品、构件、机具的仓库或堆场。

(5)生产和生活性福利设施的布置。

(6)场内道路的布置和引入的铁路、公路和航道位置。

(7)临时给水管线、供电线路、蒸汽及压缩空气管道等布置。

(8)一切安全及防火设施的位置。

2. 设计的步骤

单位工程施工平面图设计的一般步骤如图8－4所示。

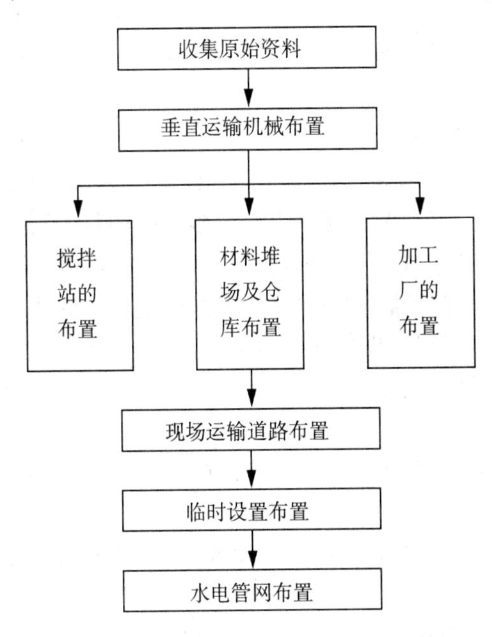

图8－4　单位工程施工平面图设计步骤

第二节　招标与投标

招标投标，是在市场经济条件下进行大宗货物的买卖，建设项目的发包与承包，以及服务项目的采购与提供时所采用的一种交易方式。建设工程招标投标，是在市场经济条件下进行工程建设项目的发包与承包时，所采用的一种交易方式。

一、建设工程招投标概述

（一）建设工程招标与投标概念

［问一问］

何为招标？何为投标？

1. 建设工程招标

建设工程招标是指建设单位就拟建的工程发布通告，以法定方式吸引建设承包单位参加竞争，从中选择条件优越者完成工程建设任务的法律行为。简而言之，工程招标就是建设单位利用标价等经济手段择优选定工程承包人的过程。招标单位在发表通告时，应首先编制招标书及图纸资料等文件，提出招标要求、合同主要条款、实物工程量清单、投资起止日期和开标日期、地点等，然后对申请投标企业进行资格审查，最后根据投标资料和工程的具体情况，择优选定中标单位。

2. 建设工程投标

建设工程投标是指经过审查获得投标资格的建设承包单位按照招标文件的要求，在规定的时间内向招标单位填报投标标书并争取中标的法律行为。参加投标的企业在获得投标资格后，认真研究招标文件，在符合招标要求条件下，对投标项目估算工程成本与造价，编制施工组织设计，提出主要施工方法及保证质量措施，在规定的期限内，向招标单位递交投标资料、报价，争取中标。投标单位在中标之后，按照合同约定或经招标人同意，可以将中标项目的部分非主体、非关键性工作分包给他人完成。

3. 工程招投标的特点

建设工程招投标是在国家法律的保护和监督下法人之间的经济活动，是在双方同意基础上的一种交易行为。建设工程招标投标的目的则是在工程建设中引进竞争机制，择优选定勘察、设计、设备安装、施工、装饰装修、材料设备供应、监理和工程总承包等单位，以保证缩短工期、提高工程质量和节约建设投资。在我国社会主义市场经济条件下，工程招投标是有组织有领导地进行的，具有以下特点：

［想一想］

招投标最大的特点是公平竞争，其公平性与竞争性体现在哪些方面？

（1）凡是实行招投标的工程，都必须具备一定的条件，并获得有关主管部门批准方能进行招标。

（2）凡是参加投标的建筑企业，均要由有关主管部门或招标单位进行资格审查，审查合格者才能参加投标。

（3）招标工程的标底，均需要按法定的程序，方法和有关定额确定，并报有关部门审核。

（4）国家或地方的有关部门可参与工程的评标和决标工作。

（5）工程的质量由有关部门进行检查和监督。

(6)通过有关法规，严禁在招投标中采用不正当的经营手段。

(二)招投标的分类

1. 按招投标承包的范围进行分类

(1)建设项目总承包招投标

建设项目总承包招投标也称为建设项目全过程招投标，即通常所称的“交钥匙”工程承包方式。就是指从项目建议书开始，包括可行性研究、勘察设计、设备和材料询价及采购、工程施工、生产准备，直至竣工验收和交付使用等实行全面招标。工程总承包企业根据建设单位提出的工程使用要求，对项目建议书，可行性研究、勘察设计、设备咨询与选购、材料订货、工程施工、职工培训、试生产，竣工投产等实行全面报价投标。

(2)建设项目单项招标

建设项目单项招标是指工程规模或工作内容复杂的建设项目，业主对不同阶段的工作、单项工程或不同专业工程分别单独招标，将分解的工程内容直接发包给各种不同性质的单位实施。如勘察设计招标、物资供应招标、土建工程招标、安装工程招标等。

(3)专项工程招投标

专项工程招投标是指在工程招投标中，对某一建设阶段的某一专门项目，由于专业性强，施工或制作要求特殊，可以单独进行招投标。

2. 按建设程序进行分类

(1)项目开发招投标

项目开发招投标是建设单位(业主)邀请工程咨询单位对建设项目进行可行性研究，其“标的物”是可行性研究报告，中标的工程咨询单位必须对自己提供的研究成果认真负责，可行性研究报告应得到建设单位认可。

(2)工程勘察招投标

工程勘察招投标是指招标单位就拟建工程的勘察设计阶段的工作单独进行招标活动。招标单位就拟建工程的勘察任务发布通告，以法定方式吸引勘察单位参加竞争，经招标单位审查获得投标资格的勘察单位按照招标文件的要求，在规定的时间内向招标单位填报标书，招标单位从中选择条件优越者完成勘察任务。

(3)工程设计招投标

工程设计招投标是指招标单位就拟建工程的设计任务发布通告，以吸引设计单位参加竞争，经招标单位审查获得投标资格的设计单位按照招标文件的要求，在规定的时间内向招标单位填报标书，招标单位从中选择条件优越者完成工程设计任务。设计招标主要是设计方案招标，工业项目可进行可行性方案招标。

[想一想]

建设单位进行项目设计招标应具备什么条件，进行设计招标的建设项目又应具备什么条件?

(4)建设工程施工招投标

工程施工招标是指工程施工阶段的招标活动全过程。在工程项目的初步设计或施工图设计完成以后，用招标的方式选择施工单位，其“标的物”是向建设单位(业主)交付按设计规定的建筑产品。

3. 按行业类别划分

按行业部门分类，招投标可分为土木工程招投标、勘察设计招投标、货物设备采购招投标、机电设备安装工程招投标、生产工艺技术转让招投标、咨询服务招投标等。

二、招标的方式与方法

（一）建设工程招标的方式

[想一想]

应用最多的是哪种招标方式？

目前世界各国和有关国际组织有关招标的方式大体上有三种：公开招标、邀请招标和议标。我国《招标投标法》第十条规定，招标分为公开招标和邀请招标。与以往的招标法律文件不同，《招标投标法》只规定了公开招标和邀请招标为法定招标方式，摒弃了议标方式。这是因为议标是通过协商达成交易的一种方式，通常在非公开状态下采取一对一谈判方式进行，这显然违反了招标应遵循的公开、公平、公正的原则。

1. 公开招标

公开招标，又称无限竞争性招标，是指由招标人按照法定程序、在规定的公开的媒体上发布招标公告，公开提供招标文件，凡符合规定条件的承包商都可以平等参加投标竞争，从中择优选定中标人的一种招标方式。其特点是招标人发出招标公告，其针对的对象是所有对招标项目感兴趣的法人或者其他组织，对参加投标的投标人在数量上并没有限制，具有广泛性。这种招标方式使招标单位有较大的选择余地，可在众多的投标单位之间选择报价合理、工期短、信誉良好的承包商，也可以大大提高招标活动的透明度，对招标过程中的不正当交易行为起到较强的抑制作用。

[问一问]

公开招标时，参加投标的单位数量有无最低要求？

国务院发展计划部门确定的国家重点建设项目和各省、自治区、直辖市人民政府确定的地方重点建设项目，以及全部使用国有资金投资或者国有资金投资占控股或者主导地位的工程建设项目应当公开招标。

2. 邀请招标

邀请招标，是指招标人以投标邀请书的方式邀请特定的法人或者其他组织投标。根据《招标投标法》第十七条的规定，采用邀请招标方式的招标人应当向三个以上的潜在投标人发出投标邀请书。邀请招标又称“有限竞争性招标”或“限制性招标”，这种招标不发布广告，由招标单位向预先选择的数目有限的承包商发出邀请信，邀请他们参加某项工程的投标竞争，招标人从中择优确定中标人的一种招标方式。其特点是：邀请招标的招标人要以投标邀请书的方式向一定数量的潜在投标人发出投标邀请，只有接受投标邀请书的法人或者其他组织才可以参加投标竞争，其他法人或组织无权参加投标。由于这种招标方式的投标者范围只限于收到招标方邀请的人，竞争受到限制。因此，有关国际组织、国际金融机构和一些国家的法律规定，只有在所规定的不适宜公开招标的特殊情形下，招标或采购方才可以采用邀请招标方式。但从另一方面看，由于被邀请参加投标竞争者有限，不仅可以节约招标费用，而且提高了每个投标者的中标机会，又因为不用刊登招标公告，招标文件只送几家，投标有效期大大缩短。但这种方式限制了竞争的范围，有可能漏掉一些在技术上、报价上有竞争力的后起之秀。

邀请式招标方式适用于以下情况：

(1)在特殊情况下，工程规模大，招标单位认为中、小型施工企业不可能胜任，因而选定几家大公司参加投标。

(2)工程复杂、专业性强，招标单位认为只有某些企业才能承担。

(3)工程规模小，为节约招标开支没有必要公开招标。

(4)公开招标后，无人投标，招标单位只好邀请少数单位投标。

(5)由于工期紧迫或保密的要求等原因而不宜公开招标的工程。

邀请的投标单位一般 5～10 家，不能少于 3 家。

3. 议标

议标是招标单位采取直接与一家或几家投标人进行合同谈判确定承包条件和标价的方式，又称谈判招标或指定招标。这是通过直接谈判达成交易的一种方式。通常是在非公开状态下采取谈判方式进行的。既不具有竞争性，也无法进行行政监督，极易产生钱权交易。所以这种招标采购方式，在我国的实现中存在的问题和弊病较多。已在《招标投标法》中取消议标作为一种招标采购方式。但是，对不宜公开招标或邀请招标的特殊工程，应报县级以上地方人民政府建设行政主管部门，经批准后可以议标。

按国际惯例和规则，议标方式(包括直接采购或称独标、重复采购、询价采购或称协议标)通常适用于以下情况：

(1) 已招标项目实施过程中，增购或增建类似性质的货物或工程建设。在这样的情况下，采用公开招标或邀请招标时间不允许，花费过大，即与项目价格比较不合理时，可以通过直接谈判，从已在现场的施工企业中选定承包人。这种方式称为直接采购。当然只要价格合理，也可与原承包人续签合同，增补上述合同内容。这种方式称为重复采购。

(2) 所需设备或工程建设具有专卖或特殊要求，并且只能从单一的企业获得。也属直接采购方式。

(3) 项目规模太小，有资格的施工企业不大可能以合理的价格直接采购时，可以邀请多家进行谈判，选择中标人，这种方式称为询价采购。

(4) 在自然灾害或外部障碍，以及急需采取紧急行动的特殊情况下的项目实施。

[想一想]

从发布信息的方式、选择的范围、竞争的范围、公开的程度、时间和费用方面，分析公开招标与邀请招标有什么区别？

这种招标方式易于处理一些问题，使双方紧密配合，但竞争性差，可能会使承包价格偏高。因此，无特殊情况，为规范建筑市场行为，应严格限制议标方式。

议标不发招标广告，也不发邀请书，而是由招标单位与施工企业直接商谈，达成一致意见后直接签约。议标也必须经过报价、比较和评定阶段，业主通常采取多家议标，采取货比三家的原则，择优录用。不过，目前在我国的工程建设承发包实践中，采用单向议标的方法还是比较多见。议标的工程通常为小型新建工程或改造维修或装饰装修工程。

(二)建设工程招标的方法

根据工程特点和招标对象的不同，招标方法可分为一次招标和多次招标两种。

1. **一次招标**

一次招标是指一项工程设计图纸、工程概算、建筑用地、施工执照等均已具备后，整个工程一次进行招标。采用这种方法，一次签订合同就确定了整个工程承发包的内容，便于管理，但事先必须做好所有招标准备工作，前期准备时间长，对较大型工程，投资见效期就要向后延。

2. **多次招标**

这是指较大型工程，按照工程(分项目)阶段分成几次招标，或分别按照土方和场地平整、基础工程、主体结构工程、装修工程等招标。采用这种方法，设计图纸可分阶段供应，建设单位可争取时间提前开工，早见效益。

三、招投标的程序

(一)招标的程序

招标投标是一个整体活动，涉及业主和承包商两个方面，招标作为整体活动的一部分主要是从业主的角度揭示其工作内容，但同时又须注意到招标与投标活动的关联性，不能将两者割裂开来。所谓招标程序是指招标活动的内容的逻辑关系。建设工程项目施工公开招标程序如图 8－5 所示。

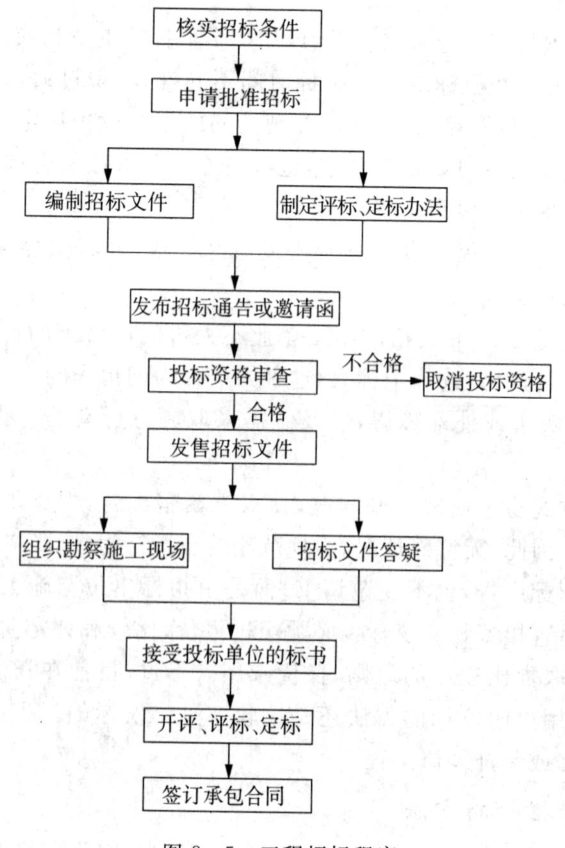

图 8－5　工程招标程序

1. **招标单位做好招标准备工作**

(1)建立招标机构

由建设单位组织招标工作机构,建设单位招标应当具备以下条件:

① 建设单位是法人或依法成立的其他组织。

② 有与招标工程相适应的经济、技术、管理人员。

③ 有组织编制招标文件的能力。

④ 有审查投标单位资质的能力。

⑤ 有组织开标、评标、定标的能力。

建设单位应根据此组织招标工作机构,负责招标的技术性工作。若建设单位不具备上述相应的条件,须委托具有相应资质的咨询、监理等单位代理招标。

(2)申请批准招标

业主在落实了项目招标条件、建立了招标机构以后,招标单位则可向建设行政主管部门提出申请进行招标。申请书的内容包括业主所具有的编制招标文件和标底,组织开标、评标的能力,资金的筹措,项目设计完成情况等。

[想一想]

招投标管理机构进行申请审查的目的是什么?

(3)编制招标文件和招标广告

当招标申请批准后,应编制好招标过程中可能涉及的有关文件,保证招标活动的正常进行。如采取公开招标,还需准备招标广告。

[问一问]

招标文件由谁来编写?

进行项目招标,首先要有一份内容明确、考虑细致、周密兼顾招标投标双方权益的招标文件。招标文件的作用,首先是向投标人提供招标信息,以指引承包人根据招标文件提供的资料,进行投标分析与决策;其次,招标文件又是承包商招标和业主评标的依据;再者,招标文件是中标成交后则业主和承包商签订合同的主要组成部分。

① 招标文件的内容

招标文件的内容和篇幅大小,与项目的规模和类型有关,特别是一些大型项目,其招标文件的篇幅可能长达数千页,内容全面,且要求前后连贯。不同工程的招标文件,内容虽有繁简、详略之分,但每个招标文件一般都包括以下几个部分:

a. 工程综合说明。它包括工程范围、项目、工期、质量等级、技术要求和现场情况等。

b. 投标须知。它包括投标书的编制要求,对投标单位的资质要求,工程投标、开标、评标和决标、合同签订等每项工作的具体要求和时间安排等。

c. 合同主要条款。它包括承包范围及方式,工期、质量要求及奖励方法,建筑材料和设备的供应方式、计价方式及调价方法,工程拨款及结算方式,工程开工及竣工验收,设计变更等。

d. 招标工程施工图纸、地质资料、设计说明书等。

e. 要求交纳的投标保证金额度。

f. 解释招标文件和现场勘测的日期。

g. 对投标单位的特殊要求,如工程采用国外材料或要求考试合格者施工或采取局部交工等。

② 工程施工招标文件编制的原则

招标文件的编制是招标准备工作中最重要的环节，它不仅是投标者进行投标的依据，也是签订工程合同的基础，因此不能有丝毫疏忽。编制招标文件应遵循以下原则：

a. 遵守国家法律和法规及有关贷款组织的要求。

b. 应公正、合理地处理业主和承包商的关系，保护双方的利益。

c. 招标应正确、详尽地反映项目的客观、真实情况。

d. 招标文件各部分的内容要力求统一，避免矛盾。

(4)编制标底

制定标底是招标工作的关键环节。招标工程项目的标底，就是由招标单位或其委托的代理机构根据设计图纸和有关定额、取费标准等计算出的拟招标项目的造价估算，并经当地建设主管部门及招标办公室审定的发包造价。标底的内容除合理造价外，还包括与造价相对应的质量、施工方案，以及为缩短工期所需的措施费等。

标底既是招标单位对该项工作或招标工程的预期价格，也是评标的依据，还可以作为招标效果的检验标准。因此，标底应完整准确、科学合理，且能反映出预期参与竞争投标人较为先进的水平，否则就失去了编制标底的意义。

标底编制完毕，应该报送招标投标管理机构审查。如果贷款项目，则还应报送贷款的银行审查。在招标开标之前应做好标底的保密工作。审查标底的目的是检查标底是否认真、准确，如有漏洞，应予调整。

[想一想]

发布招标通告主要通过什么形式?

2. 发布招标通告或邀请函

招标经批准，做好招标准备工作之后，即可发出招标通告或邀请函。

(1)招标通告

采取公开招标方式时可通过当地或全国性报纸、广播、电视等方式发布招标通告，使所有的合格的投标者都有同等的机会了解投标要求，以形成尽可能广泛的竞争局面。招标通告的主要内容包括：

招标单位名称、地址、联系人；

招标工程情况简介，包括项目名称、建筑规模、工程地点、质量、工期要求等；

承包方式；

对投标企业资质要求；

领取招标文件时间、地点、应邀费用等；

其他有关说明。

(2)招标邀请书

若采用邀请招标的方式，应由招标单位向预先选定的承包商发出招标邀请书。

3. 对投标单位进行资格审查

资格预审，一般在投标前进行。对投标单位进行资格审查的目的一是了解投标单位的技术、财务实力及管理经验，为使招标获得比较理想的结果，限制不符合条件的单位盲目参加投标。二是通过评审比较，优选出最具有实力的一些投标单位再邀请他们参加投标竞争，以减小评标的工作量。

投标单位资格审查由招标单位负责。在公开招标时，通常在发售招标文件之前的规定时间内进行，愿参加投标者向招标单位购买资格预审书、填写并交回。在邀请投标的情况下，则在评标的同时进行资格审查。资格预审是对申请投标单位总体资格是否符合完成招标工程所要求条件的审核，可分为强制性资格条件和一般资格条件两方面。强制性条件是指必须满足的基本条件；一般性资格条件是在资格预审过程中对各申请人评审比较的条件。

[问一问]
从发布招标公告到投标截止日有无时间要求？

对投标单位进行资格审查的主要内容一般包括：

(1)企业注册证明和技术等级。

(2)主要施工经历。

(3)质量保证措施。

(4)施工机械设备简况。

(5)正在施工的承建项目。

(6)技术力量简况。

(7)资金或财务状况。

(8)企业的商业信誉。

(9)准备在招标工程上使用的施工机械设备。

(10)准备在招标工程上采用的施工方法和施工进度安排。

招标单位进行审查后，将审查结果书面通知各投标者。

4. 发出招标文件和接受投标书

(1)发出招标文件

向合格的投标者分发招标文件和设计图纸、技术资料等，并组织投标单位踏勘现场，进行工程交底，并对招标文件答疑。在招标通告上要清楚地规定发售招标文件的地点、起止时间以及发售招标文件的费用。对发售招标文件的时间，要相应规定得长一些，以使投标者有足够的时间获得招标文件。

另外，对投标单位所提疑问的回答，应以书面记录方式，印发各投标单位，作为招标文件的补充。招标单位对所提疑问应一律在答疑会上公开解答，在开标之前，不应和任何投标单位的代表单独接触并个别解答任何问题。

(2)接受投标书

在投标截止日期之前，招标者应接受资格审查合格的投标者所寄达或送达的标书(包括正本、副本等)，并将所收到的标书做好登记、编号的工作。投标截止日期以后所收到的标书，不应接受或作为废标处理。

5. 开标、评标、定标

(1)开标

为了体现工程招标的平等竞争原则，公开招标和邀请招标均应公开举行开标会议。

① 开标会议

招标单位在招标文件中规定的时间和地点主持开标会议，所有投标人均应参加，并邀请项目有关主管部门、提供项目贷款的银行派代表出席，招标投标管理机构派人监督开标过程。开标时应当众宣布评标、定标方法，并当众启封标函，宣读其中要点，并逐项登记。开标后，任何投标人都不允许再更改标书实质性的内容，也不允许再增加优惠条件。

如果在招标文件中没有说明评标、定标的原则和方法，则在开标会议上，开标之前应予说明。投标书经启封后，不得再更改评标、定标办法。

② 公布标底

开标时是否公布标底，要根据招标文件中说明的评标原则而定。对于单位工程量价格或单位平方米造价较为固定的中小型工程，经常采用最接近标底的评标价（而非投标价）来确定中标者，而且规定超过标底上下百分之多少的投标均为废标的情况，开标时必须公开标底，以使每位投标人都知道自己标价的位置。但对于大型复杂工程项目，标底仅作为评标的尺度，一般以最优评标价者中标，此时就没有必要公布标底。因为大型复杂工程项目，建筑物的单位、技术复杂、工期长等特点，实施单位采用先进的技术、合理的组织和科学的管理等措施，完全可以突破常规而达到质优价廉的目的，先进与落后反映在标价上会有很大出入，所以不应完全以标底价格来确定报价的优劣。

③ 废标条件

开标时如果发现有下列情况之一者，应宣布投标书作废：

a. 未密封。

b. 无单位和法人代表人或其代理人的印鉴。

c. 未按规定的格式填写，内容不全或字迹模糊，辨认不清。

d. 逾期送达。

e. 投标单位未参加开标会议。

(2)评标

评标是对投标单位所报送的投标资料进行审查、评比和分析的过程，是整个招投标的重要环节。评标要贯彻平等、公正合理的原则，对投标单位的报价、工期、质量、信誉等进行综合评价。评标工作由招标单位组织的评标委员会或评标小组秘密进行。依法必须进行招标的项目，其评标委员会应具有一定的权威性，一般由业主邀请有关的技术、经济、合同等方面专家组成。为了保证评标的科学性和公正性，属于业主方面的人员一般不应超过1/3，且不得邀请与投标者有直接经济业务关系单位的人员参加。评标委员会的负责人由招标单位的法定代表人或他指定的代表担任。招标投标管理机构派人参加评标会议，对评标活动进行监督。

[谈一谈]

大家讨论分析底价中标的合理性。

一般选择中标单位的标准主要有：

① 施工方案在技术上能保证工程质量；

② 施工力量和技术装备能够保证工期；

③ 标价合理；

④ 施工企业的社会信誉好。

(3)定标

各单位标函经过各项比较、平衡、优选确定最佳中标单位的过程叫定标，也称决标。

业主根据评标报告所推荐的中标人名单，约请被推荐者进行决标前的谈判，并根据谈判结果，业主决定最终的中标单位。业主有不接受最低投标报价的权力。并且，在发出中标通知书以前，业主一直具有接受和拒绝任何投标、宣布投标程序无效、或拒绝所有投标的权力，并对由此而受到影响的投标人不负任何责任，也无义务通告他们发生这种情形的原因。

自开标至决标的期限，小型工程一般不超过 10d，大中型工程一般不超过 30d，特殊工程可适当延长。

6. 签订承包合同

当评标阶段的工作全部完成之后，招标单位应在招标有效期内以书面形式（包括函件、电传或电报）向中标单位发出中标通知书，通知接受其投标。中标单位接到中标通知后，与招标单位约定时间、地点进行合同磋商，并在规定的时间内（中标者接受中标通知后，一般工程在 15d 内，大型工程在 30d）进行合同谈判。中标通知构成合同的成立，具有法律效力，对投标人和招标人均有约束力。

签订合同后，招标单位应在 7d 内通知未招标者，并退回投标保函，未招标单位接到通知 7 天内退回招标文件及有关资料。

（二）投标程序

投标是招标的对称词，是承包商对业主建设项目招标的响应。招标与投标构成以工程为标的物的买方与卖方经济活动相互依存不可分割的两个方面。投标和招标一样有其自身的运行规律，有与招标程序相适应的程序，参见图 8-6。

［想一想］

投标的主要程序有哪些？

1. 投标准备工作

(1)收集投标信息

在投标竞争中，投标信息是一种非常宝贵的资源，正确、全面、可靠的信息，对于投标决策起着至关重要的作用。投标过程中每一环节的工作都离不开信息，投标信息是投标决策和执行投标决策的重要手段和工具，投标信息主要来自两方面：

① 外部投标信息主要包括招标文件、各种定额、技术标准和规范、投标环境、设备和材料价格等信息。

② 内部投标信息包括以往承包工程的施工方案，进度计划，各项技术经济指标完成情况，采用的新技术和效果，施工队伍素质，合同履行情况等。

对投标信息的要求可归纳为及时、准确和全面。也就是说信息传递的速度要及时，信息数据要可靠，信息内容要全面。

(2)建立投标工作机构

为了提高投标工作效率和投标中标的概率，投标单位应建立一个专门的投标工作机构，以加强对投标工作的领导和管理，做到有计划，有步骤地开展投标工作，不断总结和积累经验。该工作机构应能及时掌握市场动态，了解价格行情，能基本判断拟投标项目的竞争态势，注意收集和积累有关资料，熟悉工程招标投标的基本程序，认真研究招标文件和图纸，善于运用竞争策略，能针对具体项目的各种特点制定出恰当的投标报价策略，至少应能使其报价进入预选圈内。

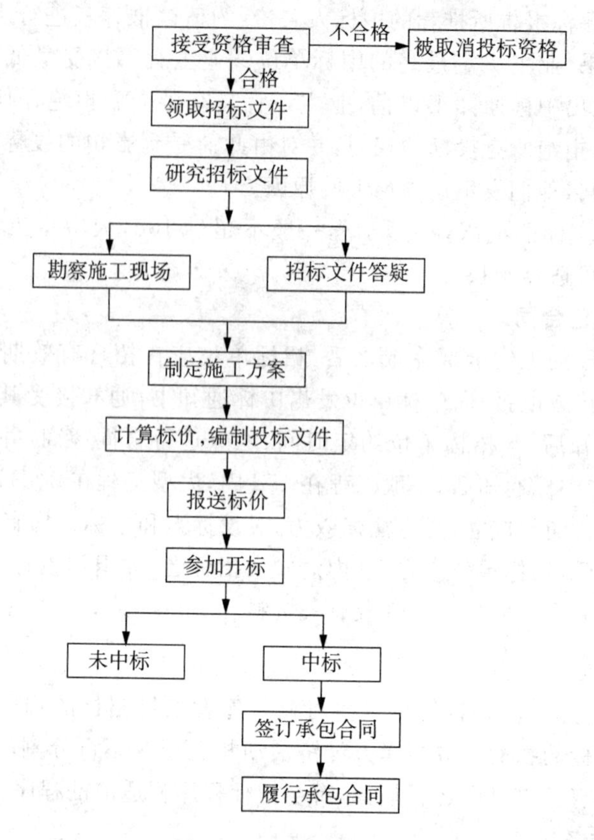

图 8－6　工程投标程序

投标工作机构通常应由以下人员组成：

① 决策人通常由部门经理或副经理担任,亦可由总经济师负责。

② 技术负责人可由总工程师或主任工程师担任,其主要责任是制定施工方案和各种技术措施。拟担任该项目施工的项目经理必须参加投标工作。

③ 投标报价人员由经营部门的主管技术人员、预算师等负责。

参加投标工作的人员,应有较高的技术业务素质,具备一定的法律知识和实际工作经验,掌握一套科学的研究方法和手段,才能保证投标工作高质量,高效率地进行。投标机构的人员不宜过多,特别是最后决策阶段,参与的人数应严格控制,以确保投标报价的机密。

2. 编制投标申请书

投标申请书是投标者在招标单位发出招标广告或招标邀请后,向招标单位提出的表示愿意参加投标的书面申请。投标申请书应包括以下内容：

(1)企业名称,地址,负责人姓名。

(2)企业资质等级。

(3)职工人数,工程技术人员数等。

(4)现有资金情况,近年主要财务状况。

(5)近年竣工和施工的主要工程名称、工期和质量情况,社会信誉等。

(6)现有施工机械设备情况,技术装备率。

编好投标申请书,按招标单位规定的时间、地点报送招标单位,并接受招标单位对本企业的投标资格审查。

3. 接受资格审查

在企业获取招标信息决定参加投标后,就可以从招标人处获得资格预审调查表,并提交资格预审资料,接受招标单的投标资格审查。

企业在平时应做好投标预审资料的收集和准备工作,将企业的管理素质、技术力量、技术装备,过去承建过的有影响的工程的照片和文字说明,编印成册;做好企业的宣传、增进建设单位对企业的了解。在具体投标时,针对投标工程的特点,抓住重点部分,反映出本企业的施工经验、施工水平和施工组织能力。

资格预审资料应包括:经批准的营业执照和证明文件;企业参加投标的代理人资格证明书;企业人力、物力、财务状况表;企业过去承建工程中执行合同情况;企业对类似工程的施工经验等。

[想一想]

资格预审应包括哪些资料?

资格预审申请书必须在招标人规定的截止时间之前递交到招标人指定的地点,超过截止时间递交的申请书将不被接受。资格预审申请书一般递交一份原件和若干份副本(资格预审文件中规定),并分别由信封密封,信封上写明资格预审的工程名称以及申请人的名称和住址。递交后,做好资格审查表的跟踪工作,以便及时发现问题,补充资料。

4. 研究招标文件,做好投标的各项准备工作

经过招标单位的审查获得投标资格以后,可向招标单位领取或购买招标文件。招标文件是投标单位进行投标报价的主要依据,对其理解的深度将直接影响到投标结果,因此应该组织有力的设计、施工、商务、估价等专业人员仔细分析研究。

(1)投标人购买招标文件后,首先要检查上述文件是否齐全。按目录是否有缺页、缺图表,有无字迹不清的页、段,有无翻译错误、有无含糊不清、前后矛盾之处。如发现有上述现象的应立即向招标部门交涉补齐。

(2)研究招标文件,重点应放在招标者须知、合同条件、设计图纸、工程范围以及工程量表等。具体来说,审查招标文件要点如下:

① 招标单位名称、工程名称、工程综合说明。了解工程规模、地址、招标范围、工程面貌、建筑面积及占地面积、设计单位、工期要求等。

② 校核工程量。对于招标文件中的工程量清单,投标者一定要进行校核,因为它直接影响投标报价及中标机会。校对工程量有无差错,重点是校对项目是否求齐全,有无漏项;估算工程量概算指标是否合理等。

③ 熟悉施工图纸及其他设计文件。弄清设计意图、工程技术细节及具体要求,为编制施工方案和拟定投标方案提供可靠的依据。

④ 详细研究合同条款。了解材料和设备的供应方式,工程价款的预付和结算方法,质量检查方法及扣留保修金额和保修期限,对投标单位的特殊要求,合同双方的权利和义务等,通过详细的分析研究,达到了解风险,采取风险控制对

策，为优化施工方案，合理安排资金，合理确定投标报价提供依据。

⑤ 熟悉投标者须知。了解标书填写注意事项，投标截止时间，开标的时间、地点等，以合理安排投标工作日程。

在研究招标文件中，对模糊不清或把握不准之处，应做好记录，在答疑会上澄清。

(3)在研究招标文件的基础上做好投标环境调查。投标环境是中标后工程施工的自然、经济和社会环境，主要包括：

① 自然条件。着重施工现场的地理位置，现场地质条件，交通条件，气象及地震情况等。

② 经济条件。当地劳动力资源和材料供应及价格，施工机械租赁情况及价格，现场临时供电、供水、通信设施情况等。

③ 社会环境、当地政府建设法令及法规，各种税率和保险缴纳标准，分包的可能性及条件等。

投标单位应结合具体工程项目的情况确定自己的投标策略。投标单位在研究招标文件和调查投标环境的基础上，制定施工方案，编制施工计划。

5. 计算标价、编制投标文件

核实、计算工程量，进行报价计算、分析、决策、最后按招标文件的要求编制投标文件。

[做一做]

上网下载一份投标书，对照教材中的叙述看一看其是否完整。

(1)投标文件的内容

投标文件的内容大致包括：投标书、合同条件、说明书、建筑工程量清单、履约保证书以及业主要求递交的文件等。

① 投标书

招标文件中通常有规定的格式投标书，投标者只需按规定填写。投标书的基本内容包括封面、正文、附件三大部分

a. 封面填写招标单位名称，投标工程名称，投标者单位名称及负责人姓名，报送日期等。

b. 正文是投标书的主要部分，也是投标者正式报价单，内容包括：综合说明；工程总报价和价格组成；计划开工和施工日期，施工总工期；施工方案和工程形象进度计划；主要施工方法和保证质量措施；主要材料规格、价格指数；要求招标单位提供的配合条件；临时设施占用数量等。招标项目属于建筑施工的，还应包括拟派出的项目负责人与主要技术人员的简历、业绩和拟用于完成招标项目的机械设备。

c. 附件主要包括：主要工程量清单或分部分项标价明细表；单位工程主要材料、设备等标价明细等。

② 有关说明

投标者除按规定填写投标书外，还可写一封更为详细的致函，对自己的投标报价及有关情况作必要的说明。例如，有关招标文件中工程量有误的情况说明；招标文件中允许替代方案，投标单位指定的替代方案说明，明确替代方案的优点及对标价的影响；关于报价可以进一步的协商的说明等。以吸引业主对投标企业感兴趣和有信心。

(2)编制投标书应注意的事项

① 投标文件中每一要求都要求填写,不得空着不填。否则,即被视为放弃意见;重要数据不填写,可能被作为废标处理。

② 投标文件一经确定,不能随意修改,若修改时,必须有投标主管人签字盖章。

③ 必须严格遵守工程量计算规则,正确使用计算单位,套用定额和费率无误,分项和汇总计算均无错误,规范与标准应统一。

④ 合同条款应有法律效力,应在文字上准确,完整。

⑤ 各种投标文件的填写要清晰、字迹端正、补充设计图纸要美观,投标文件应装帧美观大方,给业主留下良好的印象。

⑥ 投标文件必须进行密封,在规定期限内投送到指定地点。

总之,要避免因为细节疏忽和技术上的缺陷而使投标文件无效。

6. 报送标函与参加开标

报送投标文件也称递标,是指投标人在规定的截止日期之前,将准备好的所有投标文件密封递送到招标人的行为。

全部投标文件编制好后,按招标文件的要求加盖投标人印章并经法定代表人及委托代理人签字,密封后送达指定地点,逾期作废。但也不宜过早,以便在发生新情况时可做更改。

投标文件送达并被确认合格后,投标人应从收件处领取回执作为凭证。投标文件发出后,在规定的截止日期前或开标前,投标人仍可修改标书的某些事项。

招标人要求交纳投标保证金的,投标人应在递交投标书的同时交纳。

投标人递交投标文件后,便是参加开标会议了。通过了解竞标对手的投标报价和其他数据,可以找到差距,积累经验,进一步提高自身的管理、技术能力。

在招标人评标期间,投标人应对评标人提出的各种质疑给予说明澄清,必要时也要向招标人进行商谈。如果投标中标,接到中标通知后,在规定的时间内积极和招标单位洽谈有关合同条款,合同条款达成协议,即签订合同,并送公证处公证。中标单位持合同向建设部门办理报建手续,领取开工执照。未中标单位,则应积极总结经验。

四、标底

标底是招标工程的预期价格,是审核投标报价的依据,也是评标、定标的主要尺度之一。根据现行规定,工程施工招标必须编制标底。标底是由招标单位或委托经济建设行政主管部门认定具有编制标底能力的咨询、监理单位,根据设计图纸和有关定额、取费标准等计算出的拟招标项目的造价估算,并报招标投标办事机构审定。

[想一想]

标底有什么作用?

标底要求在招标文件发出之前完成,标底应该编制得符合实际,力求准确、客观。因为标底是否准确合理,一是直接影响国家的基本建设项目的投资能否合理使用;二是直接影响投标企业的合理收入及其投标的积极性。因此,标底的编制是一项十分严肃的工作,必须认真对待,编制标底必须有充分的依据和科学的计算方法。

1. 编制标底的依据

(1)《建设工程工程量清单计价规范》。

(2)招标工程项目的设计图纸、说明书及有关资料。

(3)有关工程施工规范及工程验收规范。

(4)施工组织设计及施工技术方案。

(5)施工现场地质、水文、气象以及地上情况的有关资料。

(6)招标期间建筑安装材料及工程设备的市场价格。

(7)工程项目所在地劳动力市场价格。

(8)由招标方采购的材料、设备的到货计划。

(9)招标人制定的工期计划。

2. 编制标底的原则

标底的编制既要努力降低造价,又要考虑施工企业的合理利益,从而调动双方的积极性。标底的编制一般应遵循以下原则:

(1)四统一原则

根据《建设工程工程量清单计价规范》的要求,工程量清单的编制与计价必须遵循四统一原则。

① 项目编码统一;

② 项目名称统一;

③ 计量单位统一;

④ 工程量计算规则统一。

四统一原则即是在同一工程项目内对内容相同的分部分项工程只能有一组项目编码与其对应,同一编码下分部分项工程的项目名称、计量单位、工程量计算规则必须一致。四统一原则下的分部分项工程计价必须一致。

(2)遵循市场形成价格的原则

市场形成价格是市场经济条件下的必然产物。长期以来我国工程招标投标标底价格的确定受国家(或行业)工程预算定额的制约,标底价格反映的是社会平均消耗水平,不能表现个别企业的实际消耗量,不能全面反映企业的技术装备水平、管理水平和劳动生产率,不利于市场经济条件下企业间的公平竞争。

工程量清单计价由投标人自主报价,有利于企业发挥自己的最大优势。各投标企业在工程量清单报价条件下必须对单位工程成本、利润进行分析,统筹考虑、精心选择施工方案,并根据企业自身能力合理地确定人工、材料、施工机械等生产要素的投入与配置,优化组合,有效地控制现场费用和技术措施费用,形成最具有竞争力的报价。

工程量清单下的标底价格反映的是由市场形成的具有社会先进水平的生产要素市场价格。

(3)体现公开、公平、公正的原则

工程造价是工程建设的核心内容,也是建设市场运行的核心。建设市场上存在的许多不规范行为大多与工程造价有关。工程量清单下的标底价格应充分体现公开、公平、公正原则。公开、公平、公正不仅是投标人之间的公开、公平、公正,亦包括招标投标双方之间的公开、公平、公正。即标底价格(工程建设产品价格)的确定,应同其他商品一样,由市场价值规律来决定(采用生产要素市场价格),不能人为地盲目压低或提高。

(4)风险合理分担原则

风险无处不在,对建设工程项目而言,存在风险是必然的。

工程量清单计价方法,是在建设工程招标投标中,招标人按照国家统一的工程量计算规则计算提供工程数量,由投标人依据工程量清单所提供的工程数量自主报价,即由招标人承担工程量计量的风险,投标人承担工程价格的风险。在标底价格的编制过程中,编制人应充分考虑招标投标双方风险可能发生的概率,风险对工程量变化和工程造价变化的影响,在标底价格中应予以体现。

(5)一个工程只能编制一个标底的原则

要素市场价格是工程造价构成中最活跃的成分,只有充分把握其变化规律才能确定标底价格的唯一性。一个标底的原则,即是确定市场要素价格唯一性的原则。

五、投标报价

投标报价是投标单位采取投标方式承揽工程项目时,计算和确定承包该项工程的投标总价格。业主把投标单位的报价作为主要标准来选择中标者,同时,也是业主和承包商就工程标价进行承包合同谈判的基础,它直接关系到投标单位投标的成败。报价是进行工程投标的核心,对企业能否中标及中标后的盈利情况起决定性作用。报价过高会失去承包机会,而报价过低虽然得了标,但会给企业带来亏本的风险。因此,标价过高或过低都不可取,如何作出合适的投标报价,是投标者能否中标的最关键的问题。

投标单位的报价是根据企业的生产经营管理水平、技术力量、劳动效率等企业的实际情况,而估算的完成投标工程的实际造价,然后考虑竞争情况确定利润和考虑适当风险而做出的竞争决策。投标报价不同于建筑工程的概算、预算,它是根据企业的实际情况及对投标工程的理解程度来计算的。对于同一工程,不同企业的投标报价是不同的,即使同一企业,由于考虑风险及利润不同,报价也不同。因此,投标报价直接反映了企业的实际水平及竞争策略。

[想一想]

什么是投标报价?投标报价过高或过低对企业会有什么影响?

1. 投标报价的主要依据

要想得到一个合理的、富有竞争性的报价,企业需要收集大量有关的资料。投标报价的主要依据有:

(1)招标文件及补充招标文件。规定了工程的范围和内容,对工期和质量要求等内容,招标单位的补充招标文件的印发和答疑记录等。

(2)工程施工图纸及说明。施工图纸及说明精确、详细、具体地描绘出工程的概貌、工艺、设备、材料、施工和构造等做法和要求。

(3)工程量表。

(4)当地现行的建筑安装工程概算、预算定额,单位估计表及各种取费标准。

(5)材料、设备预算价格及市场价格信息,采用新材料的补充预算价格。

(6)施工组织设计和施工方案。它是确定施工方法、施工机械和技术组织措施的依据。

2. 投标报价的基本原则

(1)报价要体现企业生产经营管理水平

报价计算要从企业实际出发,发挥企业的优势和特点,所采用的定额水平要能反映企业的实际水平。一般定额水平的确定,是以当地现行的预算定额为基础,结合企业的实际工效、实际材料消耗水平、机械设备效率、投标工程的实际条件等加以调整、综合反映企业的技术、管理水平。

(2)报价计算要主次分明,详略得当

影响报价的因素多而复杂,在报价计算中要抓住主要问题,如招标单位对投标工程的特殊要求;对报价影响大的方面;质量不易控制的方面等要认真细致分析。如能较好地满足招标单位的特殊要求,则会吸引招标单位;对影响标价大的方面采取有力措施,则会使标价更具竞争力;加上强有力的质量保证措施,则会大大增加企业中标的机会。对次要因素和次要环节可简化计算。

(3)报价要以施工方案的经济比较为基础

施工方案选择是否妥当,对工程成本有直接影响。不同的施工方案会有不同的报价,因此,企业应在技术经济分析的基础上选择先进合理的施工方案,使企业的投标在先进合理的基础上进行。

(4)报价计算要从实际出发

报价计算不同于工程的概算、预算,必须从实际出发,把实际可能发生的一切费用逐项考虑计算。

3. 投标报价的计算步骤

投标报价的计算步骤可分为三个阶段:第一阶段是准备阶段,包括熟悉招标文件、标前调查与现场考察、复核工程量等;第二阶段是报价的计算阶段,分析并计算报价的有关费用;第三阶段是报价决策阶段,确定投标工程的最后报价并填写投标文件。投标报价的计算步骤见图 8-7。

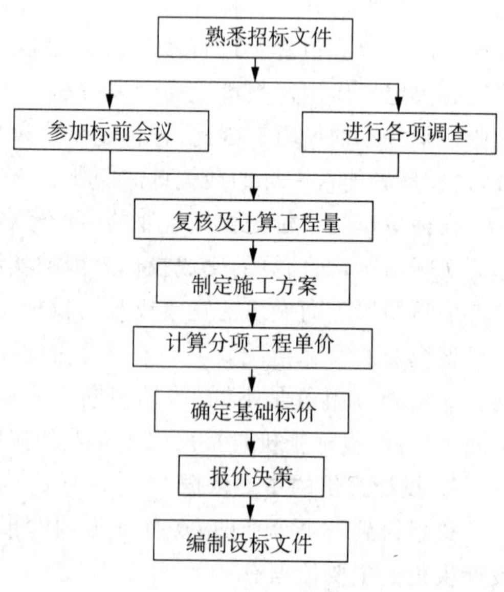

图 8-7　投标报价程序

第三节 工程项目管理

项目管理是一门新兴的管理科学，是现代工程技术、管理理论和项目建设实践相结合的产物，它经过数十年的发展和完善已日趋成熟，并以经济上的明显效益在各发达工业国家得到广泛应用。实践证明，在经济建设领域中实行项目管理，对于提高项目质量、缩短建设周期、节约建设资金都具有十分重要的意义。

我国近几年来在工程建设领域内大力推行项目管理，对提高工程质量，保证工期，降低成本起到了重要作用，同时取得了明显的经济效益。

一、项目管理概述

（一）项目管理的基本概念

1. 项目

（1）项目的概念

“项目”一词已越来越广泛地被人们应用于社会经济和文化生活的各个方面，人们经常用“项目”表示一类事物。项目的定义很多，许多管理专家都曾用不同的通俗语言对项目的概念从不同角度进行描述和概括。最常用的概念是对项目的特征描述予以定义：项目是指在一定的约束条件下（主要是限定的资源，限定的时间），具有专门组织、具有特定目标的一次性任务。

项目的含义是广泛的，它包括了很多内容。最常见的有：开发项目，如资源开发项目、小区开发项目、新产品开发项目等；建设项目，如工业与民用建筑工程、机场工程、港口工程等；科研项目，如基础科学研究项目、应用科学研究项目、科技攻关项目等；以及环保规划项目、投资项目等等，举不胜举。项目已存在于社会活动的各个领域，如果去掉其具体内容，作为项目它们都有共同的特征。

（2）项目的特征

① 项目的单件性

它是指没有一个项目与另一个项目是完全相同的，其不同点表现在任务本身与最终成果上。也就是说没有一个标准的模式，不可能重复，这与一般工业企业生产产品按批量进行是不同的。

② 项目具有一定约束条件下的明确目标

项目目标一般由成果性目标与约束性目标组成。其中，成果性目标表现为项目完成后的功能性要求，约束性目标表现为一定的约束条件或限制条件。任何项目都有自己的约束条件，约束条件一般包括：时间约束，即一个建设项目有合理的建设工期目标；资源约束，即一个建设项目有一定的投资总额目标；质量约束，即一个建设项目有预期的生产能力、技术水平和使用效益目标。同时，目标必须是经过努力可以达到的。

③ 项目的整体性

一个项目是由人、技术、资源、时间、空间和信息等多种要素组合在一起为实现项目目标而形成的一个有机整体。一个项目是一个整体管理对象,在按其需要配置生产要素时,必须以总体效益的提高为前提,做到数量、质量、结构的总体优化。

每个项目都必须具备上述三个特征。

(3)项目管理

项目管理是指在一定的约束条件下,为达到项目的目标对项目所实施的计划、组织、指挥、协调和控制的过程。

[问一问]

项目管理的主要内容有哪些?

一定的约束条件是制定项目目标的依据,也是对项目控制的依据。项目管理的目的就是保证项目目标的实现。项目管理的对象是项目。由于项目具有单件性、一次性、约束条件、生命周期等特点,因此要求项目管理具有针对性、系统性、科学性、严密性,只有这样才能保证项目的完成。项目管理作为管理的一个分支,因此管理的所有职能它都具备,如计划、组织、指挥、协调和控制等。项目管理的目标就是项目目标,该目标界定了项目管理内容,如建设项目管理的内容有投资控制、进度控制、质量控制、合同管理及协调各方关系等。

(4)项目管理的特点

项目管理不同于企业管理及其他管理,具有自己的特点:

① 每个项目经理都有自己特定的管理程序和管理步骤;

② 以项目经理为中心和管理;

③ 应用现代管理方法和技术手段;

④ 在管理过程中实施动态控制。

2. 建设项目

(1)建设项目的概念

建设项目是指需要一定量的投资,经过决策和实施(设计、施工等)的一系列程序,在一定的约束条件下形成固定资产为明确目标的一次性事业。在我国也称为基本建设项目。在我国通常把建设一个企业、事业单位或一个独立工程项目作为一个建设项目。凡属于一个总体设计中分期分批进行建设的主体工程和附属配套工程、综合利用工程、供水供电工程全体作为一个建设项目;不能把不属于一个总体设计的工程,按各种方式归算为一个建设项目;也不能把同一个总体设计内的工程,按地区或施工单位分为几个建设项目。

(2)建设项目的特征

建设项目除了具备一般项目特征外,还具有以下自己的特征:

① 投资额巨大,建设周期长;

[想一想]

建设项目、单项工程、单位工程、分部工程和分项工程都可以称为项目吗,为什么?

② 建设项目是按照一个总体设计建设的,是可以形成生产能力或使用价值的若干单项工程的总体;

③ 建设项目一般在行政上实行统一管理,在经济上实行统一核算,因此有权统一管理总体设计所规定的各项工程。

建设项目一般可以进一步划分为单项工程、单位工程、分部工程和分项工程。

(3)建设项目的管理

建设项目管理是项目管理的一个重要分支,它是指在一定的资金、时间等约束条件下,按既定的质量要求和环境条件,最优地实现建设项目的目标,用系统工程的理论、观点和方法对建设项目进行计划、组织、指挥、协调和控制的管理活动。

建设项目的管理者应由参与建设活动的各方组成,包含业主单位,设计单位和施工单位等,不同阶段建设项目管理的管理者也不同。一般建设项目管理分为以下几个阶段:

① 全过程建设项目管理指包括从编制项目建议书至项目竣工验收投产使用全过程进行管理,一般由项目业主进行管理;

② 设计阶段建设项目管理称为设计项目管理,一般由设计单位进行项目管理;

③ 施工项目管理发生在建设项目的施工阶段,一般由施工单位进行项目管理;

④ 由业主单位进行的建设项目管理如果委托给建设监理单位对建设项目实施监督管理,在我国称为建设监理,一般由建设监理单位进行项目管理。

由于建设项目的管理阶段不同,管理者不同,管理的内容不同,所以建设项目管理在总体上有相同之处,在不同的阶段上却有不同之处,因此在建设项目管理时要引起注意。

3. 施工项目

(1)施工项目的概念

施工项目是建筑施工企业对一个建筑产品的施工过程及成果,也就是建筑施工企业的生产对象,它可能是一个建设项目的施工,也可能是其中一个单项工程或单位工程的施工。

(2)施工项目的特点

① 它是建设项目或其中的单项工程、单位工程的施工任务;

② 它是以建筑安装施工企业为管理主体的;

③ 施工项目的任务范围是由工程承包合同界定的;

④ 它的产品具有多样性、固定性、体积庞大、生产周期长的特点。

只有单位工程、单项工程和建设项目的施工才谈得上施工项目,因为它们才是施工企业产品,分部、分项工程不是完整的产品,因此也不能称为施工项目。

(3)施工项目管理

施工项目管理就是建筑安装施工企业运用系统的观点、理论和方法对一个建筑安装产品的施工过程及成果进行计划、组织、指挥、协调和控制。施工项目管理的周期也就是施工项目的生命周期,包括工程投标、签订工程项目承包合同、施工准备、施工及交工验收等。

施工项目管理与建设项目管理是不同的,其不同点见表 8-1。

[想一想]

在施工项目管理中,项目经理起什么作用?

表 8-1 施工项目管理与建设项目管理的区别

区别特征	施工项目管理	建设项目管理
管理任务	生产出建筑产品，取得利润	取得符合要求的、能发挥应有效益的固定投资
管理内容	涉及从投标开始到交工为止的全部生产组织、管理及维修	涉及特征周期和建设的全过程的管理
管理范围	由工程承包合同规定的承包范围，是建设项目、单项工程或单位工程的施工	由可行性研究报告确定的所有工程，是一个建设项目
管理的主体	施工企业	建设单位或其委托的咨询监理单位

(4)施工项目管理的特点

① 工程项目管理的主体是建筑企业

建设单位和设计单位都不进行施工项目管理，他们对项目管理分别称为建设项目管理、设计项目管理。

② 施工项目管理的对象是施工项目

施工项目管理周期包括工程投标、签订施工合同、施工准备、施工以及交工验收、保修等。由于施工项目具有多样性、固定性及体积庞大等特点，工工项目管理具有先有交易活动，后有“生产成品”，生产活动和交易活动很难分开等特殊性。

③ 施工项目管理的内容是按阶段变化的

由于施工项目各阶段管理内容差异大，因此要求管理者必须进行有针对性地动态管理，要使资源优化组合，以提高施工效率和效益。

④ 施工项目管理要求强化组织协调作用

由于施工项目生产活动的独特性(单件性)、流动性、露天工作、工期长、需要资源多，且施工活动涉及复杂的经济关系、技术关系、法律关系、行政管理和人际关系，因此，必须通过强化组织协调工作才能保证施工活动顺利进行。主要强化办法是优选项目经理，建立调度机构，配备称职的调度人员，努力使调度工作科学化、信息化，建立起动态的控制体系。

(二)建设项目分类

为了加强基本建设项目管理，正确反映建设的项目内容及规模，建设项目可按不同标准分类。

1. 按建设性质分类

建设项目按其建设性质不同，可划分成基本建设项目和更新改造项目两大类。

(1)基本建设项目

基本建设项目是投资建设用于进行以扩大生产能力或增加工程效益为主要目的的新建、扩建工程及有关工作。具体包括以下几方面：

① 新建项目：指企业为扩大生产能力或新增效益而曾建的生产车间或工程项目，以及事业和行政单位一般不应有新建项目。如新增加的固定资产价值超过原有全部固定资产价值(原值)3倍以上时，才可算新建项目。

② 扩建项目：指企业为扩大生产能力或新增效益而增建的生产车间或工程项目，以及事业和行政单位增建业务用房等。

③ 迁建项目：指现有企、事业单位为改变生产布局或出于环境保护等其他特殊要求，搬迁到其他地点的建设项目。

④ 恢复项目：指原固定资产因自然灾害或人为灾害等原因已全部或部分报废，又投资重新建设的项目。

[想一想]

基本建设项目通常是指哪些项目?

(2)更新改造项目

更新改造项目是指建设资金用于对企、事业单位原有设施进行技术改造或固定资产更新，以及相应配套的辅助性生产、生活福利等工程和有关工作。

更新改造项目包括挖潜工程、节能工程、安全工程、环境工程。

更新改造措施应掌握专款专用，少搞土建，不搞外延的原则进行。

2. 按投资作用分类

基本建设项目按其投资在国民经济各部门中的作用，分为生产性建设项目和非生产性建设项目。

(1)生产性建设项目

生产性建设项目是指直接用于物质生产或直接为物质生产服务的建设项目，主要包括以下四方面：

① 工业建设：包括工业、国防和能源建设。

② 农业建设：包括农、林、牧、渔、水利建设。

③ 基础设施：包括交通、邮电、通信建设，地质普查、勘探建设，建筑业建设等。

④ 商业建设：包括商业、饮食、营销、仓储、综合技术服务事业的建设。

(2)非生产性建设项目

非生产性建设项目(消费性建设)包括用于满足人民物质和文化、福利需要的建设和非物质生产部门的建设，主要包括以下几方面：

① 办公用房：各级国家党政机关、社会团体、企业管理机关的办公用房。

② 居住建筑：住宅、公寓、别墅。

③ 公共建筑：科学、教育、文化艺术、广播电视、卫生、博览、体育、社会福利事业公用事业、咨询服务、宗教、金融、保险等建设。

④ 其他建设：不属于上述各类的其他非生产性建设。

3. 按项目的建设阶段划分

(1)设计项目；

(2)施工项目(新开工项目、续建项目、停建和缓建项目)；

(3)建成投产项目(可以全部竣工投产或交付使用的项目)。

4. 按项目规模分类

按照国家规定的标准,基本建设项目划分为大型、中型、小型三类;更新改造项目划为限额以上和限额以下两类。不同等级标准的建设项目,国家规定的审批机关和报建程序也不尽相同。

(1)划分项目等级的原则

① 按照批准的可行性研究报告(或初步设计)所确定的总设计能力或投资总额的大小、依据国家颁布的《基本建设项目大中小型划分标准》进行分类。

② 凡生产单一产品的项目,一般以产品的设计生产能力划分;生产多种产品的项目,一般按其主要产品的设计生产能力划分;产品分类较多,不易分清主次,难以按产品的设计能力划分时,可按投资额划分。

③ 对国民经济和社会发展具有特殊意义的某些项目,虽然设计能力或全部投资不够大、中型项目标准,经国家批准已列入大、中型计划或国家重点建设工程的项目,也按大中型项目管理。

④ 更新改造项目一般只按投资额分为限额以上和限额以下项目,不再按生产能力或其他标准划分。

⑤ 基本建设项目的大、中、小型和更新改造项目限额的具体划分标准,根据各个时期经济发展水平和实际工作中的需要而有所变化。

(2)基本建设项目规模划分标准

基本建设项目按上级批准的建设总规模或计划总投资,按工业建设项目和非工业建设项目分别划分大、中、小型。

(3)更新改造和技术引进项目的限额划分标准

表 8-2 划分标准综合了原国家经委[(86)经技 648 号]文《关于技术改造引进项目管理程序的若干规定的通知》、国务院[(87 国发 23 号]文《关于放宽固定资产投资审批权限和简化审批手续的通知》两个文件的规定编制而成。

表 8-2 更新改造、技术引进项目限额划分标准

更新改造项目	计算单位	限额以上项目	限额以下项目	小型
能源、交通、原材料工业	总投资/万元	≥5 000	≥100 且<5 000	<100
其他项目	总投资/万元	≥3 000	≥100 且<3 000	<100
技术引进项目	总投资/万美元	≥500	<500	

5. 按项目的组成内容分类

建设工程项目是一个系统工程,为适应工程管理和经济核算的需要,可以将建设工程项目由大到小,按分部分项划分为各个组成部分。

(1)建设项目

建设项目又称基本建设项目,一般是具有一个计划任务书和一个总体设计进行施工,经济上实行统一核算,行政上有独立组织形式的工程建设单位。一个建设项目中,可以有几个单项工程,也可以只有一个单项工程。

(2)单项工程

单项工程又称工程项目，它是建设项目的组成部分，是指具有独立的设计文件，竣工后可以独立发挥生产能力或使用效益的工程。单项工程是具有独立存在意义的一个完整工程，它由若干个单位工程组成。

(3)单位工程

单位工程是单项工程的组成部分，是指具有独立设计的施工图纸和单独编制的施工图预算，可以独立组织施工及单独作为计算成本的对象。但建成后不能独立发挥生产能力或使用效益的工程。如一个生产车间的土建工程、电气照明工程、给水排水工程、机械设备安装工程、电气设备安装工程等都是生产车间这个单项工程的组成部分，即单位工程。又如，住宅工程中的土建、给排水、电气照明工程等分别是一个单位工程。

[想一想]
你所在的学校哪些是单项工程，哪些是单位工程，哪些是分部、分项工程？

(4)分部工程

分部工程是单位工程的组成部分，是按建筑工程的主要部位或工种工程及安装工程种类划分的。如作为单位工程的土建工程可分为土石方工程、砖石工程、脚手架工程、钢筋混凝土工程、楼地面工程、屋面工程及装饰工程等。其中每一部分都称为一个分部工程。

(5)分项工程

分项工程是分部工程的组成部分，是建筑工程的基本构造要素　它是按照不同的施工方法不同材料的不同规格等，将分部工程进一步划分的。分项工程是能用较简单的施工过程完成的，可以用适当的计量单位计算并便于测定或计算的工程基本构造要素。土建工程的分项工程是按建筑工程的主要工种工程划分的，如土方工程、钢筋工程、抹灰工程等。

二、建设项目管理的组织

项目管理的组织是指为进行项目管理，实现组织职能而进行组织系统的设计与建立、组织运行和组织调整三方面。组织系统的设计与建立是组织工种的关键，它是指经过筹划、设计建成一个可以完成项目管理任务的组织机构，建立必要的规章制度，划分并明确岗位和部门人员的规范化活动和信息流通实现组织目标。

(一)项目管理组织的职能

项目管理组织职能是项目管理的基本职能之一，其目的是通过合理设计和职权关系结构来使各方面的工作协同一致，项目管理组织具有以下几个职能：

1. 计划

为实现所设定的目标而制定出所要做的事情的安排，并对资源进行配置。

2. 组织

为实现所规定的目标，必须建立必要的权力机构、组织层次和组织体系，并规定职责范围和协作关系。

3. 控制

采用一定的方法、手段使组织按一定的目标和要求运行。

4. **指挥**

上级对下级领导、监督和激励。

[问一问]

组织有几种含义？它作为名词、动词，其含义有什么区别？

5. **协调**

根据工作需要、环境变化，分析原有组织系统的缺陷、适应性和效率性，使各层次各体系之间步调一致，共同实现所设定的目标。

(二)项目管理组织的形式

项目组织形式是指组织机构处理、管理层次、管理跨度、管理部门和上下级关系的结构方式。常用组织形式如下：

1. **直线制组织**

直线制组织中的各种职位均按直线排列(见图8-8)，项目经理直接进行单线垂直领导，人员相对稳定，因此接受任务快，信息传递简单迅速，人事关系容易协调。缺点是专业分工差，横向联系困难。该组织适用于中小型项目。

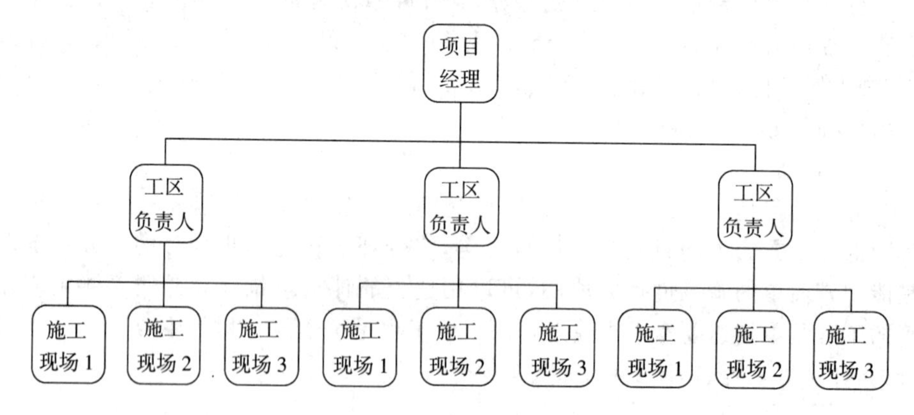

图8-8　直线制组织图

2. **职能制项目组织**

[想一想]

1. 职能制项目组织是一种委托性的项目管理组织吗？

2. 对于小型的专业性较强的项目能否采用职能制项目组织管理？

职能制项目组织(见图8-9)，是组织领导下设一些职能机构，分别从职能角度对基层进行业务管理，这些职能机构可以在组织领导授权范围内，就其主要管理的业务范围，向下下达命令和指示。此种形式适用于项目地理位置上相对集中的项目。

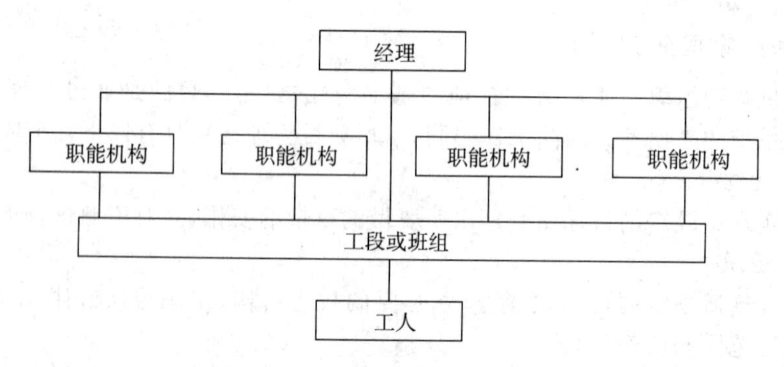

图8-9　职能制项目组织图

3. **矩阵式项目组织**

矩阵式项目组织(见图 8-10)是将按职能划分的管理部门和按项目划分的组织机构组合起来形成如数学上的矩阵方式组成的组织机构。矩阵中的每个成员或部门都受项目经理和职能部门的双重领导。项目经理、职能部门经理对项目成员有权根据不同项目的需要,在项目之间调配人员,一个专业人员可能同时为几个项目服务,大大提高人才利用率。项目经理将参与项目组织的职能人员在横向上有效地组织在一起,加强了各职能部门的横向联系。该组织适用于大型复杂的项目,或多个同时进行的项目。

这种组织结构实行纵向、横向双重领导,如处理不当,就会造成矛盾和扯皮现象,同时由于项目组织是临时性的,也易导致人心不稳。

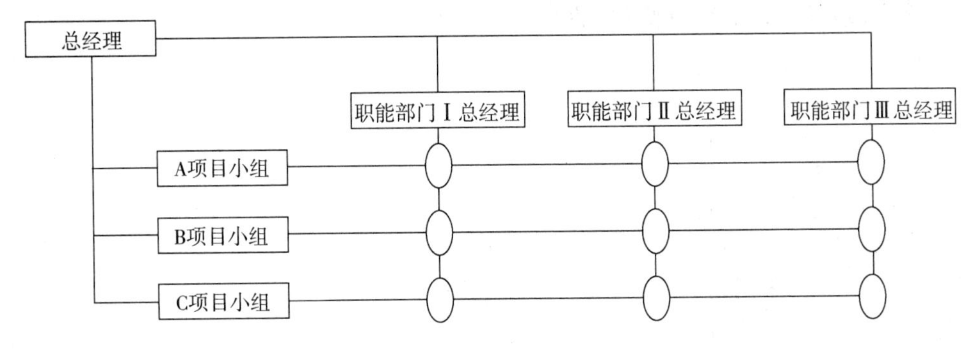

图 8-10　矩阵式组织图

4. **事业部制项目组织**

当企业或项目向大型化发展时,为了提高项目应变能力、积极调动各部门积极性,则应采用事业部组织形式(见图 8-11)。事业部设置可按地区设置,如 A 地区项目经理、B 地区项目经理,也可按项目类型或经营内容设置,如 A 产业项目经理、B 产业项目经理。这种组织有利于延伸企业和项目的经营职能,扩大业务范围,开拓业务领域,有利于适应环境变化,以加强项目管理。

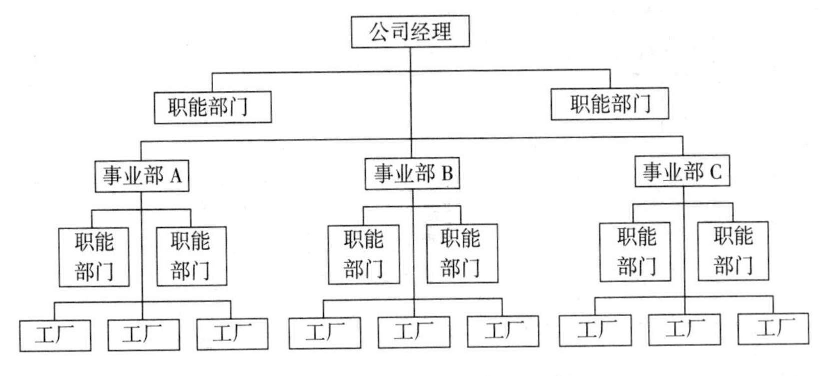

图 8-11　事业部制项目组织图

事业部制项目组织用于大型经营性企业的工程承包,特别是适用于远离公司本部的工程承包。这种组织形式有利于增强各事业部领导的责任心,发挥其工作的主动性和创造性，积极开拓市场；有利于培养经营管理人才。它的缺点是各事业部独立性较强，不利于事业部之间的横向联系和协作。

[想一想]

选择项目组织形式的因素有什么？

总之，选择什么样的项目形式，应由企业作出决策。要将企业的素质、任务、条件等同项目的规模、性质、内容和要求等管理方式结合起来分析，选择最适宜的项目组织形式。

三、建设项目管理方式

国内外常见的建设项目管理方式有以下几种：

1. 建设单位自管方式

建设单位自管方式(见图 8-12)即建设单位自己设置基建机构，负责支配建设资金、办理规划手续及队伍，直接进行设计和施工。这是我国多年来常用的方式。

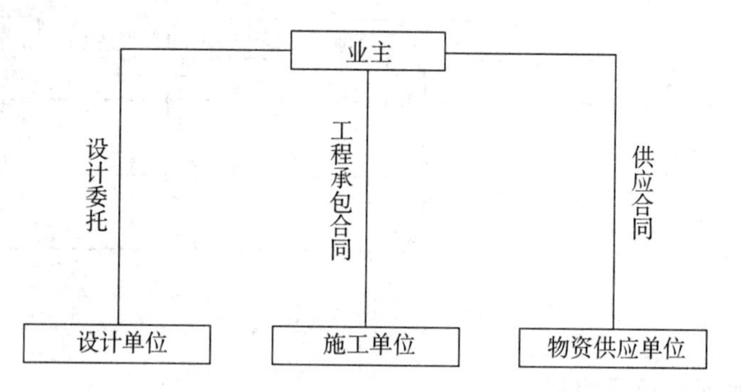

图 8-12　建设单位自管方式图

2. 工程指挥部管理方式

在计划经济体制下，过去我国一些大型工程项目和重点工程项目的管理多采用这种方式(见图 8-13)。指挥部通常由政府主管部门指令各有关方面派代表组成。近几年在进入社会主义市场经济的条件下，这种方式已不多用。

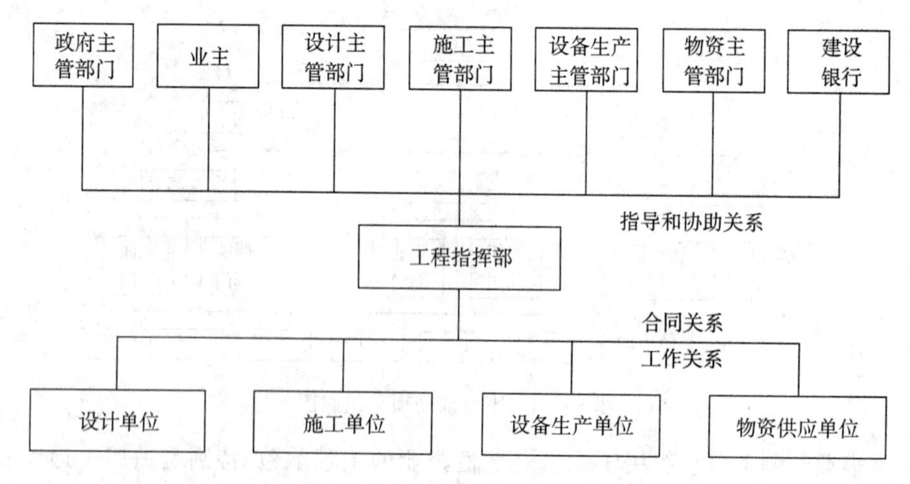

图 8-13　工程指挥部管理方式

3. 总承包管理方式

[想一想]
什么是工程总承包?

建设单位仅提出工程项目的使用要求,而将勘察设计、设备选购、工程施工、材料供应、试车验收等全部工作都委托一家承包公司去做,竣工以后接过钥匙即可启用。承担这种任务的承包企业有的是科研—设计—施工一体化的公司,有的是设计、施工、物资供应和设备制作厂家以及咨询公司等组成的联合集团。我国把这种管理组织形式叫做"全过程承包"或"工程项目总承包"(见图 8-14)。

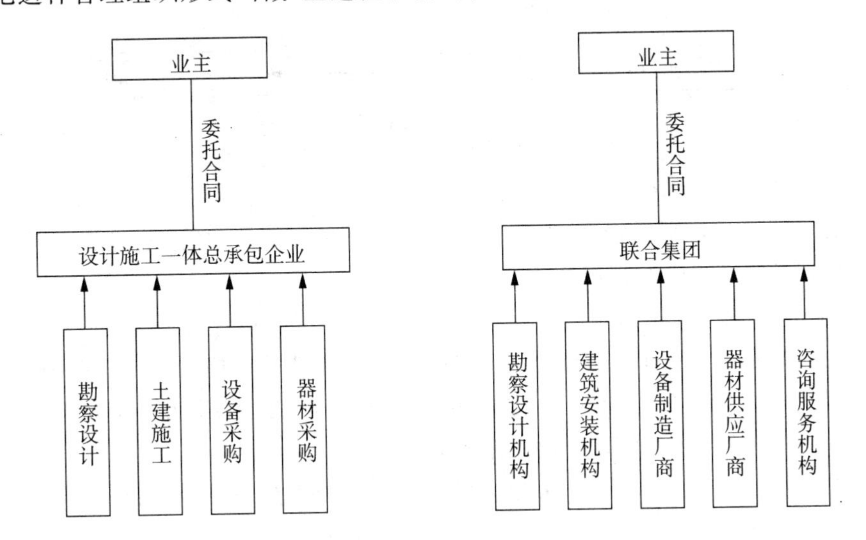

图 8-14　总承包管理方式

4. 工程托管方式

建设单位将整个工程项目的全部工作,包括可行性研究、场地准备、规划、勘察设计、材料供应、设备采购、施工监理及工程验收等全部任务,都委托给工程项目管理专业公司(工程承发包公司或项目管理咨询公司)去做。工程承发包公司或咨询公司派出项目经理,再进行招标或组织有关专业公司共同完成整个建设项目。

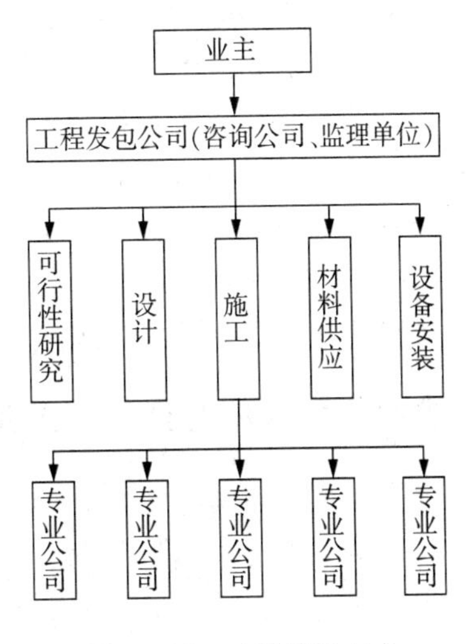

图 8-15　工程托管方式

工程托管方式(见图 8-15)是国际工程项目管理的一种新的趋势,由于专业机构有丰富的项目管理经验,不仅可以大大减轻业主的负担,而且可以取得较好的投资效果。

5. 三角管理方式

由建设单位分别与承包单位和咨询公司签订合同,由咨询公司代表建设单位对承包单位进行管理。这是国际上通行的传统工程管理方式(见图 8-16)。

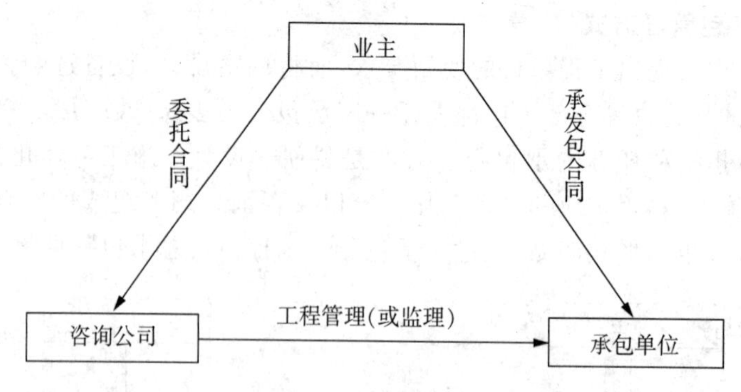

图 8-16　三角管理方式

6. BOT 方式

BOT 方式,或称为投资方式,有时也被称为"公共工程特许权"。通常所说的 BOT 至少包括以下三种具体方式:

(1)标准 BOT(Build Operate Transfer),即建设——经营——移交

私人财团或国外财团愿意自己融资,建设某项基础设施,并在东道国政府授予的特许经营期内经营该公共设施,以经营收入抵偿建设投资,并取得一定收益,经营期满后将此设施转让给东道国政府。

[看一看]

BOT 的含义:Build 指东道国政府开放本国基础设施建设和运营市场,吸收国外资金,授予项目公司特许权,由该公司负责项目融资和组织项目建设;Operate:项目公司负责项目建成后的运营及项目债务的偿还;Transfer:在特许期满项目公司将工程移交给东道国政府。

(2)BOOT(Build Own Operate Transfer),即建设——拥有——经营——移交

BOT 与 BOOT 的区别在于:BOOT 在特许期内既拥有经营权也拥有所有权。此外,BOOT 的特许期比 BOT 长一些。

(3)BOO(Build Own Operate),即建设——拥有——经营

该方式特许承建商根据政府的特许权,建设并拥有某项公共基础设施,但不必将该设施移交东道国政府。

上述三种方式可统称为 BOT 方式,也可称为广义的 BOT 方式,若只提标准 BOT 方式则单指第一种。BOT 方式是一种引入外资或私人资本弥补政府对公共基础设施投资不足的好方式,近年来在发展中国家得到广泛应用。

四、建设项目管理的计划与控制

(一)项目计划概述

1. 项目目标的概念

项目目标是指一个项目为了达到预期成果所必须完成的各项指标的数量标准。一个项目有很多目标,但最核心的是质量目标、进度目标、投资目标。这些目标往往都是合同界定的。质量目标是指完成项目所必须达到的质量标准;进度目标是指完成项目所必须达到的时间限制;投资目标是指项目投资必须控制在限定的数额内。

三大目标对一个项目而言不是孤立存在的,它们三者是一个即统一又矛盾的整体。对一个项目而言,理想目标是质量好、速度快、投资少。因此,在制定项

目目标时，应注意目标之间的相互制约和依存关系，三者的关系见图 8－17，要求采取适当措施，加以鼓励或做必要的调整。

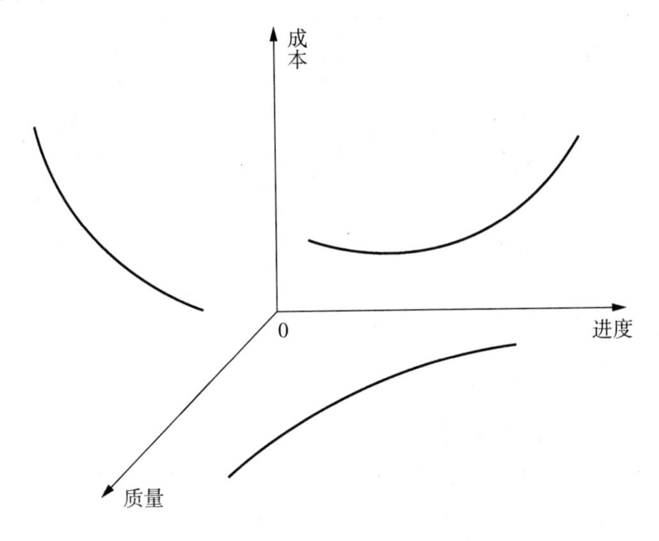

图 8－17　项目目标关系图

2. **项目计划的概念**

项目计划是为实现项目的既定目标，对未来项目实施过程进行规划、安排的活动。计划就是预先决定要去做什么、如何做、何时做和由谁做。在具体内容上，它包括项目目标的确立，确定实现项目目标的方法、预测、决策、计划原则的确立，计划的编制以及计划的实施。项目的计划职能是实施项目控制职能的前提和条件，管理人员行使项目控制职能的目的就是使体现该项目目标的计划得以实现。

(二)项目控制概述

1. **项目控制的概念**

要完成目标必须对其实施有效的控制。控制是项目管理的重要职能之一，其原意是：注意是否一切都按制定的规章和下达的命令进行。较早地把控制作为一种管理要素提出来的是法约尔，真正使控制成为一门科学是在 1949 年美国学者罗伯特·维纳创立了控制论以后。控制科学目前被各行各业广泛应用。

所谓控制就是指行为主体为保证在变化的条件下实现其目标，按照事先拟定的计划和标准，通过采用各种方法，对被控对象实施中发生的各种实际值与计划值进行对比、检查、监督、引导和纠正，以保证计划目标得以实现的管理活动。所以控制首先必须确立合理目标，然后制订计划，继而进行组织和人员配备，并实施有效地领导，一旦计划运行，就必须进行控制，以检查计划实施情况，找出偏离计划的误差，确定应采取的纠正措施，并采取纠正行动。图 8－18 表示了动态控制流程。这种反复循环的过程称为动态控制。

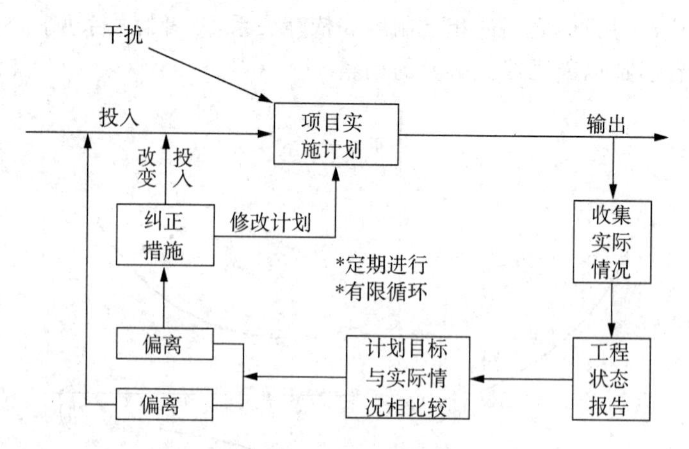

图 8-18　动态控制流程图

2. **项目计划与控制的关系**

总的来说，项目控制的基础是项目计划，而项目计划的基础是确定项目目标，三者之间的关系如图 8-19 所示。

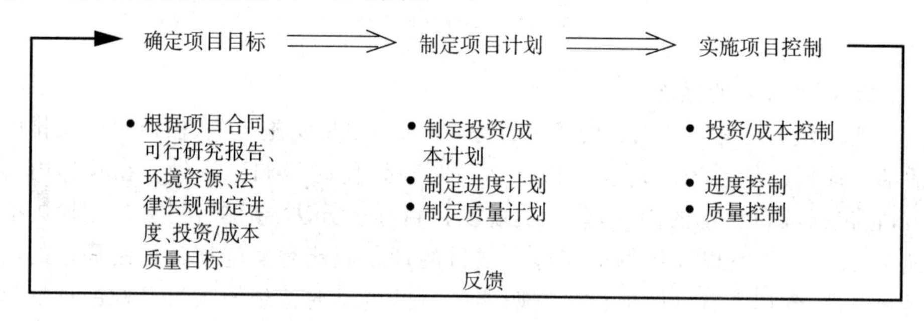

图 8-19　项目计划与控制的关系

第四节　工程建设监理

工程建设监理是工程项目管理的一个重要分支，如果一个工程项目的项目法人将该项目委托咨询或监理部门实施工程项目管理，被委托单位对工程项目实施的项目管理就是工程建设监理。

[想一想]

什么是工程建设监理？

一、我国工程建设监理的产生与发展

我国的工程建设监理与世界发达国家相比虽然起步较晚，但由于适应了社会主义市场经济的需要，几年来飞速发展。目前全国已有 30 多个地区和国务院的 36 个工业、交通等部门都在推行工程建设监理，已成立近 1200 家监理单位，累计实施的工程规模达 4000 多亿元。实行监理的工程在质量、工期和投资的控制方面都取得了好的效果，工程建设监理的地位已被社会公认。近年来由于一些工程广泛存在的工程质量问题，国家又相继出台法律、法规，在国家投资或国家参与投资的项目以及公共工程项目全面强制推行工程建设监理。

二、工程建设监理的概念

(一)工程建设监理的定义

工程建设监理是指针对工程项目建设,社会化、专业化的工程建设监理单位接受业主的委托和授权,根据国家批准的工程项目建设文件、有关工程建设的法律、法规、工程建设监理合同和其他工程建设合同所进行的旨在实现工程项目投资目的的微观监督管理活动。

(二)工程建设监理的概念要点

1. 工程建设监理的对象

工程建设监理的对象包括新建、扩建和改建的各种工程项目。这就是说,工程建设监理的客体是工程项目建设。工程建设监理活动都是围绕工程建设项目来进行的,并应以此来界定工程建设监理范围。建设项目不同于设计项目和施工项目,工程建设监理主要是针对工程建设项目的要求而展开的。工程建设监理是直接为工程建设项目提供管理服务的行业。

根据工程建设监理客体的含义,我们可以知道工程建设监理客体既可以指一种行为,也可以指这种行为的主体。工程建设项目的建设是一种社会生产行为,也有着相应的行为主体,这些工程项目建设的行为主体必然也是工程建设监理的客体。在工程建设项目的建设过程中,直接的工程项目建设行为主体是工程建设项目的承建商。因此,工程建设监理的客体既指工程项目建设,也指工程项目建设中的设计单位、施工单位、材料供应单位和设备供应单位等工程建设项目承建商。

2. 工程建设监理的行为主体

工程建设监理的行为主体是十分明确的,这就是社会化、专业化的工程建设监理单位及其监理工程师。只有工程监理单位才能按照独立、自主的原则,以"公正的第三方"的身份开展建设工程监理活动。非监理单位进行的监督活动都不能称为建设工程监理,如以下两种情况:建设单位自己派人对工程建设进行的监督管理,可称为"自行管理";建设行政主管部门及其授权机构对工程建设的监督管理,则属于强制性的"行政管理",这是一种政府行为。

[想一想]

为什么工程建设监理是"第三方"?

3. 工程建设监理实施的前提

建设工程监理实施的前提是建设单位的委托和授权,建设单位与建设工程监理企业应当依法订立书面建设工程委托监理合同。只有建设单位在监理合同中对工程监理企业进行委托与授权,工程监理企业才能根据建设单位的授权,在委托的范围内对承建单位的工程建设活动实施监督管理。

4. 工程建设监理所依据的准则

工程建设监理必须严格按照有关法律、法规和其他有关准则进行。工程建设监理的依据包括3个部分:

第一,国家批准的工程建设文件,包括政府工程建设行政主管部门批准的工程建设项目可行性研究报告、规划、计划和设计文件。

第二，有关工程建设各个方面的法律、法规，包括工程建设方面的现行规范、标准、规程，由各级立法机关和政府工程建设行政主管部门颁发的有关法律、法规。

第三，工程建设监理合同和其他工程建设合同，包括依法签定的工程建设监理合同、工程勘察合同、工程设计合同、工程施工合同、材料和设备供应合同等。

其中，各类工程建设合同（特别是工程建设监理合同）是工程建设监理最直接的依据。

三、工程建设监理的性质

（一）工程建设监理的基本性质

1. 服务性

工程建设监理是一种高智能有偿技术服务活动。它既不同于承包商的直接生产活动，也不同于业主的直接投资活动，而是监理人员在工程项目建设过程中，利用自己的工程建设知识、技能和经验为业主提供的监督管理服务。工程建设监理单位拥有一大批精通不同专业、既懂管理又懂法律的人才，对工程建设活动实施计划、控制、组织和协调工作，保证项目按合同要求顺利进行，同时根据工作内容取得相应酬金。上述内容均用合同方式明确下来。因此具有明显的服务性。

2. 独立性

从事工程建设监理活动的监理单位是直接参与工程建设的“三方当事人”之一，是独立的实体，与建设单位和被监理单位都是平等主体关系。监理单位作为独立的专业公司，因此在项目实施过程中，它以自己的名义行使依法确立的工程监理合同中所确认的职权，承担相应的法律责任，同时公正地为双方服务，不依附于任何一方，具有明显的独立性。

[想一想]

工程建设监理需要承担相应的法律责任吗?

3. 公正性

由于监理的独立性，所以它是站在公正的立场上依据甲、乙双方的工程合同及其他有关合同、国家的有关法律、规范和标准等处理项目实施过程中出现的有关问题。为了保证公正地实施监理，监理工程师职业道德中明确规定了监理工程师不得参与政府部门、建设单位、承建单位、材料供应等单位涉及本人的经济活动。

公正性是建设监理制度的要求，是正常开展监理业务的条件，是公认的职业道德准则。

4. 科学性

监理单位有一批既懂专业、管理、经济和法律知识，又有丰富实践经验的技术管理人才，同时具有现代化的监测仪器、设备，能发现和处理工程实施过程中存在的管理和技术问题，并能用科学的方法和手段加以解决。

工程建设监理应当遵循科学性准则。监理的任务决定了它应当采用科学的思想、理论、方法和手段，监理的社会化、专业化特点要求监理单位按照高智能原则组建，监理的技术服务性质决定了它应当提供科技含量高的服务，工程建设监理维护社会公众利益和国家利益的使命决定了它必须提供科学性服务。

按照工程建设监理科学性要求，监理单位应当拥有足够数量的、业务素质合格的监理工程师；要有一套科学的管理制度，要掌握先进的监理理论、方法，要积累足够的技术、经济资料和数据，要拥有现代化的监理手段。

（二）工程建设监理与政府工程质量监督的区别

工程建设监理与政府工程质量监督都属于工程建设领域的监督管理活动，但是它们之间存在着明显的差异。

1. 性质的区别

工程建设监理属于社会的、民间的监督管理行为，是发生在工程建设项目组织系统范围之内的平等经济主体之间的横向监督管理，是一种微观性质的、委托性的服务活动。而政府的工程质量监督则是一种行政行为，是工程建设项目组织系统各经济主体之外的监督管理主体对工程建设项目系统之内的各工程建设的主体进行的一种纵向的监督管理行为，是一种宏观性质的、强制性的政府监督行为。

2. 执行者的区别

工程建设监理的实施者是社会化、专业化的工程建设监理单位及其监理工程师，而政府工程质量监督的执行者则是政府工程建设行政主管部门中的专业执行机构（工程质量监督机构）。

3. 工作性质的区别

工程建设监理是工程建设监理单位在接受项目业主的委托和授权之后，为项目业主提供的一种高智力工程技术服务工作，而政府工程质量监督则是政府的工程质量监督机构代表政府行使的对工程质量的监督职能。

4. 工作范围的区别

工程建设监理的工作范围伸缩性较大，它因项目业主委托的范围大小而变化。如果是全过程、全方位的工程建设监理，则其工作范围远远大于政府工程质量监督的范围。而政府工程质量监督则只限于施工阶段的工程质量监督，且工作范围变化较小，相对稳定。

5. 工作依据的区别

政府工程质量监督以国家、地方颁发的有关法律和工程质量条例、规定、规范等法规为基本依据，维护法规的严肃性。而工程建设监理不仅以法律、法规为依据，还要以工程建设合同为依据，不仅要维护法律、法规的严肃性，还要维护合同的严肃性。

6. 工作深度和广度的区别

工程建设监理的工作范围由监理合同决定，其活动贯穿于工程建设的全过程中。而政府工程质量监督则主要在工程建设项目的施工阶段，对工程质量进行阶段性的监督、检查、确认。

7. 工作权限的区别

它们具有不同的工作权限。例如，政府工程质量监督拥有最终确认工程质量等级的权力，而目前，工程建设监理则无权进行这项工作。

[问一问]

业主自行监督管理活动能不能称为“工程建设监理”？

8. **工作方法和手段的区别**

工程建设监理主要采取组织管理的方法，从多方面采取措施进行工程建设项目质量控制。而政府工程质量监督则更侧重于行政管理的方法和手段。

工程建设监理具有明显的委托性，而政府工程质量监督具有明显的强制性。

四、工程建设监理的任务

[想一想]

工程建设监理的中心任务是什么？

1. **工程建设监理的任务**

工程建设监理的任务就是对工程建设项目的目标实施有效地协调控制，具体来说，也就是对经过科学地规划所确定的工程建设项目的三大目标，即对投资目标、进度目标和质量目标实施有效地协调控制。

2. **三大目标控制的含义**

(1)工程建设监理投资控制

工程建设监理投资控制是指在整个项目的实施阶段，为使项目在满足质量和进度要求的前提下，实现项目实际投资不超过计划投资所开展的管理活动。

(2)工程建设监理进度控制

工程建设监理进度控制是指在实现工程建设项目总目标的过程中，为使工程建设的实际进度符合计划进度的要求，使项目按照计划要求的时间建成而开展的管理活动。

(3)工程建设监理质量控制

工程建设监理质量控制是指在实现建设项目总目标的过程中，为实现项目总体质量要求所开展的管理活动。

3. **工程项目监理中的投资控制**

投资控制是工程项目监理的主要任务之一，在不同的监理阶段具有不同的内容。

(1)设计阶段投资控制

设计阶段工程建设目标控制的基本任务是通过目标规划和计划、动态控制、组织协调、合同管理、信息管理，力求使工程设计能够达到保障工程项目的安全可靠性，满足适应性和经济性，保证设计工期要求，使设计阶段的各项工作能够在预定的投资、进度、质量目标内完成。

在设计阶段，投资控制的主要任务是：

① 建立健全投资控制系统，完善职责分工及有关制度，落实责任。

② 审查技术经济指标，进行多方案的技术经济比较，选择经济性好的设计方案。

③ 在保障工程安全可靠、适用的条件下，进行限额设计。从审查设计浪费和挖潜入手进行优化设计。

④ 设计过程中实施跟踪检查。主要审核不同方案的经济比较和设计概算。

(2)施工招标阶段投资控制

工程建设监理施工招标阶段目标控制的主要任务是通过编制施工招标文件、编制标底、投标单位资格预审、组织评标和定标、参加合同谈判等工作，根据公开、公正、公平地竞争原则，协助业主选择理想的施工承包单位，以较低价格、较佳技术、较高管理水平、较短时间、较好的质量来完成工程施工任务。

① 协助业主编制施工招标文件

施工招标文件是工程施工招标工作的纲领性文件，同时又是投标人编制投标书的依据，以及进行评标的依据。监理工程师在编制施工招标文件时应当为选择符合投资控制、进度控制、质量控制要求的施工单位打下基础，为合同价不超过计划投资、合同工期符合计划工期要求、施工质量满足设计要求打下基础为施工阶段进行合理管理、信息管理打下基础。

② 协助业主编制标底

监理单位接受业主委托编制标底时，应当使标底控制在工程概算或预算以内，并用其控制合同价。

③ 做好投标资格预审工作

应当将投标资格预审看作公开招标方式的第一轮竞争择优活动，要抓好这项工作为选择符合目标控制要求的承包单位做好首轮择优工作。

④ 组织开标、评标、定标工作

通过开标、评标、定标工作，特别是评标工作，协助业主选择出报价合理、技术水平高、社会信誉好、保证施工质量、保证施工工期、具有足够承包财务能力和施工项目管理水平的施工承包单位。

(3)施工阶段投资控制

施工阶段工程建设监理的主要任务是在施工工程中，根据施工阶段的目标规划和计划，通过动态控制、组织协调、合同管理和信息管理使项目施工质量、施工进度和投资符合预定的目标要求。

施工阶段工程建设监理投资控制的主要任务是通过工程付款控制、新增工程费控制、预防并处理好费用索赔、挖掘节约投资潜力来努力实现实际发生的费用不超过计划投资。

为完成施工阶段投资控制的任务，监理工程师应做好以下工作：

① 建立健全投资控制系统，完善职责分工及有关制度，落实责任；

② 熟悉设计图纸、设计要求、标底计算书等，明确工程费用最易突破的部分和环节，明确投资控制重点；

③ 预测工程风险及可能发生索赔的诱因，制定防范性对策，避免或减少索赔事件的发生；

④ 按合同规定的条件和要求监督各项事前准备工作，避免发生索赔事件；

⑤ 在施工过程中，及时答复施工单位提出的问题及配合要求，主动协调好各方面的关系，避免造成索赔事件成立；

⑥ 对工程变更、设计修改要严格把关，事前一定要进行技术经济合理性预测分析；

⑦严格经费签证，凡涉及经济费用支出的各种签证，由项目总监理工程师最后核签.后才能生效；

⑧在工程实施过程中，按合同规定及时对已完成工程计量进行验收，及时向对方支付进度款，避免造成违约。

五、工程建设监理的方法

工程建设监理的基本方法是目标规划、动态控制、组织协调、信息管理、合同管理。

(一)目标规划

目标规划是以实现目标控制为目的的规划和计划，它是围绕工程项目投资目标、进度目标和质量目标进行研究确定、分解综合、计划安排、制定措施等工作的集合。目标规划是目标控制的基础和前提，只有做好目标规划的各项工作才能有效实施目标控制。

目标规划工作包括：正确地确定控制目标或对已经初步确定的目标进行论证；按照目标控制的需要将三大目标目标进行分解，使每个目标都形成一个既能分解又能综合的满足控制要求的目标系统，以便实施控制；将工程项目实施的过程、目标和活动编制成计划，用动态的计划系统来协调和规范工程项目的实施，使项目协调有序地达到预期目标；确定各项目的综合控制措施，力保项目目标的实现。

(二)动态控制

动态控制是监理单位和监理工程师在开展工程建设监理活动时采用的基本方法。它是在完成工程项目工程中，通过对过程、目标和活动的跟踪，全面、及时、准确地掌握工程信息，定期地将实际目标值与计划目标值进行对比，发现实际目标偏离计划目标，就采取措施加以纠正，以便达到计划总目标的实现。

［想一想］
为何要实行动态控制?

这种控制要与工程项目的动态性相一致。工程在不同的空间展开，控制就要针对不同的空间来实施；工程在不同的阶段进行，控制就要在不同的阶段展开；工程受到外部环境和内部环境的干扰，控制者就要采取相应的控制措施；计划伴随着工程的变化而调整，控制就要不断地适应调整的计划。监理工程师只有把握住工程项目活动的脉搏才能做好目标控制工作。

(三)组织协调

组织协调与目标控制是密不可分的。组织协调的目的就是为了实现项目的目标。在工程建设监理的过程中，当设计概算超过投资估算时，工程建设监理单位及其监理工程师要与设计单位进行协调，既要满足业主对工程项目的功能和使用要求，又要力求使费用不超过限定的投资额度；当施工进度影响到项目动用时间时，工程建设监理单位及其监理工程师就要与施工单位进行协调，或改变物资投入，或修改计划，或调整目标，直到拿出一个较理想解决问题的方案为止；当发现承包单位的管理人员不称职，给工程质量造成影响时，监理工程师要与承包单位协调，以便更换人员，确保工程质量。

组织协调包括工程建设项目工程建设监理组织内部人与人、机构与机构之间的协调。例如，工程建设项目监理组织总监理与各专业监理工程师之间的协调；各专业监理工程师之间的协调；纵向工程建设监理部门与横向工程建设监理部门之间的协调。组织协调还存在于工程建设项目监理组织与其他工程建设相关组织之间的协调。其中主要是工程建设项目监理组织与项目业主、设计单位、施工单位、材料和设备供应单位之间的协调（称为“近外层协调”）；以及工程建设项目监理组织与政府有关部门、咨询单位、工程毗邻单位之间的协调（称为“远外层协调”）。

为了开展好组织协调工作，要求工程建设项目工程建设监理组织内的所有工程建设监理人员都应主动地在自己负责的范围内进行协调，并在必要时建立组织协调的专门机构。只有这样，才能使工程建设项目成为一体化运行的整体。

（四）信息管理

信息管理是在实施工程建设监理的过程中，工程建设监理单位及其监理工程师对所需要的工程建设信息进行收集、整理、处理、存储、传递、应用等一系列工作。

监理工程师在开展工程建设监理工作当中要不断预测和发现问题，要不断地进行规划、决策、执行和检查。而做好每一项工作都离不开相应的信息。规划需要规划信息，决策需要决策信息，执行需要执行信息，检查需要检查信息。监理工程师在进行目标控制时，把信息作为控制的基础。只有在信息部门的支持下才能有效开展工作。

工程建设项目监理组织的各部门完成各项工程建设监理任务需要哪些信息，完全取决于这些部门实际工作的需要。因此，对信息的要求是与各部门工程建设监理任务和工作直接相联系的。不同的工程建设项目，由于情况不同，所需要的信息也就有所不同。例如，对于固定总价合同，或许关于进度款和变更通知是主要的；对于成本加酬金合同，则必须有关于人力、设备、材料、管理费用和变更通知等多方面的信息；而对于固定单价合同，完成工程量方面的信息就更重要。

工程建设中的控制是通过信息传递与多方面的因素发生联系。工程建设监理的控制部门必须随时掌握工程建设项目实施过程中的反馈信息，以便在必要时采取纠正措施。例如，当材料供应推迟，设备或管理费用增加，承包单位不能满足规定的工期要求时，都有可能修改工程计划。而修改的工作计划又以变更通知的形式传递给有关方，然后对相关因素采取措施，才能起到控制的作用。

［想一想］

信息管理中，人和计算机起到什么作用？

为了获得全面、准确、及时的工程信息，需要需要组成专门机构，确定专门的人员从事这项工作。同时，还要确定信息流结构；确定信息目录编码；建立信息管理制度，以及会议制度等。

（五）合同管理

工程建设监理单位及其监理工程师在工程建设监理过程中的合同管理是指根据工程建设监理合同的要求对工程承包合同的签订、履行、变更和解除进行监督、检查，对合同双方争议进行调解和处理，以保证合同的依法签订和全面履行。

监理工程师在合同管理中应当着重于以下几个方面的工作：

[想一想]

FIDIC 指什么？FIDIC 土木工程施工合同条件的文本结构和组成又是什么？

[问一问]

只有施工方可以向业主索赔吗？反之行不行？

1. 合同分析

它是对合同各类条款进行分门别类的认真研究和解释，并找出合同管理的缺陷和弱点，以发现和提出需要解决的问题。同时更为重要的是，对引起合同变化的事件进行分析研究，以便采取相应措施。

合同分析对于促进合同各方履行义务和正确行使合同赋予的权力，对于监督工程的实施，对于解决合同争议，对于预防索赔和处理索赔等项工作都是必要的。

2. 建立合同目录、编码和档案合同

目录和编码是采用图表方式进行合同管理的很好工具，它为合同管理自动化提供了方便条件，使计算机辅助合同管理成为可能。合同档案的建立可以把合同条款分门别类地加以存放，对于查询、检索合同条款，也为分解和综合合同条款提供了方便。合同资料的管理应当起到为合同管理提供整体性服务的作用，它不仅要起到存放和查找的简单作用，还应当进行高层次的服务。

3. 合同履行的监督、检查

通过检查发现合同执行中存在的问题，并根据法律、法规和合同的规定加以解决，以提高合同的履约率，使工程建设项目能够顺利地建成。合同监督还包括经常性地对合同条款进行解释，常念"合同经"，以促进承包方能够严格地按照合同要求来实现工程进度、工程质量和费用要求。按合同的有关条款作出工作流程图、质量检查表和协调关系图等，可以帮助有效地进行合同监督。

合同监督需要经常检查合同双方往来的文件、信函、记录、项目业主指示等，以确认它们是否符合合同的要求和对合同的影响，以便采取相应对策。根据合同监督、检查所获得的信息进行统计分析，以发现费用金额、履约率、违约原因、纠纷数量、变更等情况，向有关工程建设监理部门提供情况，为目标控制和信息管理服务。

4. 索赔

索赔是合同管理中的重要工作又关系到合同双方切身利益，同时牵扯工程建设监理单位的目标控制工作，是参与工程项目建设的各方都关注的事情。

工程建设监理单位应当首先协助项目业主制定并采取防止索赔的措施，以便最大限度地减少无理索赔的数量和索赔影响量。其次，要处理索赔事件，对于索赔，监理工程师应当以公正的态度对待，同时按照事先规定的索赔程序做好索赔工作。

六、工程建设管理体制和建设程序

（一）工程建设管理体制

实施建设监理制的重要目的之一是改革我国传统的工程建设管理体制，建立新型的工程项目建设管理体制。实施建设监理制出现的新型工程建设项目管理体制就是在政府工程建设行政主管部门的监督管理之下，由工程建设项目业主、承建商、监理单位直接参加的"三方"管理体制，这种管理体制的建立，使我国的工程项目建设管理体制与国际惯例实现了接轨。建设监理制实施以后，我国工程项目建设管理体制的组织格局，见图 8－20。

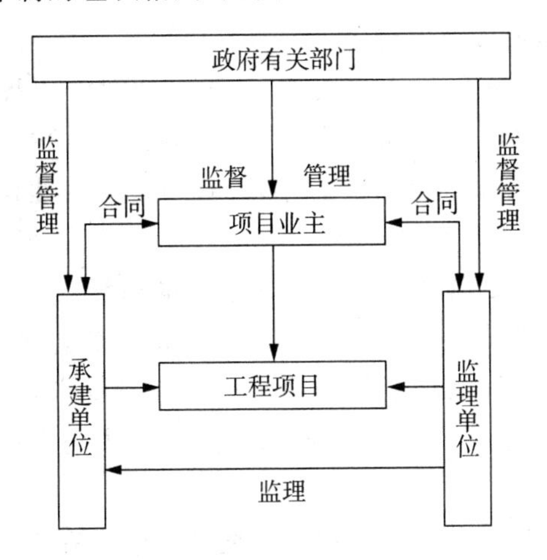

图 8－20　新型工程建设项目管理体制的组织格局

（二）工程项目建设程序

实施监理后，我国工程项目建设程序见图 8－21。

目前我国建设程序与计划经济体制下的建设程序相比，发生了不少变化。其中最大和最重要的变化有如下三点：

（1）在项目决策阶段实施项目咨询评估制。也就是增加了项目建议书、可行性研究和评估等系列性工作。这是一项重要的改革，它使得决策科学化、民主化。

（2）在项目实施阶段实行建设监理制，出现了“第三方”，使得工程项目建设呈现了三足鼎立支持的格局。

（3）在项目实施阶段有了工程招标投标制。工程招投标制的出现，把市场竞争机制引入工程建设之中，为项目建设增添了活力。

以上建设程序的三大变化，使我国工程建设进一步顺应市场经济的要求，并且与国际惯例基本趋于一致。

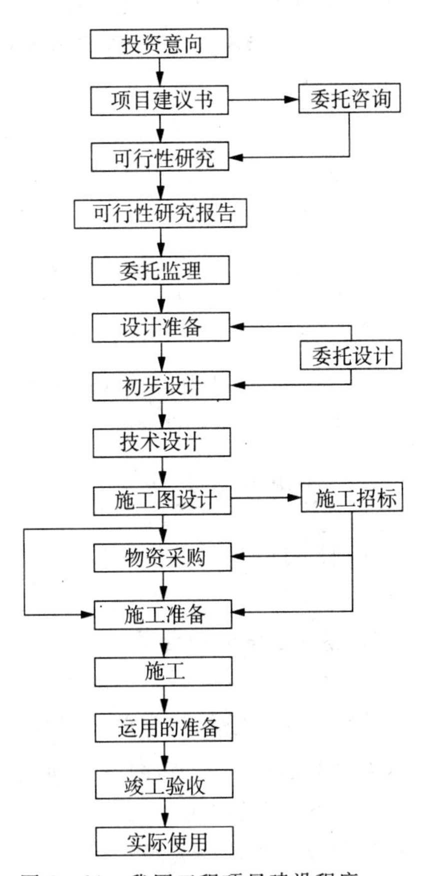

图 8－21　我国工程项目建设程序

［想一想］

建设程序与工程建设监理的关系是怎样的？

七、建立和实施工程建设监理制的作用

1. 有利于提高建设工程投资决策的科学化水平

在投资决策阶段引入建设工程监理，通过专业化的工程监理企业的决策阶段管理服务，建设单位可以更好地选择工程咨询机构，并由工程监理企业监控工程咨询合同的实施，对咨询报告进行评估，这样可以提高建设工程投资决策的科学化水平，避免项目投资决策的失误。

[想一想]

为什么要实行工程建设监理？

2. 有利于控制建设工程的功能和使用价值的质量

在设计阶段引入建设工程监理，通过专业化的工程监理企业的科学管理，可以更准确地提出建设工程的功能和使用价值的质量要求，并通过设计阶段的监理活动，选择出更符合建设单位要求的设计方案，实现建设单位所需的建设工程的功能和使用价值。

3. 有利于促使承建单位保证建设工程质量和使用安全

由于工程监理企业是由既懂技术又懂经济管理的专业监理工程师组成的企业，因此，在设计和施工阶段引入建设工程监理，监理工程师采取科学的管理方式对工程质量进行控制，使承建单位建立完善的质量保证体系，并在工程中切实落实，从而可以最大限度地避免工程质量隐患。

4. 有利于实现建设工程投资效益最大化

在建设工程全过程引入建设工程监理，也就是由专家参与决策和实施过程，通过监理工程师的科学管理，就可能实现投资效益最大化的目标：在满足建设工程预定功能和质量标准的前提下，实现建设投资额最少；或者建设工程全寿命周期费用最少；或者实现建设工程本身的投资效益与环境、社会效益的综合效益最大化。

5. 有利于规范工程建设参与各方的建设行为

虽然工程监理企业是受建设单位委托代表建设单位来进行科学管理的，但是，工程监理企业在监督管理承建单位履行建设工程合同的同时，也要求建设单位履行合同，从而使建设工程监理制在客观上起到一种约束机制的作用，起到规范工程建设参与各方的建设行为的作用。

八、工程建设监理实施

对项目可以全过程实施监理，也可以分阶段实施监理，一般应遵循下述程序进行：

1. 签订建设监理合同

(1)建设监理合同

指建设单位委托监理单位承担监理任务，依法签订的合同。该合同签订后对双方都有法律约束力，因此必须全面履行合同中规定的义务。

(2)监理服务费用

工程建设监理有关规定指出，“工程建设监理是有偿的服务活动。酬金及计提办法，由监理单位与建设单位依据所委托的监理内容和工作深度协商确定，并

写入监理委托合同。”监理服务费用是监理单位在完成任务时得到的报酬。

2. 确定项目总监理工程师、监理人员，建立监理组织

(1)项目总监理工程师

总监理工程师是监理单位派驻项目的全权负责人，对内向监理单位负责，对外向项目法人负责，因此应由业务水平高、管理经验丰富、有良好职业道德，并已取得监理工程师执业资格证书和注册证书的监理工程师担任。

(2)其他监理人员的配置

根据工程规模、复杂程度和专业需要，在监理项目中应配置相应的专业监理工程师或管理人员，包括结构、测量、材料、给排水、采暖通风、电气安装、预算等专业人员，其职责根据工作情况由总监理工程师确定。

(3)监理组织的建立

建立监理组织通常有以下几种形式：

① 按项目组成监理组织形式；

② 按建设阶段组成监理组织形式；

③ 按监理职能组成监理组织形式；

④ 按矩阵制组成监理组织形式。

3. 制定监理规划、监理实施细则

建设监理单位在确定了项目总监理工程师后，由总监理工程师制定项目监理规划，并由专业监理工程师针对项目具体情况制定监理实施细则。

(1)监理规划

由项目总监理工程师主持，根据业主对项目监理的要求，在详细阅读并掌握监理项目有关资料的基础上，编制开展项目监理工作的指导性文件。文件内容包括：工程概况、监理范围和目标、主要监理措施、监理组织、监理工作制度等。

(2)监理实施细则

在监理规划指导下，落实各专业监理责任，并由专业监理工程师针对项目具体情况制定的可具体实施和操作的业务文件。其内容可根据不同的监理阶段制定，要求具体、详细，以利于监理工作的开展、实施和检查。

4. 规范化地开展监理工作

应根据监理规划和监理实施细则的要求，规范化地开展监理工作，具体体现在：

(1)按一定顺序开展监理工作；

(2)监理工作职责分工明确，每个人都严格地按职责要求开展工作；

(3)监理工作有明确的工作目标，每个目标都有明确的要求。

5. 监理工作总结

监理工作完成后应进行总结，一般包括以下内容：

(1)向项目法人提交的总结

包括监理合同履行情况陈述、监理任务或监理目标完成情况评价、监理工作总结说明等；

(2)向监理公司提交的总结

包括监理工作经验、监理工作建议等。

本章思考与实训

1. 我国招投标法中规定了哪种招标方式？在什么情况下不采用议标？
2. 选择中标单位的标准有哪些？分标底价有何利与弊？
3. 什么是施工平面图？有何作用？
4. 什么是BOT方式？
5. 建设方及施工方是否可以自己派人进行工程监理？
6. 工程监理的任务是什么？

第九章　土木工程展望

【内容要点】

1. 建筑发展的趋势之一：绿色建筑；
2. 建筑发展的趋势之二：智能建筑；
3. 计算机在建筑工程中的应用：计算机辅助设计。

【知识链接】

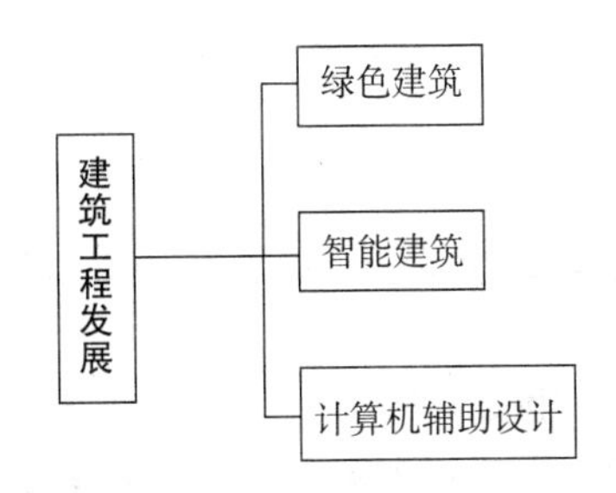

第一节　绿色建筑

所谓“绿色建筑”的“绿色”，并不是指一般意义的立体绿化、屋顶花园，而是代表一种概念或象征，指建筑对环境无害，能充分利用环境自然资源，并且在不破坏环境基本生态平衡条件下建造的一种建筑，又可称为可持续发展建筑、生态建筑、回归大自然建筑、节能环保建筑等。

绿色建筑是指在设计与建造过程中，充分考虑建筑物与周围环境的协调，利用光能、风能等自然界中的能源，最大限度地减少能源的消耗以及对环境的污染。

绿色建筑的室内布局十分合理，尽量减少使用合成材料，充分利用阳光，节省能源，为居住者创造一种接近自然的感觉。以人、建筑和自然环境的协调发展为目标，在利用天然条件和人工手段创造良好、健康的居住环境的同时，尽可能地控制和减少对自然环境的使用和破坏，充分体现向大自然的索取和回报之间的平衡。

一、绿色建筑的内涵

绿色建筑的基本内涵可归纳为：减轻建筑对环境的负荷，即节约能源及资源；提供安全、健康、舒适性良好的生活空间；与自然环境亲和，做到人及建筑与环境的和谐共处、持续发展。

二、绿色建筑设计理念

绿色建筑设计理念包括以下几个方面：

[想一想]
你心目中的绿色建筑应该是什么样的?

1. 节能能源

充分利用太阳能，采用节能的建筑围护结构以及采暖和空调，减少采暖和空调的使用。根据自然通风的原理设置风冷系统，使建筑能够有效地利用夏季的主导风向。建筑采用适应当地气候条件的平面形式及总体布局。

2. 节约资源

在建筑设计、建造和建筑材料的选择中，均考虑资源的合理使用和处置。要减少资源的使用，力求使资源可再生利用。节约水资源，包括绿化的节约用水。

3. 回归自然

绿色建筑外部要强调与周边环境相融合，和谐一致、动静互补，做到保护自然生态环境。

4. 舒适和健康的生活环境

建筑内部不使用对人体有害的建筑材料和装修材料。室内空气清新，温、湿度适当，使居住者感觉良好，身心健康。

5. 绿色建筑的建造特点

包括：对建筑的地理条件有明确的要求，土壤中不存在有毒、有害物质，地温适宜，地下水纯净，地磁适中。

6. 绿色建筑应尽量采用天然材料

建筑中采用的木材、树皮、竹材、石块、石灰、油漆等，要经过检验处理，确保对人体无害。

绿色建筑还要根据地理条件，设置太阳能采暖、热水、发电及风力发电装置，以充分利用环境提供的天然可再生能源。随着全球气候的变暖，世界各国对建筑节能的关注程度正日益增加。人们越来越认识到，建筑使用能源所产生的CO_2是造成气候变暖的主要来源。节能建筑成为建筑发展的必然趋势，绿色建筑也应运而生。

三、绿色建筑应走出三大误区

（一）绿色并不等于高价和高成本

在楼盘销售以广告轰炸和概念炒作盛行的年代，“绿色建筑”也毫无例外地成为房地产商们朗朗上口的新词儿，以至于让人们误以为绿色建筑就是高档建筑。

绿色建筑的成本究竟怎样，是否会成为提高房价的因素，住房和建设部副部长仇保兴做出了回答：绿色建筑是一个广泛的概念，绿色并不意味着高价和高成本。比如延安窑洞冬暖夏凉，把它改造成中国式的绿色建筑，造价并不高；新疆有一种具有当地特色的建筑，它的墙壁由当地的石膏和透气性好的秸秆组合而成，保温性很高，再加上非常当地化的屋顶，就是一种典型的乡村绿色建筑，其造价只有 800 元/m^2，可谓价廉物美。

（二）绿色建筑不仅局限于新建筑

"我国新建建筑节能工作做得较好，基本遵循了绿色建筑的标准；但把大量既有建筑改造成绿色建筑的工作推进得不是很顺利，许多既有建筑仍是耗能大户。"业内专家提出了这样一个问题。

据建设部统计，新建建筑在设计阶段执行强制性节能标准的执行率由 2005 年的 53%提高到了 2007 年的 97%；施工阶段执行强制性节能标准的执行率由 2005 年的 21%提高到了 2007 年的 71%，总共每年可节约 700 万吨左右标准煤。未来的 30 年之内，我们还要新建 400 多亿平方米的建筑，在现行建筑管理体系中，达不到绿色建筑标准就不得开工，所以新建建筑的节能只是执行问题，难度并不是很大。难度在于我国现在既有的 400 亿平方米建筑的节能改造，如何让既有建筑成为绿色建筑。

比如，北方地区集中供热的建筑面积是 63 亿平方米，占全国建筑面积总量的 10%多一点，却占全国城镇建筑总能耗的 40%。供热"大锅饭"中，有人是开着窗享受暖气，非常浪费。我国单位面积采暖平均能耗折合标准煤为 20 公斤/平方米·年，为北欧等同纬度条件下建筑采暖能耗的 1～1.5 倍。我们需要在既有建筑中引入"集中供暖、分户计量"的概念，需要改革在我国实行了数十年的"单位包费、福利供热"的供暖体制。

（三）建筑节能不只是政府的职责

每台电器设备在待机状态下耗电一般为其开机功能的 10%左右；一盏 11 瓦的节能灯相当于 60 瓦的白炽灯亮度；选用电子镇流器，较传统镇流器省电 30%；变频式空调较常规的非变频空调节能 20%至 30%。这些节能小窍门看似细小，日积月累，却能节省不少能源。推广绿色建筑不只是政府的职责，广大居民也是绿色建筑的最终实践者和受益者。很多建筑本身的节能效果不错，可居民在装修过程中，把墙皮打掉了，或者换了窗户，拆掉天花板，这样就破坏了建筑本身的节能性和环保性。仇保兴表示，现在规定，凡是财政投资的项目，都必须达到建筑节能的最低标准，一定要应用建筑节能的标识；廉租房和经济适用房，不管哪个公司或机构建造，都必须是节能的绿色建筑，这需要政府去实施，也需要广大市民关心监督。仇保兴说，建筑节能和绿色建筑，不能只停留在专家、政府官员和一些大企业、大城市，应进入寻常百姓家。要让老百姓知道什么是绿色建筑，不是有鲜花绿草、喷泉水池、绿化得好的楼盘就是"绿色建筑"。如果老百姓都能关注到建筑节能和绿色建筑，都注意到房屋的能耗、材料、对室内环境的影响、二氧化碳气体的减排，那么大家的共识就会形成绿色建筑的市场需求。有了市场需求，建筑节能和绿色建筑才能在全社会广泛地推广应用。

第二节 智能建筑

一、智能建筑的概念

智能建筑的概念，在本世纪末诞生于美国。第一幢智能大厦于1984年在美国哈特福德(Hartford)市建成。中国于90年代才起步，但迅猛发展势头令世人瞩目。智能建筑是信息时代的必然产物，建筑物智能化程度随科学技术的发展而逐步提高。当今世界科学技术发展的主要标志是4C技术(即Computer计算机技术、Control控制技术、Communication通信技术、CRT图形显示技术)。将4C技术综合应用于建筑物之中，在建筑物内建立一个计算机综合网络，使建筑物智能化。

智能建筑指通过将建筑物的结构、设备、服务和管理根据用户的需求进行最优化组合，从而为用户提供一个高效、舒适、便利的人性化建筑环境。智能建筑是集现代科学技术之大成的产物。其技术基础主要由现代建筑技术、现代电脑技术现代通讯技术和现代控制技术所组成。

[问一问]

如何理解智能建筑？

国家标准《智能建筑设计标准》(GB/T50314－2006)对智能建筑定义为“以建筑物为平台，兼备信息设施系统、信息化应用系统、建筑设备管理系统、公共安全系统等，集结构、系统、服务、管理及其优化组合为一体，向人们提供安全、高效、便捷、节能、环保、健康的建筑环境”。

按照上海市的定义，智能家居“是采用现代计算机、信息通信和系统集成技术建立的家庭信息化平台，它通过家庭网络将与家居设备和系统互联并统一管理，以提供一个舒适、便利、安全、节能和环保的家居生活环境”。

智能建筑通过对建筑物的4个基本要素，即结构、系统、服务和管理，以及它们之间的内在联系，以最优化的设计，提供一个投资合理又拥有高效率的幽雅舒适、便利快捷、高度安全的环境空间。建筑智能化结构是由三大系统组成：楼宇自动化系统(BAS)、办公自动化系统(OAS)和通信自动化系统(CAS)。

二、智能建筑标准

在智能建筑和数字社区的规划和设计中主要使用智能化标准和数字化标准两套标准作为设计依据。其中，智能化标准侧重于：以建筑物为平台，强调智能化系统设计与建筑结构的配合和协调，如：CA通讯传输智能、BA智能楼宇、FA消防智能、SA安保智能、OA办公智能等，在技术应用方面主要涉及监控技术应用、自动化技术应用等。数字化标准侧重于：以数字化信息集成为平台，强调楼宇物业与设施管理、一卡通综合服务、业务管理系统的信息共享、网络融合、功能协同，如：综合信息集成系统(IBMS)、楼宇物业与设施管理系统(IPMS)、楼宇管理系统(BMS)、综合安防管理系统(SMS)、“一卡通”管理系统(ICMS)等，在技术应用方面主要涉及信息网络技术应用、信息集成技术应用、软件技术应用等。

三、智能建筑系统集成

智能建筑系统集成(Intelligent Building System Integration)指以搭建建筑主体内的建筑智能化管理系统为目的，利用综合布线技术、楼宇自控技术、通信技术、网络互联技术、多媒体应用技术、安全防范技术等将相关设备、软件进行集成设计、安装调试、界面定制开发和应用支持。

智能建筑系统集成实施的子系统的包括综合布线、楼宇自控、电话交换机、机房工程、监控系统、防盗报警、公共广播、门禁系统、楼宇对讲、一卡通、停车管理、消防系统、多媒体显示系统、远程会议系统。对于功能近似、统一管理的多幢住宅楼的智能建筑系统集成，又称为智能小区系统集成。

楼宇自动化系统(BAS)对整个建筑的所有公用机电设备，包括建筑的中央空调系统、给排水系统、供配电系统、照明系统、电梯系统，进行集中监测和遥控来提高建筑的管理水平，降低设备故障率，减少维护及营运成本。

系统集成功能包括以下几个方面：

(1)对弱电子系统进行统一的监测、控制和管理

集成系统将分散的、相互独立的弱电子系统，用相同的网络环境，相同的软件界面进行集中监视。

(2)实现跨子系统的联动，提高大厦的控制流程自动化

弱电系统实现集成以后，原本各自独立的子系统在集成平台的角度来看，就如同一个系统一样，无论信息点和受控点是否在一个子系统内都可以建立联动关系。

(3)提供开放的数据结构，共享信息资源

随着计算机和网络技术的高度发展，信息环境的建立及形成已不是一件困难的事。

(4)提高工作效率，降低运行成本

集成系统的建立充分发挥了各弱电子系统的功能。

四、智能建筑的主要技术方法

智能控制是以控制理论、计算机科学、人工智能、运筹学等学科为基础，扩展了相关的理论和技术，其中应用较多的有专家系统、模糊逻辑、遗传算法、神经网络等理论和自适应控制、自组织控制、自学习控制等技术。

1. 专家系统

专家系统是利用专家知识对专门的或困难的问题进行描述。用专家系统所构成的专家控制，无论是专家控制系统还是专家控制器，其相对工程费用较高，而且还涉及自动地获取知识困难、无自学能力、知识面太窄等问题。尽管专家系统在解决复杂的高级推理中获得较为成功的应用，但是专家控制的实际应用相对还是比较少。

2. 模糊逻辑

模糊逻辑用模糊语言描述系统，既可以描述应用系统的定量模型也可以描

述其定性模型。模糊逻辑可适用于任意复杂的对象控制。但在实际应用中模糊逻辑实现简单的应用控制比较容易。简单控制是指单输入单输出系统(SISO)或多输入单输出系统(MISO)的控制。随着输入输出变量的增加,模糊逻辑的推理将变得非常复杂。

3. 遗传算法

遗传算法作为一种非确定的拟自然随机优化工具,具有并行计算、快速寻找全局最优解等特点,它可以和其他技术混合使用,用于智能控制的参数、结构或环境的最优控制。

4. 神经网络

神经网络是利用大量的神经元按一定的拓扑结构和学习调整方法。它能表示出丰富的特性:并行计算、分布存储、可变结构、高度容错、非线性运算、自我组织、学习或自学习等。这些特性是人们长期追求和期望的系统特性。它在智能控制的参数、结构或环境的自适应、自组织、自学习等控制方面具有独特的能力。

模糊逻辑和神经网络都是模仿人类大脑的运行机制,可以认为神经网络技术模仿人类大脑的硬件,模糊逻辑技术模仿人类大脑的软件。根据模糊逻辑和神经网络的各自特点,所结合的技术即为模糊神经网络技术和神经模糊逻辑技术。

第三节 计算机辅助设计

近几年来,随着计算机技术的不断进步,计算机、特别是微型计算机在我国取得了突飞猛进地发展。在微机迅速普及的同时,计算机应用水平也得到了很大程度的提高,多媒体、网络等技术遍地开花。特别是网络技术的推广应用,将改变人们传统的工作方式,给土木工程工作者带来很多的便利。

人—计算机交互(Human Computer Interactive, HCI)理论和技术是当前发展计算机应用的一个关键。多媒体、可视化和虚拟现实技术代表了 HCI 技术的不同侧面的要求。多媒体技术是 90 年代计算机技术的一个重要发展方向,它改变了传统计算机只能单纯处理数字和文字信息的不足,使计算机能综合处理声、文、图信息,并以其形象和方便的交互性,极大地改善了人机界面,改变了使用计算机的方式。

一、计算机辅助设计的发展

在 70 年代之前,工程设计及科研使用计算机主要是完成数值计算结构分析,使用的计算机一般都是体积很大、速度较慢、容量较小且使用不方便的国产计算机,如 TQ16、709 机等,这种机器输入程序及数据采用纸带穿孔方式,不易被理解,检查和修改都非常不便,而且因为价格昂贵,所以只有一些大单位才有能力拥有这样的计算机。而且实用软件较少,这可以说是土木工程行业计算机应用的初级阶段。

80年代初期在进口机和部分低档的微机上，采用了键盘输入，建立数据文件的办法。为了保证计算速度、精度以及小机算大题等问题，广大计算机应用人员研制了很多有效、优秀的数值方法。特别是1981年IBM推出第一台PC机以后，一些有敏锐眼光的软件开发人员就开始把大机器上的程序移植到PC机上来。但早期程序的输入输出数据量都很大，数据整理、分析仍是专业人员头痛的问题。

80年代后期，软件开发技术人员学习国外先进技术，开发了具有图形前后处理功能的结构设计程序。前处理采用数据文件或人机交互输入数据，由程序对输入数据进行处理，可以生成结构计算简图和荷载图，对用户输入数据的正确性有了充分保证。后处理可以生成变形图、内力图、振型图、配筋表等，便于使用者理解分析结果以改进结构。这样的软件大大提高了工作效率，也为计算机知识不足的专业人员上机创造了条件。这一阶段软件人员对计算机图形技术的摸索与实践蕴育了计算机辅助设计(CAD)软件的产生。

[想一想]

CAD三个字母各有什么含义?

计算机辅助设计首先取得成功的是结构CAD软件，其后是建筑及设备专业的CAD软件。开发结构CAD软件的工作量较大，它除了系统所需的图形、汉字等软件技术外，更重要的是涉及众多计算理论，规范要求及各种不同的设计成图的习惯作法等。从上部结构到基础，从计算数据准备、结构分析、配筋设计到出施工图，既要求方便的人工干预又要尽可能提高自动化水平。我国自己开发的结构设计软件有PK结构设计绘图软件、PESCAD平面体系结构CAD软件等。

建筑CAD的应用过程复杂，处理信息量大，表达形式多种多样，因此要求计算机容量大，计算速度快和显示分辨率高，即对硬件要求很高。随着微机性能的不断提高，特别是引进国外高性能的图形支撑软件，使国内出现众多AutoCAD平台上的建筑及设备专业CAD软件，可以进行三维造型，自动生成平、立、剖施工图，渲染图可以表现光影、质感和纹理，我国自己开发的建筑设计软件有：HOUSE建筑CAD软件包、AUTOBUILDING(ABD)建筑绘图软件等。国外引进的图形处理软件有3D Studio、3DMAX、Adobe Photoshop和CorelDraw等。设备专业软件功能强大，三维模型解决了碰撞问题，丰富的零件库为CAD设计提供了极大的方便。CAD应用在真实感的建筑设计、建筑规划、建筑装修行业、建筑施工和施工管理等方面，相对结构设计来说还需要做更多的工作。

随着计算机硬件和软件的飞速发展，计算机推广应用的条件成熟了。CAD软件的发展和普及，使我国的设计水平缩小了与发达国家的距离。CAD的应用水平已成为衡量一个设计单位或工程施工单位技术水平的重要标志及对外竞争投标的强有力的手段。建筑工程CAD可以从建筑设计方案、结构布置和分析、施工图到预算等全部由计算机完成。

我们今天处于高科技不断创新的时代，国际上CAD系统在技术上以日新月异的速度发展，而历史又一次给我们以发展自己的机遇，在集成化、协同化、智能化及其相关技术的研究与开发领域，可以说我们同发达国家是站在同一起跑线上的。集成技术是指在工程设计阶段和各专业的有关应用程序之间，信息提取、交换、共享和处理的集成，即信息流的整体化，将设计的各阶段及涉及的各专业有机地形成一个整体。

协同技术是指在集成的基础上，在网络技术的支持下，实行并行工程处理作业。以工程项目为核心，使不同地域的生产"虚拟群体"能及时地共享图形库、数据库、材料库及一切上网资源。这要求协同各点对工程项目有着共同的描述，可以随时进行超越障碍(包括地域间、系统间)的信息交换以修改、评价设计工作的每个环节。智能技术既把具有学习、记忆和推理功能的专家系统运用于CAD系统，使系统的性能得到更大的改善，可靠性进一步提高，灵活性更大，能够适应千变万化的工程设计的实际需要。

CAD技术只能在创新中求发展，创新一方面必须跟踪国际计算机技术发展的先进水平，另一方面需适应国内市场的需求。商品软件的每一个功能细节，都要受到用户的欢迎，市场的认可。例如数据输入要尽可能的少；操作要方便，高度的自动化和人工干预要有机结合；输出图形要简洁、排版灵活，数据表格化，便于查阅及理解等。

二、网络技术的利用

网络化是计算机应用发展的大趋势。计算机网络可供网上用户共享软件和硬件资源，为用户提供一种完善和高效的使用环境。网络还可以改变一个部门的结构和管理模式，在完成一工程项目时，所有的设计人员及管理人员无需在同一区域，通过计算机网络把他们联系起来，组成一个"虚拟群体"，能及时地共享资源。这样也可使不同工种设计部门如建筑、结构、水电、暖通等工种对设计数据的进一步共享与交流。

计算机网络可以是一个或几个办公室、一幢大楼或紧邻的楼群间的联网，称为局部网；也可以是长距离的跨地区、跨城市的联网，称为广域网。此外还有国际联网。国际计算机互联网(INTERNET)是世界上最大的计算机互联网，是个巨大的信息库，它提供成千上万的信息资源，这些资源分布在世界各地170多个国家和地区近千万台计算机上，用户达7000多万。通过INTERNET可进行全球电子邮件通信，可查阅和检索各种信息，共享各科学领域的研究成果。

三、可视化技术的利用

科学计算可视化(Visualization in Scientific Computing)是80年代中后期提出并发展起来的，它是90年代计算机应用新技术的热点之一。近年来，可视化技术在国内已开始研究和应用，并取得了一定的成果。中国力学学会计算力学专业委员会、中国图像图形学会可视化专业委员会及中国工程设计计算机应用协会于1995年4月召开了第一届科学计算和工程设计可视化学术交流会。自此，在我国可视化技术的研究和应用进入了一个新的发展阶段。

虽然计算机用于科学计算已有50多年的历史，但由于受到计算机硬件技术的限制，科学计算不能以交互方式进行处理，使用者不能对计算过程进行干预和引导，只能被动地等待计算结果的输出；而且大量的输入输出数据只能手工处理，或简单地用二维图形输出。这样处理不仅不能及时地得到有关计算结果的直观、形象的整体概念，而且手工处理数据十分繁琐、易出错，所花的时间往往是计算时间的十几倍甚至几十倍。正是在这样的背景下，科学计算可视化技术应运而生。科学计算可视化的基本思路就是将科学计算中从建立计算模型到计算结果均采用图形的输入和输出来实现，将复杂的数据计算和数据处理推向后台，用户主要和图形打交道。用户通过使用多媒体技术在屏幕上作图和修改图形，形成计算模型后，自动生成后台的输入文件，用户可以通过交互方式获取中间结果和图形仿真以了解计算过程，干预和引导计算并最终获得计算结果的图形、颜色、静态和动态画面，使研究者了解全部过程和发展趋势。

科学计算可视化利用现代计算机强大的图形功能把科学计算中产生的数字信息转变为直观的、以图像或图形信息表示的、随时间和空间变化的物理现象或物理量，如使用交互网格生成的有限元模型，结构受荷载作用过程中变形图上位移变化等。

进行科学计算的第一步是建立计算模型。除了常见的用输入数据或直接画图的方法外，近年来已发展了各种通过对摄录图像扫描采集数据从而建立计算模型，以及通过射线、超声、核子或磁共振进行断层扫描，再经重建技术把物理模型转化为计算模型等方法。这一技术的发展很大程度上得益于计算机数据处理能力和视频技术的飞速发展。特别是由于光栅技术日趋完善，数字用图形或图像来表示和由图像转化为数字方面以及其存取方法等的发展，为可视化技术奠定了坚实的基础。但围绕着这一相互转移的真实可靠、迅速有效等要求，仍有一系列问题需要解决。其中有软件上的问题(如数据建模、绘制算法、图形数据结构、人机界面等)，也有硬件上的问题(如计算速度、容量、显示精度、颜色数等)。如将三维数据集映射到二维图像平面上，并作等值面、等值线、向量、条纹线、流线等表示，为观察三维数据内部结构及物理现象提供可能及方便。在实现以上变换过程中应始终贯彻可视化思想，并用屏幕操作通过改变图形而改变数据，干预引导计算。

设计工作是一个从无到有的反复修正过程。设计人员根据所掌握的知识、经验、规范，通过分析、计算、判断，多次修改，最后形成一项满足预定功能要求的设计。实践证明，计算机辅助设计(CAD)在提高设计质量、加快设计进度、节省人力物力上起到不可估量的作用。然而，综观传统的 CAD 软件，计算机的辅助设计的重要作用之一主要表现在建模上，即通过图形的输入建立计算模型和获取相应的数据。这一阶段一般不进行或很少进行物理或功能上的分析计算，基本上仅涉问题的几何方面，即将设计人员的思想用几何图形表示出来。分析计算通常在后续阶段单独进行。在确定每一图形元素时以几何坐标来定位，相互之间不发生直接关系，只有等最后集成时通过其几何坐标的一致来建立相互关系，形成整体结构。因此原则上讲这仅是一个计算机绘图的过程，某一操作所产生的物理作用及对其他部分的影响很难考虑。这一做法的另一个缺点是机时利用率很低。因为当某一操作命令发布后,计算机在刹那间就已执行完成并显示图形。在人从这一操作转向下一操作的动作过程中,计算机处于等待状态。

实际上设计人员在一开始进行方案设计的建模阶段,就希望能紧密联系设计的物理概念及功能要求。因此要求操作具有量化的智能反应,使一部分重要操作所带来的影响能由计算机立即反映出来。为此在建模时必须按照逻辑关系来定位,建立各方面的联系,只有在这一基础上计算机才能通过分析计算将结论反馈出来,告诉设计人员下一步应该怎么做。在操作上强调接近自然,应有尽可能多的可逆性和灵活性,能迅速频繁地进行图与数的交换,把操作所引起的数据进行加工。因此人的操作动作转换过程中,计算机有很大的余力可做此事。在分析计算阶段不能是单纯的计算,应同时在屏幕上产生图形,并通过对图形的操作变换数据,改变和引导计算进程,作出优化选择。形象地讲,操作如同用纸(屏幕)、笔(鼠标器)及橡皮(消影操作),将屏幕当作有思维能力和计算能力的纸,画画改改,人机交互地指挥计算机作出设计。至于最后设计成果的图形表示及修改,则是不言而喻的事。

综上所述,可视化技术在设计工作中的反映关键在于图形显示与分析计算的紧密结合,这就是所谓工程设计可视化(Visualization in Engineering Design)。由于可视化技术的有效性,当前有些 CAD 软件中已或多或少地溶入了这一技术思想,具有可视化的某些功能。但不能认为在 CAD 中屏幕上出现了图形而认为是可视化。在工程设计中应用可视化技术,采用视算一体化(Visual-Computing Integration)这一术语更为确切。这一技术的引用,将使科学计算和工程设计工作方式的面貌大大改观,并由此带来巨大的社会效益和经济效益,前景十分广阔。而作为工程设计重要组成部分的 CAD,可以预见,视算一体化应该也必将成为其发展的重要方向之一。

在可视化的多数应用领域中,由于可视化技术涉及的学科多、算法复杂、设备多,现有的可视化软件常常不能满足要求,因而不可避免地涉及可视化编程。目前可用于编程的可视化软件多数表现为一些图形库或图像处理程序,如 PHIGS+, GL, GKS, SIG GRAPH 等。它们是一些基本的图形、图像处理程序,借助高级语言编程。

可视化编程环境是指开发可视化软件的程序设计环境。这是一种面向图形、图像处理的编程环境,并且模块化、动态集成,使用者可以在不需要了解各功能模块细节的基础上,通过简单的模块组合,即可生成自己的可视化软件。如 AVS(Application Visualization System)和 GIVE 等可视化系统等。可视化编程环境的基本原理是将可视化过程看成一个循环过程:由计算得到数值结果,通过数据分析得到数据的可视化图像,通过图像的观察分析,再按需要修改计算方案、边界及网格,然后重新计算。可视化编程环境把此循环中的基本功能归纳为一个可以由计算机实现的统一模式,它包含过滤(数据变换及提取)、映射(把数据映射为几何图元)、绘制(由几何数据绘制成浓淡画面)等基本模块,使用者按使用要求,通过菜单交互动态的连接生成所需要的可视化软件。

有限元分析已广泛应用于各种工程领域，为当代计算机辅助设计的核心技术。可视化技术在有限元分析中最为活跃的研究方向有实体造型、非线性现象、动态和稳定问题，网格的自适应选择等。可视化技术对提高有限元法应用的可靠性和精确度起着非常重要的作用。

推动可视化技术发展的动力来自应用。当前在土木工程领域出现了大量的可视化应用程序，如拱坝的建模和计算结果的图形表达、流场计算分析结果的处理、桥梁结构动力分析结果的可视化表达等等。此类软件一般由掌握一定软件知识的专业人员开发研制。应用 Window 操作系统进行可视化的研究和开发可以充分利用操作系统的优势和基于操作系统的各种图形处理软件，如在 Windows95 平台上的 FORTRAN Power Station 4.0 就为在土木工程计算分析中常用的 FORTRAN 语言的继续应用提供了新的广阔前景。

四、虚拟现实技术在土木工程中的应用

信息技术是现代文明的基础，是开展科学研究和技术开发的重要支撑手段。人类在漫长的信息交流历史中掌握了一种重要的信息处理技术：抽象。人们用一个非常简单的概念就可以表示非常丰富的内容。在信息传递过程中，用比较精炼的语言就可以描述复杂的场景，传递大量的信息。

但是，这种信息的处理与传递方式有一个前提：信息的接受者与发送者应有相同（至少相似）的认知空间。因为接受者在接收到抽象信息后，需要将信息还原到相应的认知空间才能理解。人们是以全方位的感知和认知能力理解事物的，即人们生活在一个多维信息空间中，而抽象表示方法则往往丢失一部分原来不重要的细节，实际上丢失的一部分内容也是很重要的信息。多维信息经过抽象后，常常变成单维信息。这样一来，接收者就难于理解所收到的抽象信息。为了克服这样的困难，人们常借助实物来进行交流。要彻底解决这个问题，需要寻求一种多维信息表示方法，用它既可以表示真实世界，也可以表示虚拟世界。表示真实世界时，可以突破物理空间和时间约束，做到“超越现实”；在表示虚拟世界时，又能使其中的虚拟物体表现出多维逼真感，以达到“身临其境”的感受。最后形成一种“人能沉浸其中、超越其上、进出自如、交互作用的多维信息空间”。虚拟现实（Virtual Reality，简称 VR），正是这样一种表示方法。VR 技术为用户提供了一种新型的人机接口，它利用计算机生成的交互式三维环境，不仅使参与者能够感到景物或模型十分逼真地存在，而且能对参与者的运动和操作做出实时准确的响应。

虚拟现实中的景物可以是真实物体的模型，如还没施工的房屋、正在设计中的工厂或产品的工程模型；可以是现实中看不到的抽象模型，如化学分子结构、飞机机翼的超音速气流模型；甚至可以是利率、股票等金融信息的三维模型表示。无论怎样，它们都利用了现实世界中存在的数据，将计算机产生的电子信号，通过多种输出设备转换成能够被人类感觉器官所感知的各种物理现象，如光波、声波、力等，使人感受到虚拟境界的存在。这种现实是计算机生成的，又是现

实世界的反映,是真真实实的一种表现形式。

虚拟现实在土木工程中将会有很好的应用前景。人们常说"百闻不如一见","一幅图能抵千言万语",VR 技术带给我们的不仅仅是"一见"、"一幅图",而是具有真实感的序列立体图像,这样就大大方便了我们对于对象的认识和理解。例如,在兴建建筑物以前,设计人员需要与建设方讨论设计方案。在建筑物竣工之前,便需要开始推销房子,因此需要向客户介绍房子的各种情况。如果采用传统的方法,那么无论在设计时,还是推销时,都需要向其他人员做很多的说明,而且效果并不怎么理想。如果采用虚拟现实技术,我们就可以在建造房子之前,先用计算机建造一座虚拟的房子。当设计人员与建设单位讨论设计方案时,或在推销房子时,只需让对方带上头盔及数据手套,到虚拟建筑物里走一走。通过头盔,他可以看到建筑物的三维形状,同时,他所看到的内容与他所在的位置、眼睛所注视的方向的方向相一致。因此他可以走在建筑物里,看一看建筑物的各个角落,甚至还可以打开建筑物内的门和窗,体验一下建筑物的采光情况。建设单位就可以很容易地提出修改意见或选择方案,一般的购房者也可以非常轻松地选择自己满意的房子。显然,这种方法比传统的方法更有效,可以给客户更直观、自然的感受。

VR 技术还可应用于设计、规划、工程管理等,随着输入输出设备价格的降低,视频显示质量的提高,以及功能强、易使用的软件的实用化,VR 的应用必然会推广开来。

五、其他计算机技术的应用

(一)人工智能在土木工程中的应用

专家系统、机器学习是当前人工智能(Artificial Intelligence,简称 AI)研究中比较活跃、富有成果的一个领域。所谓专家系统(Expert System)就是一个特定领域问题求解的计算机程序,是一种使用人类专家知识来做出判断推理的计算机程序系统,它对特定专业领域内的问题能够提供具有专家水平的解答。专家系统已被广泛应用于各个需要由专家来做出判断推理解决问题的领域,专家系统技术也被应用于各种计算机智能系统中。程序的解题能力不仅取决于它所采用的形式化体系和推理模式,而且取决于它所拥有的知识。也就是说:要使一个程序具有智能,必须向它提供大量有关问题领域的高质量的专门知识。

专家系统的研究已有近三十年的历史,它得到了越来越多的应用,发表的论文专著也相当多。国外已涌现出了一系列成功的专家系统。如楼板设计系统 FLODER、结构构件设计 SPEX 等等。国内也研究出不少专家系统,应用领域也很广。如城市规划的智能辅助决策系统;建筑工程项目成本测算、施工管理专家系统;现有厂房评估对策专家系统等等。

开发专家系统有许多优点。人类专家为数不多,不可能随时随地出现,而专家系统只要有计算机就能运行。培养人类专家需要很长时间,专家系统则不需要。专家系统还可以把专家的宝贵经验储存起来。

学习是人类智能的主要标志和获得智慧的基本手段。到目前为止，学习的机理还不清楚，所以什么是学习就没有统一的、严格的定义。机器学习是使计算机具有智能的根本途径。计算机若不会学习，就不能称为具有智能的。把专家系统、机器学习这些新技术应用于土木工程这一领域，将会产生重大影响。

（二）大型土木工程数据库系统的建立与完善

建立与完善大型土木工程数据库、图形库系统，与网络技术结合，可以让土木工程工作者可以共享数据，避免重复输入带来的浪费和错误。统一化标准化是保证设计质量的重要手段，除了有好的操作系统和应用软件外，还必须建立起一个内容丰富的图形库，图形库应包括统制图标准，常用标准图，符合规范的构造节点祥图等，这是一个量大面广的基础工作，而且应有不同层次的图形库，如国家级的、地区性的和单位自有的图形库。

数据库技术与多媒体技术结合，开发多媒体数据库。采用多媒体数据库技术进行信息的存储和管理，可以对土木工程领域中大量的文档、设计方案、图纸等资料进行有效的管理。如用多媒体数据库存储城市地理信息、城市建设现状信息、城市交通和市政信息等，便于规划师进行统筹考虑、合理规划。多媒体数据库为土木工程提供了新型高效的信息工具，将会得到更广泛的应用。

（三）各种计算机模拟的试验系统

由于计算机硬件技术和软件技术的飞速发展，很多试验可以在计算机上模拟，如采用数值模拟方法预测建筑物表面的风压。建立模拟试验系统有许多优点。比起实验室里做试验要简单、节省费用；对一些复杂的试验可起到指导作用，两者结果可相互校核；可以把不可见的东西可视化。

例如美国国家宇航局 Ames 研究中心的分布式虚拟风洞，这一共享的分布式虚拟环境用来观察三维不稳定流场。两个人协同工作，每人可在一个环境中从不同视点和观察方向观察同一流场数据。

相信随着各种新技术的普及，多媒体、可视化和虚拟现实技术，智能技术，CAD 与 MIS 系统的结合，网络技术，协同工作环境都会适应普及与提高的需要而进入我们的研究与开发领域，进而成为工程设计、施工及科研的有效手段。

本章思考与实训

1. 世界上有哪些建筑较好地体现了绿色建筑的概念？
2. 结合本章内容的学习，谈谈你对智能建筑的认识。
3. 请简述与你专业有关的计算机辅助设计软件。

参考文献

1. 江见鲸,叶克明．土木工程概论．北京:高等教育出版社,2001
2. 满广生．桥梁工程概论．北京:中国水利出版社,2007
3. 程绪楷．建筑施工技术．北京:化工出版社,2005
4. 侯治国．混凝土结构．武汉:武汉理工大学出版社,2006
5. 刘瑛．土木工程概论．北京:化工出版社,2005
6. 李亚峰．建筑给水排水工程．北京:机械工业出版社,2006
7. 何晓科．水利工程概论．北京:中国水利出版社,2007
8. 杨革．水利工程概论．北京:高等教育出版社,2009
9. 张铟．建筑工程施工技术．上海:同济大学出版社,2009
10. 高兴元．建设工程监理概论．北京:机械工业出版社,2009
11. 江见鲸．计算机在土木工程中的应用．武汉:武汉理工大学出版社,2010
12. 张新天．道路与桥梁工程概论．北京:人民交通出版社,2007
13. 丁大钧,蒋永生．土木工程总论．北京:建筑工业出版社,2000
14. 龚晓海．建筑设备．北京:中国环境科学出版社,2003
15. 毛桂平．建筑工程项目管理．北京:清华大学出版社,2007
16. 全国建筑施工企业项目经理培训教材编写委员会．工程招投标与合同管理．北京:建筑工业出版社,2007

按照出版社的统筹安排，由本编辑室策划、组编的一套高职高专土建类专业系列规划教材陆续面世了。

本套系列教材很荣幸地请安徽工程科技学院院长干洪教授作为顾问。干教授在担任安徽建筑工业学院副院长时曾是"安徽省高校土木工程系列规划教材"第一届编委会主任，与我社有过很好的合作。本套高职高专土建类专业系列教材从策划到编写，干教授全程关注，提出了许多指导性意见。他认为编写者和出版者都要为教材的使用者——学生着想，他希望我们把这一套教材做深、做透、做出特色、做出影响。

担任本套系列教材编委会主任的是合肥工业大学博士生导师柳炳康教授。他历任合肥工业大学建筑工程系主任、土木与建筑工程学院副院长，是国家一级注册结构工程师。从 1982 年起长期在教学第一线从事本科生及研究生的教学工作，曾主编多部土木工程专业教材，著述颇丰。柳教授为本套教材的编写和审定等做了大量而具体的工作，并在百忙中为本套教材作总序。

在这里，本编辑室还要感谢所有为这套教材的编写和出版付出智慧和汗水的人们：

安徽建工技师学院周元清副院长、江西现代职业技术学院建筑工程学院罗琳副院长和合肥共达职业技术学院齐明超等学校领导，以及诸位系主任、教研室负责人等，都非常重视这套教材的编写，亲自参加编委会会议并分别担任教材的主编。

江西赣江发展文化公司的纪伟鹏老师对本套教材的出版提出许多建设性的意见，也协助我们在江西省组建作者队伍，使本套教材的省际联合得以落实。

感谢社领导的大力支持和我社各个部门的密切配合，使得本套教材在组稿、编校、照排、出版和发行各个环节上得以顺利进行。

温家宝总理在视察常州信息职业技术学院时明确指出："职业学校的学生，要学习知识，还要学会本领，学会生存。"我们编写出版这套教材时，也在一直思索着：如何能让学生真正学到一技之长，早日成为一个个有真本领的高级蓝领？也在努力把握着：本套教材如何在"服务于教学、服务于学生"和"培养实用人才"上面多下一番工夫？也在探索尝试着：本套教材在编排上、体例上、版式上做了一些创新处理，如何才能达到形式与内容的统一？

是不是能够达到以上这些目的，尚待时间和实践检验。我们恳请各位读者使用本套高职高专土建类专业系列规划教材时不吝指教，有意见和建议者请随时与我们联系(0551－2903467)。也欢迎其他相关院校的老师加入到本套教材的建设队伍中来。有意参编教材者，请将您的个人资料发至组稿编辑信箱(chenhm30@163.com)。

合肥工业大学出版社　第四编辑室

2009 年 1 月

基础课类

土木工程概论	曲恒绪	建筑力学	方从严
房屋建筑构造	朱永祥	工程力学	窦本洋
建设法规概论	董春南	建筑材料	吴自强
建筑工程测量	刘双银	土力学与地基基础	陶玲霞
建筑制图与识图（上下册）	徐友岳	建筑工程概预算	李　红
建筑制图与识图习题集	齐明超	工程量清单计价	张雪武

建设工程监理专业

建设工程监理概论	陈月萍	建设工程进度控制	闫超君
建设工程质量控制	胡孝华	建设工程合同管理	董春南
建设工程投资控制	赵仁权		

建筑工程技术专业

建筑结构（上册）	肖玉德	建筑施工技术	张齐欣
建筑结构（下册）	周元清	建筑施工组织	黄文明
建筑钢结构	檀秋芬	建筑 CAD	齐明超
建筑设备	孙桂良	建筑施工设备	孙桂良

建筑装饰工程专业

建筑装饰构造	胡　敏	建筑装饰施工	周元清
建筑装饰材料	张齐欣	建筑装饰施工组织与管理	余　晖
住宅室内装饰设计	孙　杰	建筑装饰工程制图与识图	李文全

建筑设计技术专业

建筑．设计——平面构成	夏守军	建筑．设计——素描	余山枫
建筑．设计——色彩构成	王先华	建筑．设计——色彩	姜积会
建筑．设计——立体构成	陈晓耀	建筑．设计——手绘表现技法	杨兴胜

工程造价专业

工程造价计价与控制	范一鸣	装饰工程概预算	李　红
市政与园林工程概预算	崔怀祖		

工程管理专业

工程管理概论	俞　磊	建筑工程项目管理	李险峰